Fin d'une série de documents
en couleur

PIERRE DUHEM

LE MOUVEMENT ABSOLU

ET

LE MOUVEMENT RELATIF

Extrait de la *REVUE DE PHILOSOPHIE*

MONTLIGEON (Orne)

IMPRIMERIE-LIBRAIRIE DE MONTLIGEON

1907

AVANT-PROPOS

L'essai que l'on va lire est un fragment d'une œuvre plus considérable ; cette œuvre, qui étudiera la formation du système de Copernic, *sera publiée plus tard ; à notre essai historique sur le mouvement relatif et le mouvement absolu, nous avons laissé la forme qu'il aura dans l'ouvrage complet.*

LE MOUVEMENT ABSOLU ET LE MOUVEMENT RELATIF

SOMMAIRE : I. Il appartient à la Métaphysique de fixer le sens de ces mots : La Terre est immobile, la Terre tourne. — II. Le mouvement du Ciel et le repos de la Terre d'après Aristote. — III. Les philosophes grecs et l'immobilité du lieu. — IV. Les commentateurs arabes d'Aristote ; Averroès. — V. Albert le Grand. — VI. Saint Thomas d'Aquin. — VII. Gilles de Rome. — VIII. Jean Duns Scot. — IX. L'École scotiste. Jean le Chanoine. — X. Guillaume d'Occam. — XI. Walter Burley. — XII. Jean de Jandun. — XIII. Albert de Saxe. — XIV. L'École de Paris : Marsile d'Inghen ; Pierre d'Ailly ; Pierre Tartaret. — XV. La théorie du lieu dans les Universités allemandes ; Conrad Summenhard ; Frédéric Sunczel. — XVI. L'influence parisienne à l'École de Padoue ; Paul Nicoletti de Venise ; Gaëtan de Tiène. — XVII. La philosophie réactionnaire de l'École de Padoue ; Agostino Nifo. — XVIII. Nicolas Copernic — XIX. Coup d'œil sur les temps modernes. — XX. Conclusion.

I. — IL APPARTIENT A LA MÉTAPHYSIQUE DE FIXER LE SENS DE CES MOTS : LA TERRE EST IMMOBILE, LA TERRE TOURNE.

Au xivᵉ siècle, l'École terminaliste de Paris est unanimement acquise au système astronomique de Ptolémée ; sous son influence, l'École de Vienne compose les traités qui répandent et complètent la connaissance de ce système. Il est temps d'examiner les arguments par lesquels les *Parisiens* prétendent établir les hypothèses sur lesquelles ce système est fondé, et, en particulier, la plus essentielle de toutes, le repos de la Terre au centre du Monde.

Mais avant que nous puissions rapporter les raisons alléguées en faveur de ces propositions : La Terre est immobile, le Ciel tourne autour de la Terre, il nous faut examiner la signification que leur attribuent ceux qui les formulent; et la question préalable qui s'impose ainsi à notre examen est, en Philosophie naturelle, des plus délicates qui soient.

Le témoignage des sens, si attentifs qu'on les suppose, l'expérience, si ingénieuse qu'on l'imagine, ne peuvent jamais décider qu'un corps est en repos ou qu'il est en mouvement. Nos moyens d'observation nous permettent de reconnaître que deux corps, disposés l'un par rapport à l'autre d'une certaine manière, à un certain instant, sont autrement disposés à un autre instant; ils peuvent reconnaître que la position mutuelle des deux corps varie avec le temps; ils peuvent percevoir le *mouvement relatif* de ces deux corps. Mais aucun de nos sens ne nous permet de décider que c'est le premier corps qui se meut tandis que le second demeure en repos, ou bien que le second seul change de place, ou bien encore que les deux corps se meuvent en même temps.

Ainsi les observations astronomiques peuvent nous faire connaître, avec une précision de jour en jour plus grande, la position que les étoiles occupent à chaque instant par rapport aux diverses parties de la Terre; elles déterminent de mieux en mieux le mouvement relatif des constellations et de notre globe; mais prouver que le Ciel tourne autour de la Terre immobile ou que la Terre est animée d'un mouvement de rotation au sein d'un Ciel fixe, ou bien encore que le Ciel et la Terre se meuvent tous deux, cela, elles ne le peuvent, elles ne le pourront jamais.

Pour celui qui ne veut formuler aucune proposition dont le sens ne se tire de l'observation, pour celui qui ne veut examiner aucun problème si l'expérience n'en peut sanctionner la solution, cette question : Est-ce la Terre qui se meut, est-ce le Ciel qui tourne, n'est qu'un assemblage de mots, dénué de toute signification.

Or, cette question, les plus sages des humains la discutent depuis des millénaires; les réponses qu'ils ont proposé de lui donner sont nombreuses et diverses; à moins donc de supposer que tous les philosophes de la Nature ont déraisonné depuis Pythagore, il faut bien admettre qu'ils attribuaient une signification à ces paroles : la Terre est immobile, la Terre tourne; et comme les enseignements de l'expérience sont impuissants à fixer cette signification, il faut croire qu'ils la déterminaient par des considérations où tout ne se tirait point de la perception extérieure ; ces considérations, où la raison avait forcément mis quelque chose qu'elle ne tenait point des sens, méritent proprement le nom de métaphysiques.

Il nous faut donc enquérir des pensées métaphysiques par lesquelles les astronomes ont fait des discussions sur le repos et le mouvement de la Terre autre chose que des querelles de mots. Cette enquête n'est point aisée ; ces pensées, en effet, il est fort difficile de les concevoir d'une manière parfaitement précise, de les exprimer avec une entière clarté ; beaucoup les ont soupçonnées plutôt qu'aperçues ; sous des formules confuses et ambiguës, ils nous ont laissé le soin de les deviner.

C'est à quoi nous allons nous appliquer ; depuis les écrits d'Aristote jusqu'aux traités qui ont précédé de peu l'œuvre de Copernic, nous allons rechercher ce qu'entendaient les physiciens lorsqu'ils niaient ou affirmaient le mouvement de la Terre.

II. — LE MOUVEMENT DU CIEL ET LE REPOS DE LA TERRE D'APRÈS ARISTOTE

Au point de départ de l'évolution intellectuelle que nous voulons retracer nous trouvons, cela va de soi, les théories développées par Aristote ; ce sont donc ces théories qu'il nous faut examiner en premier lieu.

Le texte qui va tout d'abord retenir notre attention ne se rattachait sans doute que par un lien assez lâche, dans la pensée du Stagirite, à la question qui nous doit occuper ; mais les commentateurs ont resserré ce lien au point de le rendre indissoluble.

Ce texte se trouve au second livre du Traité *Du Ciel et du Monde* (1).

Aristote se demande pourquoi, au lieu d'un Ciel unique, animé d'un seul mouvement de rotation, le Monde nous présente plusieurs cieux qui se meuvent diversement.

« Le Ciel, dit-il, ne se meut pas d'un mouvement unique,

____

(1) ARISTOTE : Περὶ Οὐρανοῦ τὸ Β, γ (*De Cœlo et Mundo* l. II, c. III).

car tout corps animé d'un mouvement de rotation tourne nécessairement autour d'un centre fixe ; et, d'autre part, si une sphère est animée d'un mouvement de rotation, il n'est aucune partie de cette sphère qui demeure absolument fixe. »

La première proposition formulée par Aristote ne saurait faire l'objet d'un doute : en une sphère animée d'un mouvement de rotation, le centre est fixe. Entre cette proposition et celle qui la suit, la continuité logique est visiblement interrompue ; il nous faut suppléer une pensée que le Stagirite sous-entend ; et cette pensée, bien faite pour déconcerter nos intelligences modernes, ne peut être que celle-ci : Ce qui est immobile, ce n'est pas un simple point, le centre ; il faut que ce soit une portion de matière d'une certaine étendue, il faut que ce soit un corps.

Cet intermédiaire rétabli, la suite des raisonnements du Stagirite se déroule sans heurt.

Au centre de la sphère céleste animée d'un mouvement de rotation, il faut un corps immobile ; or, si cette sphère était une masse rigide, animée tout entière du même mouvement de rotation, aucune de ses parties, si petite soit-elle, ne demeurerait immobile ; il faut donc qu'une discontinuité sépare le corps central immobile du reste de la sphère qui tourne autour de lui.

Ce corps central immobile sera-t-il formé de même substance que le Ciel ? Si oui, c'est donc que la substance céleste peut demeurer naturellement en repos au centre du Monde.

Mais au nombre des axiomes de la Mécanique péripatéticienne se trouve celui-ci (1) : Si un corps peut, sans aucune violence, demeurer immobile en un certain lieu, qui est alors son *lieu naturel,* lorsqu'on le placera hors de ce lieu, il se portera vers lui par *mouvement naturel.*

Susceptible de demeurer naturellement en repos au centre du Monde, la substance céleste se porterait naturellement vers ce centre lorsqu'elle s'en trouverait éloignée ; le mouvement naturel du Ciel serait ce mouvement centripète qui caractérise les corps graves ; or, bien au contraire, Aristote a admis que le

---

(1) Aristote : Περὶ Οὐρανοῦ τὸ Α, η (*De Cœlo et Mundo* l. I, c. viii).

mouvement naturel du Ciel était un mouvement de rotation uniforme.

Ce corps central immobile dont la révolution du Ciel suppose l'existence ne saurait être formé par la substance céleste ; il est nécessairement composé d'une autre substance douée de pesanteur. « Il faut donc que la Terre existe ; elle est ce corps qui demeure immobile au centre. Pour le moment, nous supposerons cette immobilité ; elle sera démontrée plus tard. »

Tel est le raisonnement par lequel, du mouvement du Ciel, Aristote pense déduire l'existence de la Terre et son immobilité au centre du Monde ; ce raisonnement, d'ailleurs, n'est pas donné par le Philosophe comme pleinement satisfaisant, puisqu'il annonce d'autres preuves du repos de la Terre.

Pour dérouler la chaîne de cette argumentation, nous avons dû forger une maille qui faisait défaut ; l'intermédiaire que nous avons proposé de rétablir est-il bien celui que le Stagirite avait sous-entendu ? Il nous serait permis d'en douter si nous n'avions, pour asseoir notre conviction, le témoignage de l'un des plus pénétrants interprètes d'Aristote, de Simplicius.

Simplicius, commentant le texte qui nous occupe, écrit (1) ceci :

« Si l'on prétendait que c'est autour de son centre même que le Ciel se meut, on affirmerait, semble-t-il, une chose impossible ; le centre, en effet, n'est autre chose que le terme d'un corps ; il ne peut demeurer immobile lorsque se meut le corps dont il est le terme ; le centre n'a point d'existence par lui-même ; puis donc que le centre ne peut être immobile, le Ciel ne saurait tourner autour de lui. »

Non seulement Simplicius interprète de cette manière la pensée d'Aristote, mais il nous apprend que cette interprétation était aussi celle d'Alexandre d'Aphrodisie et de Nicolas de Damas ; il nous est donc permis de croire que ces réflexions, pour étranges qu'elles nous paraissent, sont conformes aux intentions du Stagirite.

---

(1) Simplicii philosophi acutissimi *Commentaria in quatuor libros de Cœlo Aristotelis*, noviter fere de integro interpretata, ac cum fidissimis codicibus græcis recens collata ; Venetiis, apud Hieronymum Scotum, MDLXIII. In lib. II comm. 11, p. 138.

Le passage de Simplicius que nous venons de citer est précédé de ces lignes : « Tout corps animé d'un mouvement de rotation possède, en son centre, un corps immobile autour duquel il tourne. C'est, en effet, une proposition universellement vraie : Toutes les fois qu'un corps se meut de mouvement local, il existe nécessairement quelque chose fixe vers laquelle ou autour de laquelle ce corps se meut ; cela est démontré dans le livre *Du mouvement des animaux*. »

Cet appel aux théories exposées dans le livre *Du mouvement des animaux* n'a point été, d'ailleurs, imaginé par Simplicius ; celui-ci nous apprend qu'Alexandre d'Aphrodisie invoquait également ces théories pour prouver que le mouvement du Ciel requiert un corps central immobile.

Les commentaires au *De Cœlo* d'Aristote qu'Alexandre avait composés sont aujourd'hui perdus ; ceux de Simplicius nous ont été conservés ; entre ceux-là et ceux-ci se placent, dans le temps, les *Paraphrases* de Themistius.

Nous ne possédons plus le texte grec de la *Paraphrase* sur le *De Cœlo* que Themistius avait rédigée ; mais cette *Paraphrase* avait été traduite en arabe, probablement sur une version syriaque ; de l'arabe, elle fut transcrite en hébreu ; enfin, au xvi° siècle, un médecin juif de Spolète, Moïse Alatino, mit en latin la version hébraïque (1).

Or, à l'imitation d'Alexandre, dont il s'inspire souvent, Themistius appuie l'immobilité de la Terre de raisons empruntées au traité *Du mouvement des animaux*.

« Il est nécessaire, dit-il (2), que la vie du Ciel, qui est son mouvement de rotation, soit perpétuelle. Mais toute rotation et, en général, tout mouvement, se font sur quelque chose qui demeure absolument immobile. En effet, en ce que nous avons dit du mouvement des animaux, nous avons vu que ce qui demeure en repos et immobile ne saurait faire partie de ce qui se meut sur ce terme fixe Si, en effet, une partie du

---

(1) Themistii Peripatetici lucidissimi *Paraphrasis in libros quatuor Aristotelis de Cœlo nunc primum in lucem edita*. Moyse Alatino Hebræo Spoletino medico ac philosopho interprete. Ad Aloysium Estensem Card. amplissimum. Cum privilegio. Venetiis, apud Simonem Galignanum de Karera, MDLXXIIII.

(2) Themistius : *Op. cit.*, l. II, fol. 27, recto.

Ciel mobile demeurait en repos, le mouvement naturel de la substance céleste serait dirigé vers cette partie qui demeure en repos ; le mouvement du Ciel serait alors un mouvement rectiligne vers ce terme, et non pas un mouvement circulaire autour de ce terme. »

Les trois plus célèbres commentateurs grecs d'Aristote s'entendent donc en cette affirmation : Lorsque le Stagirite démontre, en son Περί Οὐρανοῦ, que le mouvement du Ciel requiert l'existence d'une Terre immobile, il appuie implicitement sa déduction aux principes qu'expose le livre *Du mouvement des animaux*. L'exemple d'Alexandre, de Themistius et de Simplicius fut suivi, au moyen âge, d'abord par Averroès, puis par une foule de commentateurs.

Rien de moins justifié, cependant, que ce rapprochement entre la théorie, exposée au *De Cœlo*, que nous venons d'analyser et les propositions que l'on trouve au livre *Du mouvement des animaux*.

L'auteur de ce livre — plusieurs pensent que ce n'est point Aristote — établit, tout d'abord, cette première vérité : Pour qu'un animal puisse mouvoir une partie de son corps, il faut qu'une autre partie de ce corps demeure fixe et serve d'appui aux organes qui déplacent la première. « Mais, ajoute-t-il, il ne suffit pas que l'animal trouve en lui-même une partie immobile ; il faut encore qu'il trouve hors de lui quelque chose qui demeure fixe et en repos. Et c'est là une proposition bien digne de l'attention des savants ; elle s'applique non seulement au mouvement des animaux, mais encore au mouvement et au transport par impulsion de toute espèce de corps ; de même, en effet, il faut qu'il existe quelque chose d'immobile partout où un corps doit être mû. »

Ce qu'Aristote ou l'auteur, quel qu'il soit, de cet écrit entend affirmer, c'est la nécessité d'un support fixe auquel s'appuie l'organe qui doit pousser le corps à mouvoir. L'exemple choisi ne laisse aucun doute à cet égard : Un homme qui se trouve en un bateau aura beau faire tous les efforts qu'il voudra sur les parois de ce bateau, il ne le mettra pas en mouvement ; s'il est sur la rive immobile, il lui suffira de pousser légèrement le bord ou le mât pour ébranler la barque.

Entre cette nécessité d'un point d'appui pour le moteur qui doit mouvoir un corps et la nécessité, affirmée par Aristote, d'une masse fixe au centre d'un corps qu'anime un mouvement de rotation, on ne peut raisonnablement admettre le rapport qu'Alexandre, Themistius et Simplicius ont cru reconnaître. La suite même du livre *Du mouvement des animaux* fait d'ailleurs évanouir jusqu'à la moindre trace de ce rapport. L'auteur y parle longuement de l'immobilité de la Terre et du mouvement du Ciel ; mais c'est pour réfuter l'erreur de ceux qui voudraient attribuer le mouvement du Ciel à un moteur prenant sur la Terre son point d'appui fixe. Si donc le mouvement du Ciel requiert l'existence d'une Terre immobile, ce n'est point assurément en vertu du principe général posé au traité *Du mouvement des animaux ;* l'auteur de ce traité s'inscrirait en faux contre l'argumentation qui, de ce principe, tirerait cette conséquence ; Alexandre, Themistius et Simplicius ont sûrement méconnu la pensée de cet auteur.

A les bien prendre donc, les propositions formulées au traité *Du mouvement des animaux* n'ont rien à faire avec la question qui nous occupe ; il convenait cependant de les mentionner, car les commentateurs les invoqueront souvent en l'examen de cette question.

Au contraire, nous pénétrerons au cœur même de notre sujet en analysant les théories qu'Aristote développe au début du quatrième livre de sa *Physique*. La nature du *lieu* est l'objet de ces théories.

Qu'est-ce que le lieu d'un corps ? Après avoir exposé et discuté les réponses diverses que les philosophes ont proposé de faire à cette question, Aristote s'arrête (1) à celle-ci : « Le lieu d'un corps ne peut pas être autre chose que la partie immédiatement contiguë à ce corps du milieu qui l'environne. Ἀνάγκη τὸν τόπον εἶναι... τὸ πέρας τοῦ περιέχοντος σώματος. » Un corps solide, par exemple, est-il plongé dans l'eau ? Le lieu de ce corps solide, c'est l'eau qui lui est immédiatement contiguë.

Si l'on s'en tient fermement à cette définition, que sera le

(1) Aristote : Φυσικῆς ἀκροάσεως τὸ Δ, δ (*Physicæ auscultationis* l. IV, c. iv).

mouvement local en vertu duquel, aux divers instants de la durée, un corps se trouve en des lieux différents ? Il consistera en ceci que le mobile sera enveloppé par certains corps à un certain instant, et par d'autres corps à un autre instant; selon la définition qu'en donnera Descartes (1), il sera « le transport d'une partie de la matière ou d'un corps du voisinage de ceux qui le touchent immédiatement... dans le voisinage de quelques autres ». Un corps plongé dans l'eau sera en mouvement si l'eau qui le baigne change d'un instant à l'autre.

Cette conséquence, logiquement déduite de la définition du lieu qu'il a donnée tout d'abord, Aristote se refuse à l'admettre. Un navire est à l'ancre dans un fleuve; l'eau qui baigne ce navire s'écoule et se renouvelle sans cesse; d'après la définition précédente, le lieu du navire change d'un instant à l'autre; nous devons donc déclarer que ce navire se meut de mouvement local; or, bien au contraire, nous affirmons que ce navire est immobile, qu'il ne change pas de lieu.

Le lieu, ce n'est donc plus ici l'eau qui touche immédiatement les parois du navire; cette eau, en effet, est mobile tandis qu' « essentiellement, le lieu doit être immobile. Βούλεται δ' ἀκίνητος εἶναι ὁ τόπος ». Là est la différence entre le *lieu* et le *vase*; « de même que le vase est un lieu mobile, le lieu est un vase immobile : ἔστι δ' ὥσπερ τὸ ἀγγεῖον τόπος μεταφορητός, οὕτω καὶ ὁ τόπος ἀγγεῖον ἀμετακίνητον ».

L'immobilité est un des caractères premiers qu'Aristote attribue au lieu; Simplicius nous apprend (2) que Théophraste et Eudème mettaient au nombre des axiomes cette proposition : le lieu est immobile; et il partage leur sentiment.

L'eau du fleuve n'est donc pas le lieu du vaisseau qui est à l'ancre dans ce fleuve ou qui y navigue, car cette eau n'est pas immobile. « C'est le fleuve tout entier qu'il conviendra

---

(1) Descartes : *Les Principes de la Philosophie*, II⁰ partie, art. 25.

(2) Simplicii philosophi perspicacissimi *Clarissima commentaria in octo libros Arist. de Physico Auditu*, nuper quam emendatissimis exemplaribus, innumeris pene locis integritati restituta, et ab innumeris erroribus diligentissime castigata. Omnium denique scitu dignorum, quae in eis desiderantur, et nunc in margine a nobis accurate describi curavimus ad optatum omnium studiosorum commodum. Index copiosissimus additus est. Venetiis apud Hieronymum Scotum. MDLXVI. L. IV, c. iv, comm. 47, p. 210, et c. v, comm. 55, p. 220.

d'appeler lieu de ce navire, car le fleuve tout entier est immobile. »

Ce qu'Aristote entend ici par fleuve tout entier, ce sont les rives et le lit du fleuve ; c'est ainsi qu'Alexandre d'Aphrodisie interprète la pensée du Stagirite, et Simplicius, qui nous rapporte (1) le sentiment d'Alexandre, souscrit à ce sentiment dont la justesse ne fait pas de doute.

Le lieu d'un corps n'est donc plus, en toutes circonstances, la partie immédiatement contiguë à ce corps, de la matière qui l'environne ; si cette matière est en mouvement, il nous faut chercher plus loin le lieu du corps ; il faut nous écarter de ce corps jusqu'à ce que nous parvenions à quelque chose d'immobile qui l'environne de toutes parts, lui et les corps mobiles dont il est entouré ; et les toutes premières parties de cette enceinte immobile formeront le lieu du corps que nous considérons, aussi bien que de tous les corps contenus en cette enceinte : « Τὸ τοῦ περιέχοντος πέρας ἀκίνητον πρῶτον, τοῦτ' ἔστιν ὁ τόπος. » C'est ainsi que les rives et le lit du fleuve sont le lieu à la fois de l'eau qui coule sur ce lit et entre ces rives, et du navire qui flotte sur cette eau.

C'est bien un changement de définition qu'Aristote vient de faire subir au mot *lieu* ; la définition nouvelle qu'il en donne s'écarte, bien plus que la première, du sens qu'a ce mot dans le langage courant ; sous une forme un peu enveloppée peut-être, mais qui transparaît néanmoins, le Philosophe enseigne maintenant que le lieu, c'est le terme fixe qui permet de juger du repos d'un corps ou de son mouvement ; il veut, en outre, que ce lieu enveloppe de toutes parts le corps qui s'y trouve logé.

La suite du discours d'Aristote confirme, d'ailleurs, l'interprétation que nous donnons à ses paroles.

Parmi les corps qui nous entourent et que les quatre éléments forment par leurs divers mélanges, il n'en est point qui ne se meuve ou qui ne puisse se mouvoir ; où donc trouverons-nous le vase immobile qui est le lieu de ces corps ? Cette paroi fixe, elle est formée de deux surfaces : l'une, bornant

---

(1) Simplicii *Commentaria in octo libros Aristotelis de Physico Auditu* ; Venetiis, MDLXVI. L. IV, c. iv, comm. 48, p. 211.

vers le bas l'ensemble des éléments mobiles, c'est le centre du Monde ; l'autre, bornant ce même ensemble vers le haut, c'est la surface qui limite inférieurement la dernière sphère céleste, c'est la concavité de l'orbite lunaire ; « le centre du Monde, en effet, demeure toujours immobile, et la concavité de l'orbite lunaire reste toujours disposée de la même manière » ; c'est à ces termes fixes que nous rapporterons les mouvements des éléments et des mixtes ; les corps graves se mouvront vers le premier, et les corps légers vers le second.

Cette exposition appelle quelques remarques.

Lorsqu'Aristote y parle du centre du Monde, il n'entend point désigner un simple point, mais un corps central immobile ; l'analyse d'un passage du *De Cœlo* nous a montré que le Stagirite ne concevait la fixité du centre du Monde qu'en incorporant ce point à une masse privée de mouvement.

La limite inférieure de l'orbite lunaire semble impropre à servir de lieu à certains corps ; l'orbite lunaire, en effet, n'est point immobile ; le Philosophe lui attribue un mouvement de rotation autour du centre du Monde ; mais la sphère qui termine intérieurement cette orbite se meut de telle sorte qu'elle coïncide continuellement avec elle-même ; si l'on veut seulement repérer l'ascension des corps légers, la descente des corps graves, elle peut, en dépit de sa révolution, jouer le même rôle qu'un lieu immobile ; elle deviendrait impropre à ce rôle si l'on voulait considérer les mouvements de rotation dont les éléments et les mixtes pourraient être animés ; en cette circonstance, Aristote ne paraît pas avoir songé à ces mouvements.

Il ne faudrait pas, d'ailleurs, exiger du discours d'Aristote une suite d'une rigoureuse logique ; en voulant, à toutes forces, y mettre cette suite, on en fausserait et torturerait le sens. Bien plutôt, on doit reconnaître que le Stagirite, aux prises avec une question dont la difficulté est extrême, multiplie ses tentatives pour la résoudre ; mais les assauts par lesquels il s'efforce de pénétrer jusqu'à une vérité si jalousement défendue ne portent pas tous du même côté.

Nous l'avons vu donner une définition du lieu ; cette définition, il a été bientôt contraint de l'abandonner pour en adopter une seconde dont les conséquences se sont déroulées devant nous ; c'est à la première qu'il revient maintenant, pour ne s'en plus départir au cours des considérations qu'il va nous exposer ; ces considérations ne se comprendraient pas si l'on y prenait le mot lieu au second des deux sens qu'il a reçus.

« Lorsqu'en dehors d'un corps, il y a d'autres corps qui le renferment, ce premier corps est en un lieu ; si, au contraire, il n'existe aucun corps autour de lui, il n'est point en un lieu. »

Le corps isolé, qu'aucun autre corps n'environne, n'est en aucun lieu ; partant il ne saurait se mouvoir de mouvement local ; ces mots mêmes n'ont, à son égard, aucun sens.

Il ne saurait se mouvoir en bloc, dans son ensemble, puisque, pris en totalité, il n'est en aucun lieu ; mais chacune de ses parties est entourée d'autres parties, en sorte qu'elle est en un lieu ; par conséquent, elle peut se mouvoir, et ce corps, immobile en sa totalité, est composé de parties mobiles.

Ces réflexions s'appliquent immédiatement à l'Univers.

Selon l'enseignement constant d'Aristote, le Monde est limité ; la surface sphérique qui enserre l'orbite des étoiles fixes, la huitième orbite céleste, en marque la borne. Hors de cette sphère (1), il n'y a aucune portion de matière. Y a-t-il le vide ? Pas davantage ; le mot *vide* désigne un lieu qui ne contient pas de corps, mais qui pourrait en contenir un ; et aucun corps ne peut se rencontrer au-delà de la dernière sphère. Par-delà cette sphère, donc, *il n'y a pas de lieu*.

« L'Univers (2) n'est point *quelque part* ; pour qu'une chose soit *quelque part*, il faut non seulement que cette chose ait une existence propre, mais encore qu'il existe, hors d'elle, une autre chose, au sein de laquelle elle soit contenue. Hors de l'Univers, du Tout, il n'existe rien. »

L'Univers n'est pas *quelque part*, il n'a pas de lieu ; il ne saurait donc être animé d'aucun mouvement local ; mieux encore devrait-on, pour formuler exactement la conclusion qui

---

(1) Aristote : Περὶ Οὐρανοῦ τὸ Δ, 0 (*De Cœlo et Mundo*, l. I, c. ix).

(2) Aristote : Φυσικῆς ἀκροάσεως τὸ Δ, ε (*Physicæ auscultationis*, l. IV, c. v).

découle de ces raisonnements d'Aristote, s'exprimer en ces termes : Ces deux propositions, l'Univers se meut, l'Univers demeure fixe, sont également dénuées de sens.

Si l'on ne peut parler du mouvement de l'Univers, parce que l'Univers n'a pas de lieu, les diverses parties de l'Univers ont chacune un lieu ; elles peuvent donc se mouvoir les unes vers le haut, les autres vers le bas, d'autres encore en cercle.

Toutefois, parmi les parties de l'Univers, il en est une au sujet de laquelle se pose une difficile question ; cette partie, c'est le huitième orbe, le ciel des étoiles fixes.

« Le huitième ciel, pris dans son ensemble, n'est pas quelque part ; il ne se trouve en aucun lieu, car aucun corps ne le contient. » Il semble donc que toute affirmation relative au mouvement local du huitième ciel devrait être proscrite comme dénuée de sens. Or, l'Astronomie des sphères homocentriques, qu'enseigne le Philosophe, attribue au huitième orbe un mouvement de rotation uniforme autour du centre du Monde. N'y a-t-il pas là, dans la doctrine du Stagirite, une flagrante contradiction ?

Cette contradiction n'est qu'apparente, au dire d'Aristote : « Les diverses parties du huitième orbe sont en un lieu d'une certaine façon ; car les diverses parties d'un anneau se contiennent l'une l'autre ; l'orbe supérieur se meut donc d'un mouvement de rotation, et il ne peut se mouvoir que de cette manière. — Τὰ γὰρ μόρια ἐν τόπῳ πῶς πάντα. Ἐπὶ τὸ κύκλῳ γὰρ περιέχει ἄλλο ἄλλο. Διὸ κινεῖται μὲν κύκλῳ μόνον τὸ ἄνω. »

Si concise est la forme dont Aristote revêt sa pensée que toute traduction est forcément une paraphrase ; que, du moins, celle que nous avons donnée ne soit pas une trahison, nous en demanderons l'assurance à Simplicius. Voici ce qu'écrit (1) le pénétrant interprète du Stagirite :

« Le Ciel peut se mouvoir d'un mouvement de rotation ; le mouvement circulaire, en effet, peut convenir à un corps qui ne passe pas d'un lieu à un autre, bien que ses parties

---

(1) Simplicii *Commentaria in octo libros Aristotelis de Physico Auditu*, Venetiis, MDLXVI. L. IV, c. v, comm. 50, pp. 212-213.

soient animées de mouvement local. A un corps qui tourne sur lui-même, on peut attribuer un lieu d'une certaine espèce ; comme ses parties se touchent les unes les autres, elles jouent les unes pour les autres le rôle de lieu ; mais ce lieu est un lieu particulier aux parties ; il n'est point le lieu de l'ensemble ; l'Univers n'a pas de lieu, puisque, hors de lui, il n'existe aucun corps qui lui soit contigu ; il ne saurait donc se mouvoir ni vers le haut, ni vers le bas ; l'Univers ne pourra donc changer de lieu en son ensemble, mais il pourra tourner sur lui-même. »

D'ailleurs, Simplicius nous apprend (1) qu'Alexandre d'Aphrodisie interprétait de la même manière la pensée d'Aristote.

Les diverses parties du huitième orbe sont en un lieu *d'une certaine manière,* ἐν - ̓πῳ πῶς, nous dit Aristote ; cette façon spéciale dont elles sont logées, il lui attribue un qualificatif particulier : le huitième ciel est en un lieu *par accident,* κατὰ συμβεβηκός. Mais ce lieu particulier à chacune des parties du huitième orbe, qui constitue pour cet orbe un lieu accidentel, apparaît comme bien différent du lieu immobile qu'Aristote avait défini en une partie de son exposé. « Ici se dresse devant nous, dit Simplicius, un grave motif de doute : Si chacune des parties de l'orbe suprême sert de lieu à une autre partie, lorsque ces parties sont en mouvement, ainsi que les surfaces par lesquelles elles se touchent les unes les autres, comment donc pourrait-on prétendre que le lieu demeure encore immobile? »

Il est clair que les considérations développées par Aristote au sujet du mouvement de la huitième sphère procèdent d'une définition du lieu, de celle qu'il avait donnée tout d'abord, tandis que l'axiome de l'immobilité du lieu l'avait conduit à adopter une autre définition ; sa théorie se brise ainsi en deux parties incompatibles ; les commentateurs vont s'efforcer de lui donner l'unité logique qui lui manque.

---

(1) Simplicii *Commentaria in octo libros Aristotelis de Physico Auditu,* Venetiis, MDLXVI. L. IV, c. v, comm. 51, p. 214.

III

LES PHILOSOPHES GRECS ET L'IMMOBILITÉ DU LIEU.

Les problèmes qu'Aristote a discutés touchant la nature et l'immobilité du lieu ont sollicité les méditations de bon nombre de philosophes grecs. Parmi ces penseurs, il en est dont les ouvrages sont venus jusqu'à nous ; il en est beaucoup aussi dont les écrits ont été perdus : parfois, cependant, nous pouvons nous faire au moins une idée de leurs doctrines, grâce aux précieux commentaires de Simplicius ; cet auteur, en effet, non content d'exposer et de discuter les théories des philosophes qui l'ont précédé, prend soin, le plus souvent, de rapporter textuellement certains passages essentiels des livres qu'ils avaient composés.

L'ordre chronologique ne serait pas ici de mise ; nous chercherons bien plutôt à rapprocher les uns des autres les philosophes qui ont soutenu, au sujet du lieu, des doctrines analogues.

Voici, d'abord, ceux qui demeurent attachés à la notion du lieu telle qu'Aristote l'a définie ; ceux-là se bornent à commenter la pensée du Stagirite ; ils ne lui font subir que des modifications de détail ; au nombre de ces péripatéticiens fidèles, nous devons placer Alexandre d'Aphrodisie, qui vivait au ii⁰ siècle après Jésus-Christ, et Themistius, qui enseignait au iv⁰ siècle.

Les commentaires dont Alexandre d'Aphrodisie avait enrichi la *Physique* d'Aristote sont aujourd'hui perdus ; nous les connaissons seulement par les extraits et les discussions de Simplicius.

Les difficultés relatives au lieu de la huitième sphère et à son mouvement paraissent avoir tout particulièrement occupé Alexandre.

Alexandre connait (1) l'opinion d'Aristote, selon laquelle les

____

(1) SIMPLICII *Commentaria in octo libros Aristotelis de Physico Auditu ;* Venetiis, MDLXVI. L. IV, c. v, comm. 51, pp. 214-215.

parties du huitième orbe se trouvent en un lieu, *d'une certaine manière;* « lorsque les diverses parties d'une sphère sont entraînées dans un mouvement de rotation, chacune d'elles se trouve enfermée entre les autres ; chaque partie est logée entre celle qui la précède et celle qui la suit, en sorte qu'elle est contenue par elles ; ainsi cette sphère peut être animée d'un mouvement de rotation, mais non point d'un autre mouvement soit vers le haut, soit vers le bas ».

Le philosophe d'Aphrodisie ne semble pas avoir goûté cette opinion du Stagirite ; transportant au huitième ciel ce qu'Aristote avait dit de l'Univers pris en son ensemble, il paraît avoir nié que ce Ciel fût en un lieu d'aucune manière, ni par lui-même, ni par accident.

D'ailleurs, au sentiment d'Alexandre, que le huitième ciel ne soit en aucun lieu, cela n'empêche nullement qu'il soit animé d'un mouvement de rotation ; par ce mouvement, en effet, un corps sphérique ne change pas de lieu ; le mouvement de rotation n'est donc pas un mouvement local ; il peut convenir à un corps lors même que ce corps n'est logé d'aucune façon.

Simplicius n'a point de peine à montrer qu'Alexandre se met ici en contradiction flagrante avec Aristote. En toutes circonstances, celui-ci traite le mouvement de rotation comme un mouvement local. Et en quelle autre classe de mouvement le pourrait-il ranger ? En pourrait-il faire une dilatation ou une contraction, une altération, une génération ou une corruption ?

Plus heureux que les commentaires d'Alexandre d'Aphrodisie sur la *Physique* d'Aristote, la *Paraphrase* de cette même *Physique* que Themistius a composée est venue jusqu'à nous (1) ; nous pouvons donc contrôler et compléter les indications que Simplicius nous a données au sujet de cette *Paraphrase.*

(1) Themistii Peripatetici lucidissimi *Paraphrasis in Aristotelis Posteriora et Physica. In libros item de Anima, Memoria et Reminiscentia, Somno et Vigilia, Insomniis, et Divinatione per somnum.* Hermolao Barbaro Patricio Veneto interprete. Additis lucubrationibus, quæ Themistii obscuriora quædam loca apertissima reddunt. Additoque Indice, Necnon contradictionibus et solutionibus Marci Antonii Zimaræ in dictis ejusdem Themistii, Quæ omnia a studiosis desiderontur. Venetiis Apud Hieronymum Scotum, 1542.

Les doctrines d'Aristote au sujet du lieu sont très clairement et très fidèlement exposées par Themistius ; il ne s'écarte guère qu'en un point de l'enseignement du Stagirite.

Nous avons vu Aristote déclarer que l'orbe des étoiles fixes, pris dans son ensemble, n'était en aucun lieu ; que ses parties, cependant, étaient en un lieu *d'une certaine manière* ($\pi\tilde{\omega}\varsigma$) ; cette manière, il la qualifie en disant que le huitième ciel est en un lieu *par accident* ($\varkappa\alpha\tau\grave{\alpha}$ $\sigma\upsilon\mu\beta\epsilon\delta\eta\varkappa\acute{o}\varsigma$). Nous avons vu également en quoi il fait consister cette localisation particulière des parties du huitième ciel ; ce ciel peut se décomposer en anneaux, et chaque segment d'un anneau confine au segment précédent et au segment suivant; qui en sont le lieu *d'une certaine manière*.

Pour Themistius, comme pour Aristote, le ciel des étoiles fixes est un lieu *d'une certaine manière et par accident* (1) ; mais cette localisation spéciale, le disciple l'imagine autrement que le maître.

« L'Univers, dit Themistius, est en un lieu, mais par accident. Le tout, en effet, est en ses parties ; il ne saurait être séparé de ses parties ; or, les parties de l'Univers ne sont pas toutes en un lieu, car elles ne sont pas toutes entourées de tout côté par d'autres corps. Le dernier orbe, celui que l'on nomme l'orbe des étoiles fixes, qui enferme et contient tous les autres, n'est pas en un lieu, à parler tout simplement ; il est seulement logé par rapport aux corps qu'il enveloppe. Cet orbe touche l'orbe de Saturne, en sorte que ce dernier le contient d'une certaine manière ; mais extérieurement, le huitième orbe manque de tout lieu. Les parties du dernier orbe sont logées de la même manière que l'orbe entier... Elles ne sont pas logées par elles-mêmes ; si elles sont logées, ce ne peut être que par accident, et encore n'est-ce point d'une manière absolue. C'est le dernier orbe tout entier qui, absolument, est en un lieu par accident ; de même donc que son tout est en lieu par accident, les parties en lesquelles on le peut diviser sont accidentellement logées ; cet orbe n'est logé qu'à l'égard des

---

(1) THEMISTII *Paraphrasis in Aristotelis Physica* ; Venetiis, 1542. L. IV, art. 45 et 46, pp. 130-131.

corps qu'il renferme ; il en est donc de même de ses parties. »

La plupart des corps de l'Univers sont logés *simpliciter,* parce que chacun d'eux touche d'autres corps par toute la surface qui le limite ; chacun des orbes célestes, par exemple, confine à un autre orbe céleste par sa surface externe ; par sa surface interne, il touche soit un orbe inférieur, soit l'élément igné ; seul le dernier orbe fait exception ; il n'est pas logé *simpliciter,* car la sphère qui le limite extérieurement ne confine à aucun corps ; il n'est pas non plus absolument privé de lieu, comme le serait un corps entièrement isolé, car sa face interne touche l'orbe de Saturne ; il est logé *per accidens.*

Telle est la pensée de Themistius au sujet de la localisation qui convient au huitième ciel ; bien différente de la pensée d'Aristote, elle aura plus l'influence que celle-ci sur les Péripatéticiens de l'Islam et de la Chrétienté.

Les difficultés que la théorie péripatéticienne du lieu rencontrait lorsqu'elle traitait du huitième ciel contribuaient grandement à favoriser d'autres doctrines ; celles-ci furent nombreuses en la Philosophie hellénique.

Le lieu, c'est l'espace vide ; cette affirmation caractérise tout un ensemble de doctrines sur la nature du lieu. Ces doctrines se rattachent à la philosophie de Démocrite et d'Épicure ; mais le lien qui les unit à cette philosophie s'est peu à peu atténué jusqu'à se rompre. L'École épicurienne admettait l'existence actuelle du vide ; les philosophes dont le système va solliciter notre attention ne croient pas que le vide puisse jamais être doué d'existence actuelle ; toujours l'espace vide qui, à leur avis, mérite le nom de lieu, est occupé par quelque corps.

Ce système est, nous dit Simplicius (1), celui qu'adoptent bon nombre de Platoniciens ; parmi ceux qui le prônent, il croit également pouvoir ranger Straton de Lampsaque ; mais c'est seulement après Simplicius que cette doctrine trouva son plus ardent défenseur en la personne de Jean Philopon.

Jean Philopon, dit aussi Jean le Grammairien ou Jean le Chrétien, est l'un des derniers représentants de la philosophie grec-

---

(1) SIMPLICII *Commentaria in octo libros Aristotelis de Physico Auditu;* Venetiis, MDLXVI. L. IV, c. v, p. 218 et p. 224.

que ; selon une tradition, douteuse d'ailleurs, il mourut à Alexandrie vers 660, après avoir tenté, mais en vain, de sauver la précieuse bibliothèque ; il nous a laissé des commentaires sur divers ouvrages d'Aristote et, en particulier, sur les quatre premiers livres de la *Physique*.

Les commentaires sur la *Physique* d'Aristote composés par Jean Philopon sont parfois coupés de *digressions* où l'auteur expose systématiquement ses doctrines personnelles ; c'est ainsi que la théorie du lieu est l'objet d'une semblable digression (1) que nous allons brièvement analyser.

Jean le Grammairien attaque très vivement la théorie péripatéticienne au moyen d'arguments dont plusieurs sont empruntés à Simplicius.

Aristote enseigne que, pour trouver le lieu d'un corps, il faut s'éloigner de ce corps jusqu'à ce que l'on parvienne à une enceinte immobile qui entoure ce corps de tous côtés ; les toutes premières parties de cette enceinte forment le lieu cherché. Appliquant cette définition aux corps mobiles qui nous environnent, Aristote leur assigne pour lieu la surface du corps central immobile et la concavité de l'orbe de la Lune. « Mais si l'on prétend (2) que la surface qui limite inférieurement le Ciel joue le rôle de lieu par rapport à nous, on doit observer que cette surface n'est pas immobile ; une partie déterminée de la concavité du Ciel ne touche pas toujours la même partie des corps qu'elle renferme, lors même que ces corps demeureraient immobiles ; en effet, les corps célestes se meuvent sans cesse ; si donc il n'y a rien d'immobile, sauf la Terre, il est impossible de trouver un lieu immobile pour les corps qui nous entourent, et cela quand bien même ces corps ne se mouvraient point. »

L'argument que Jean Philopon vient d'opposer à Aristote est

---

(1) Joannis Grammatici cognomento Philoponi *erudilissima commentaria in primos quatuor Aristotelis de naturali auscultatione libros*. Nunc primum e Græco in Latinum fideliter translata. Guilelmo Dorotheo Veneto Theologo Interprete. Cautum est Privilegio Senati Veneti, ne quis hunc Librum intra decennium imprimat vendet ve. Venetiis, MDXXXXII. Colophon : Impressum Venetiis per Brandinum et Octavianum Scotum. MDXXXIX. L. IV, digressio, foll. 11, recto — 15, verso.

(2) Jean Philopon, *loc. cit.*, fol. 12, col. b.

emprunté à Simplicius (1) ; celui-ci prévoit même une objection et la réfute ; on pourrait prétendre que la rotation de l'orbe de la Lune n'empêche pas l'immobilité de la surface qui la termine intérieurement ; « mais si l'orbe lui-même est en mouvement, sa partie terminale ne peut pas être immobile ». « Si donc Aristote tient que le lieu est immobile, ou bien il dit une chose inexacte en prétendant que la limite interne du Ciel, qui touche les éléments mobiles, est le lieu de ces corps ; ou bien, s'il ne veut pas que cette affirmation soit inexacte, il lui faut admettre que le Ciel est immobile, afin que le terme en soit immobile... Or, il assure en toutes circonstances que le Ciel se meut, ce qui, d'ailleurs, est évident. »

C'en serait assez déjà pour rejeter la définition du lieu qu'Aristote a proposée ; mais rien n'est plus propre à mettre en lumière les défauts de cette définition que les discussions des commentateurs au sujet du lieu de la huitième sphère : « Les interprètes de la pensée du Philosophe (2) ont voulu expliquer comment la sphère des étoiles fixes peut se mouvoir de mouvement local bien qu'elle ne se trouve en aucun lieu ; mais ils ont tout confondu sans parvenir à rien dire qui soit intelligible, clair et capable de persuader. Ils ne peuvent nier que la sphère des étoiles fixes ne se meuve de mouvement local ; ils ne sauraient dire de quel autre mouvement elle serait animée, sinon de celui-là, et, d'autre part, assigner la nature du lieu en lequel elle se meut, ils en sont incapables. Comme s'ils jouaient au toton, ils donnent tantôt une explication, tantôt une autre ; et leur bavardage n'a d'autre effet que de détruire et de renverser les hypothèses et les axiomes qu'Aristote pose et postule au début de ses déductions. Aristote a voulu dissimuler sous l'obscurité de son langage et le mystère de son opinion la faiblesse et la fragilité de ses raisons ; il a donné par là à ceux qui se proposent d'approfondir ce sujet le désir et le pouvoir d'user de ses arguments aussi bien dans un sens que dans le sens opposé. »

<hr>

(1) Simplicii *Commentaria in octo libros Aristotelis de Physico Auditu :* Venetiis, MDLXVI. L. IV, c. v, p. 220.

(2) Jean Philopon, *loc. cit.*, fol. 12, col. c.

Voyons, en effet, comment les commentateurs ont expliqué la localisation et le mouvement de la huitième sphère.

Il en est pour qui les parties de cette sphère qui se suivent les unes les autres jouent le rôle de lieu les unes par rapport aux autres. Simplicius s'était déjà demandé comment peut être sauvegardée l'immobilité d'un tel lieu au sein de la sphère en mouvement. Le Grammairien pose (1) une question qui n'est pas moins embarrassante : « Si le lieu de chacune des parties de la sphère est formé par les parties qui l'entourent, quelle est donc la partie qui change de lieu lorsque le huitième orbe se meut? Car enfin cet orbe ne se brise pas, en sorte que les parties contiguës restent invariablement liées entre elles au cours du mouvement du Ciel. »

D'autres, tel Themistius, veulent que le huitième ciel soit logé par l'orbe de Saturne dont sa face concave touche la face convexe. Alors (2), par un véritable cercle vicieux que Simplicius avait déjà signalé (3), ils prétendent que l'orbe de Saturne sert de lieu à la huitième sphère en même temps que cette sphère est le lieu du ciel de Saturne.

Cette discussion montre assez qu'Aristote n'a pas rencontré la véritable définition du lieu; cette définition, Philopon prétend à son tour en donner une formule satisfaisante.

Le lieu, c'est l'espace avec ses trois dimensions (4) ; cet espace doit être entièrement séparé par la pensée des corps qui l'occupent; il doit être regardé comme un volume incorporel étendu en longueur, largeur et profondeur ; en sorte que le lieu est identique au vide.

Cela ne veut pas dire que le vide puisse jamais exister en acte (5) ; qu'il puisse se trouver un volume qu'aucun corps n'occupe ; bien que la raison le distingue de tout corps, le regarde comme essentiellement incorporel, néanmoins il est toujours rempli par quelque corps. « Le lieu et le corps qui est en ce lieu

(1) Jean Philopon, *loc. cit.*, fol. 12, col. d.
(2) Jean Philopon, *loc. cit.*, fol. 12, col. c.
(3) Simplicii *Commentaria in octo libros Aristotelis de Physico Auditu :* Venetiis, MDLXVI. L. IV, c. v, p. 243.
(4) Jean Philopon, *loc. cit.*, fol. 13, col. a.
(5) Jean Philopon, *loc. cit.*, fol. 13, coll. a et b ; fol. 14, coll. c et d.

forment une de ces couples de choses qui sont liées indissolublement, en sorte que l'une de ces choses ne peut être sans l'autre ; la pure raison distingue le lieu d'avec le corps, mais le lieu ne peut jamais, sans corps, être en acte. »

De même, la raison distingue la matière de la forme ; cependant la matière ne peut jamais exister en acte qu'elle ne soit unie à une certaine forme.

Cet espace, distinct de tout corps, et vide par lui-même, demeure absolument immobile (1) et dans son ensemble, et en chacune de ses parties ; une partie déterminée de l'espace peut recevoir successivement des corps différents qui, à tour de rôle, y trouvent leur lieu, mais elle demeure toujours la même partie de l'espace, elle ne se meut point.

Aussitôt qu'un corps en mouvement quitte un certain lieu (2), un autre corps vient occuper ce même lieu, car il ne doit jamais demeurer privé de corps. De même, aussitôt qu'une forme se corrompt en la matière, une autre forme y est induite, afin qu'à aucun moment la matière ne demeure nue et dépouillée de toute forme. Jean le Grammairien établit ainsi un parallélisme parfait entre le mouvement local et le mouvement d'altération ; le lieu et le corps logé jouent, au cours du premier mouvement, le rôle que la matière et la forme jouent au cours du second.

Philopon n'est pas sans prévoir que les Péripatéticiens élèveront des objections contre la doctrine ; ces objections, il s'efforce de les ruiner d'avance.

En voici une (3) qui semble redoutable :

Cet espace à trois dimensions, qui est regardé comme lieu des corps, est infini ; comment cela peut-il être, puisqu'il ne peut subsister sans corps et que l'ensemble des corps forme une masse finie ?

Le Grammairien s'étonne que l'on puisse attribuer la moindre importance à cette objection. De même que l'intelligence conçoit l'espace à trois dimensions, de même peut-elle, selon lui, concevoir une surface abstraite qui borne cet espace de telle

<hr>

(1) Jean Philopon, *loc. cit.*, fol. 13, col. b.
(2) Jean Philopon, *loc. cit.*, fol. 14, col. d.
(3) Jean Philopon, *loc. cit.*, fol. 15, coll. b. et c.

sorte qu'il ait juste la grandeur voulue pour contenir l'Univers matériel.

Une autre difficulté préoccupe les Péripatéticiens. A chaque élément, à chaque mixte doit correspondre un *lieu naturel,* où ce corps demeure en repos lorsqu'il s'y trouve, vers lequel il se porte s'il en est éloigné ; c'est ainsi que les graves se dirigent vers le bas, que les corps légers tendent en haut. « Mais comment, dans cet espace doué seulement de trois dimensions (1), pourra-t-on déterminer, distinguer et placer le haut et le bas ? Où placera-t-on le lieu suprême ? Jusqu'où l'étendrat-on ? Où mettra-t-on le lieu le plus bas ? En outre, le lieu doit être doué d'une certaine puissance naturelle, car les corps graves et les corps légers désirent leurs lieux propres ; chacun d'eux se porte vers le lieu qui lui est particulier par une inclination et par un élan naturels ; or, cet espace, qui est vide par lui-même, ne peut avoir aucune puissance ; pour quelle raison certains corps se porteraient-ils vers une certaine région de ce vide et certains autres corps vers une autre région? »

Philopon résout cette difficulté (2) plus heureusement peutêtre qu'il n'a résolu la première : « Bien que chaque corps tende à son lieu naturel, il est ridicule de prétendre que le lieu ait par lui-même quelque force ou quelque puissance... Chaque chose désire simplement réaliser l'ordre qui lui a été assigné par le Créateur... Alors, en effet, elle réalise au plus haut degré son essence, elle possède son maximum d'être, elle atteint sa perfection. Le lieu n'exerce donc aucune force, qui porte les corps vers leurs lieux naturels ; ce sont les corps eux-mêmes qui veulent garder l'ordre qui leur convient. »

Sans aucun doute, Jean Philopon a raison de déclarer ridicule l'opinion selon laquelle le vide agirait sur les corps pour conduire tel corps à telle région de l'espace, tel autre corps à telle autre région ; soutenir une pareille doctrine, ce serait non seulement matérialiser l'espace, mais encore attribuer au vide une hétérogénéité inconcevable.

Cette étrange opinion avait été cependant soutenue, en la

<hr>

(1) Jean Philopon, *loc. cit.,* fol. 14, col. d.
(2) Jean Philopon, *loc. cit.,* fol. 15 coll. a et b.

première moitié du v° siècle de notre ère, par Syrianus. La théorie que Syrianus professait au sujet du lieu était exposée en des commentaires au dixième dialogue des *Lois* de Platon ; cet ouvrage est aujourd'hui perdu, mais Simplicius nous a conservé (1) un résumé succinct des passages qui nous intéressent.

Pour Syrianus, le lieu est identique à l'espace à trois dimensions, susceptible de divisions ; l'Ame du Monde y dépose des raisons séminales, les formes du Monde intelligible l'illuminent, et, par là, ses diverses régions acquièrent le pouvoir d'attirer ou de retenir un corps ou un autre ; celle-ci devient le lieu naturel du feu, celle-là le lieu naturel de la terre.

Syrianus eut Proclus pour disciple. Ce que Proclus disait du lieu, Simplicius nous le fait connaître (2) par une citation textuelle de l'auteur néo-platonicien.

« Le lieu, dit Proclus, est un corps immobile, continu, exempt de matière. »

Qu'entend Proclus en disant que le lieu est *un corps exempt de matière?* La suite de son discours va nous l'apprendre : « C'est un corps beaucoup moins matériel que tous les autres, beaucoup moins que la matière dont sont formés les corps qui se meuvent. Or, parmi les corps qui se meuvent, la lumière est le plus simple, car le feu est le moins corporel des éléments, et la lumière est émise par le feu ; la lumière est donc le plus pur de tous les corps ; partant, c'est elle qui est le lieu. »

« Il nous faut, dès lors, imaginer deux sphères : l'une est formée uniquement de lumière, l'autre d'une foule de corps divers ; ces deux sphères ont exactement même volume ; nous fixerons la première de telle sorte qu'elle ne tourne pas autour de son centre ; nous ferons coïncider la seconde avec la première, mais, en même temps, nous lui communiquerons un mouvement de rotation ; nous verrons alors le Monde entier se mouvoir au sein de la lumière, qui demeurera immobile ; quant à l'Univers, il demeure immobile dans son ensemble, ce

---

(1) Simplicii *Commentaria in octo libros Aristotelis de Physico Auditu ;* Venetiis, MDLXVI. L. IV, c. v. p. 224.

(2) Simplicius, *loc. cit.*, p. 221-222.

en quoi il ressemble au lieu, mais chacune de ses parties se meut, ce en quoi il diffère du lieu. »

Cette lumière, qui est le lieu immobile des corps, Proclus l'identifie avec l'Un immuable par lequel toutes choses ont été créées. Nous n'insisterons pas sur ce rapprochement qui nous entraînerait bien loin de l'objet de notre étude.

Nous nous bornerons à observer que la doctrine de Proclus diffère en réalité bien moins qu'il ne paraît de la théorie selon laquelle le lieu est identique à l'espace. Ceux qui — tel Jean Philopon — soutiennent cette dernière théorie proclament assurément que le lieu considéré par eux est absolument incorporel, qu'il n'existe pas par soi, que l'abstraction seule le distingue du corps logé ; mais ensuite, lorsqu'ils déclarent que le lieu est immobile, c'est-à-dire qu'en un lieu qui demeure le même se succèdent des corps différents, il est clair qu'ils regardent le lieu comme quelque chose qui peut subsister alors qu'il n'y a pas permanence du corps logé ; partant, il est certain qu'en dépit de leurs dénégations, ils font du lieu une certaine substance dont l'existence ne dépend pas de celle des corps, mais lui est seulement simultanée ; sans qu'ils le veuillent, le lieu qu'ils considèrent se transforme en une certaine matière qui compénètre les corps mobiles. Cette inconsciente matérialisation du lieu devient bien visible lorsque Jean Philopon admet que ce qu'il nomme espace peut être borné par une surface identique à la surface qui circonscrit l'ensemble des corps ; la pensée du Grammairien vient ici, contre sa volonté, rejoindre exactement celle de Proclus.

Venons à la théorie du lieu que le philosophe Damascius développa en la première moitié du vi° siècle de notre ère. Simplicius, qui a été disciple de Damascius, nous donne (1) une exposition très complète de cette théorie ; nous trouvons même, dans les commentaires de l'élève, des citations textuelles du traité Περὶ τόπου composé par le maître.

Le point de départ de la théorie de Damascius est celui-ci : Tout corps possède un attribut, inséparable de lui, qui est sa

____

(1) Simplicii *Commentaria in octo libros Aristotelis de Physico Auditu*; Venetiis. MDLXVI. L. IV, c. v, p. 226-231.

position, θέσις. Le maître de Simplicius ne paraît pas avoir défini cet attribut ; il s'est bien plutôt attaché à en distinguer les diverses espèces.

On peut discerner en effet, selon lui, deux *positions* d'un corps : l'une est la position *propre* du corps ou, comme nous dirions plus volontiers aujourd'hui, la *disposition* de ses diverses parties ; l'autre est la position du corps dans l'Univers.

Parmi les positions propres du corps, il en est une qui, plus que toute autre, convient à sa nature ; ses diverses parties sont alors disposées de 'a manière la mieux adaptée à la perfection de la forme. De même, parmi les positions du corps dans l'Univers, il en est une qui est la meilleure possible ; elle est, pour ce corps, la *position naturelle.*

Le lieu (τόπος) n'est pas la position (θέσις) ; il en est distinct comme le temps est distinct du mouvement ; selon Aristote, le temps est la mesure numérique (ἀριθμὸς) du mouvement ; de même, selon Damascius, le lieu est l'ensemble des mesures géométriques (μέτρον) qui servent à fixer la position. Voici en quels termes Simplicius formule (1) le principe de la théorie de son maître : « Il paraît donc que le lieu est la mesure de la position des corps qui sont placés, tout comme on dit que le temps est le nombre qui mesure le mouvement des corps qui se meuvent. Ἔοικε μὲν οὖν ὁ τόπος μέτρον εἶναι τῆς τῶν κειμένων θέσεως, ὥσπερ ὁ χρόνος ἀριθμὸς λέγεται τῆς τῶν κινουμένων κινήσεως. »

Pour traduire le mot μέτρον, employé par Damascius et Simplicius, nous avons dit : *mesure géométrique ;* nous sommes assurés d'avoir ainsi rendu d'une manière exacte la pensée de Damascius, car en un passage de son livre, cité (2) par son disciple, nous lisons que la mesure propre à déterminer le lieu détermine également la grandeur.

Selon Damascius, donc, le *lieu* est un ensemble de mesures géométriques ; mais cet ensemble de grandeurs accessibles aux procédés du géomètre sert seulement à décrire, à déterminer un

---

(1 Simplicius, *loc. cit.,* p. 227. — Pour le texte grec, voir : Simplicii *Commentarii in octo Aristotelis physicæ auscultationis libros cum ipso Aristotelis textu.* In fine : Venetiis, in Ædibus Aldi, et Andreæ Asulani Soceri Mensæ (sic) Octobri MDXXVI, fol. 146, verso.

(2 Simplicius, *loc. cit.,* p. 234.

attribut du corps, la *position ;* cet attribut est essentiellement distinct du lieu, qui n'est que sa mesure ; la nature de cet attribut est inaccessible aux méthodes de la Géométrie.

Simplicius développe (1) la théorie du lieu que Damascius a posée ; il la compare à la théorie d'Aristote, afin de montrer comment elle évite ou franchit les obstacles qui hérissaient la voie suivie par le Stagirite.

Selon la doctrine de Damascius, l'Univers est en un lieu tout aussi bien que ses diverses parties.

S'il existe pour chacune des parties de l'Univers une *position* meilleure que toute autre, il existe aussi, pour l'Univers entier, une *disposition* qui surpasse toutes les autres en perfection ; et cette bonne disposition de l'Univers est précisément celle qui résulte de la bonne position de chacune de ses parties, en sorte que l'Univers a sa *disposition naturelle* lorsque chacun des corps qui le composent se trouve en sa *position naturelle.*

Les mesures géométriques qui déterminent la position naturelle de chacune des parties déterminent par là même la disposition naturelle de l'ensemble ; le *lieu naturel* des divers corps qui composent l'Univers est, par le fait même, le *lieu naturel* de l'Univers.

Un corps n'est pas toujours en sa position naturelle ; il peut être en une position adventice, et tandis que la première est immuable, la seconde peut changer d'un instant à l'autre ; en même temps que la position change, le lieu, qui en est la mesure, change également, en sorte que le corps se meut de mouvement local.

Mais ce qu'on vient de dire d'un corps, on peut le répéter de l'ensemble des corps, c'est-à-dire de l'Univers. Si la disposition naturelle de l'Univers est unique, les dispositions adventices qu'il peut prendre sont innombrables ; la disposition de l'Univers en ce moment est différente de celle qu'il présentera dans une heure ; l'Univers entier est donc capable de mouvement local comme le sont ses diverses parties, et le mouvement local du Monde n'est que l'ensemble des mouvements locaux des corps qui le composent.

(1) Simplicius, *loc. cit.*, pp. 228-230.

Selon les théories qui diffèrent de la doctrine de Damascius et de Simplicius, le lieu est séparable du corps qui y est logé ; lorsqu'un ensemble de corps se meut, un même lieu reçoit successivement des corps différents. La même proposition ne peut plus être formulée, du moins sans précautions, par ceux qui admettent l'opinion de Damascius et de son disciple. La position d'un corps n'est pas séparable de ce corps. Lorsqu'un corps se meut, il prend en un second instant une position différente de celle qu'il occupait au premier instant ; mais il serait inexact de dire que sa première position subsiste au second instant et qu'elle est alors devenue la position d'un autre corps ; la position n'est pas une chose qu'un corps puisse céder à un autre corps. Lorsqu'un corps en mouvement vient occuper une nouvelle position, son ancienne position cesse purement et simplement d'exister ; de même, si un corps passe du noir au blanc, à l'instant où il est devenu blanc, sa noirceur a purement et simplement cessé d'être ; elle n'a point persisté pour devenir la noirceur d'un autre corps.

Je me meus dans l'air ; il ne faut pas croire qu'une partie de l'air va *abandonner* la place qu'elle occupait et que je vais *prendre* la place délaissée par cette masse d'air. « Les lieux (1) ne se conservent pas pour être occupés successivement par nous, durant nos déplacements, lorsque nous partons d'ici pour aller là. Ce qui subsiste, c'est la totalité du milieu ambiant. Dans le lieu actuel de cet air, il est une partie dont la mesure géométrique est capable de devenir ma mesure en un instant prochain ; et de même, à la condition que je me déplace, je suis en puissance d'une position dont la détermination géométrique coïncide avec la mesure de la position actuellement occupée par cette partie du milieu ambiant. Par là je puis, en un instant prochain, me conformer à cette mesure, et la détermination de ma propre position, qui est mon lieu, peut être donnée par cette même mesure. Alors, quelque chose qui fait actuellement partie du lieu de l'air servira à mesurer ma propre configuration et à fixer ma posi-

(1) Simplicius, *loc. cit.*, p. 229. — Pour le texte grec, voir : Simplicii *Commentarii in octo Aristotelis physicæ auscultationis libros :* Venetiis, MDXXVI, fol. 148, recto.

tion relativement à l'ensemble de l'air. — Οὐδὲ γὰρ ἐπὶ ἡμῶν ἐν ταῖς μεταστάσεσιν οἱ τόποι σώζονται, ὅταν ἔνθεν ἐκεῖσε μεταβαίνομεν · ἀλλ' ἡ ὁλότης ἐστὶν ἡ σωζομένη τοῦ περιέχοντος · καὶ ὁ ἐκείνης τόπος, δυνάμενος καὶ αὖθις κατά τι μορός συμμέτρως ἔχειν πρὸς τὸ ἐμὸν διάστημα · ὥσπερ καὶ ἐγὼ καίτοι μετακτὰς, δυνάμει ὅμως ἔχω τὴν πρὸς τὸ μορός ἐκεῖνο τῆς ὁλότητος καὶ τὸν ἀφορισμὸν τῆς θέσεως αὐτοῦ συμμετρίαν · διὸ καὶ αὖθις αὐτῷ δύναμαι συναρμόζεθαι, καὶ τὸν ἀφορισμὸν τῆς ἐμῆς θέσεως, τούτεστι τὸν τόπον, ἴσχειν κατ' ἐκεῖνον, ὅταν ὁ τοῦ ὅλου ἀερὸς τόπος κατά τι ἑαυτοῦ τὴν ἐμὴν διάστασιν μετήσῃ, καὶ ξυντάξῃ με τῇ τοῦ ἀερὸς ὁλότητι. »

Selon les doctrines autres que celles de Damascius, le mouvement nécessitait l'existence d'un terme fixe ; pour que les corps célestes pussent se mouvoir, par exemple, il fallait de toute nécessité qu'il existât ou bien un corps immobile, ou bien un espace immobile ; rien de semblable dans la théorie dont Simplicius s'est fait le défenseur. « Bien que l'on n'identifie (1) le lieu ni à un corps fixe, ni à un espace immobile, rien n'empêche les corps célestes de se mouvoir. — Ὥστε κἂν μηδὲν ἀκίνητον προϋποτεθῇ σῶμα ἢ διάστημα ὁ τόπος, οὐδὲν κωλύεται κατὰ τόπον τὰ οὐράνια κινεῖθαι. »

La *position* d'un corps peut changer, en effet, sans qu'aucun autre corps garde une position invariable, en sorte que le mouvement local ne suppose l'immobilité d'aucun corps. Là où il devient nécessaire de posséder un terme immobile, c'est lorsqu'on veut que ce changement de position nous devienne perceptible par suite du changement de certaines grandeurs géométriques ; qu'il n'existe aucun corps fixe, cela ne met aucun obstacle à la possibilité intrinsèque du mouvement local, mais cela nous empêche de reconnaître et de déterminer les changements de lieu qui correspondent à ce mouvement. « Le ciel continuerait à tourner de la même manière lors même qu'il n'existerait ni orient, ni occident, ni méridien ; mais nous n'aurions aucun moyen d'en reconnaître les diverses positions. — Εἰ οὖν μήτε ἀνατολή, μήτε δύσις ἔτι, μήτε μεσουράνημα, κινηθήσεται μὲν ὁμοίως ὁ Οὐρανός, ἡμεῖς δὲ τῶν διαφόρων θέσεων τεκμήρια οὐχ ἕξομεν. »

Ce n'est pas que la doctrine de Damascius et de Simplicius ne reconnaisse un lieu fixe ; la disposition la meilleure que

(1) Simplicius, *ibid.*

puisse affecter l'Univers est quelque chose de déterminé et d'immuable ; il en est de même de la mesure, de la définition géométrique de cette position, c'est-à-dire du *lieu naturel* de l'Univers.

Le lieu naturel de l'Univers demeure donc immobile lors même que tous les corps du Monde seraient en mouvement ; il est apte, dès lors, à jouer le rôle en vue duquel Aristote réclamait l'immobilité du lieu ; il fournit le repère auquel on peut rapporter les positions actuelles de tous les corps mobiles, le terme immuable qui permet de discerner les mouvements.

Telle est la doctrine de Damascius, complétée par les réflexions de Simplicius. Les considérations que nous avons rapportées en dernier lieu renferment, à notre avis, ce par quoi elle surpasse la théorie d'Aristote.

Selon le Stagirite, la possibilité même du mouvement local est subordonnée à l'existence actuelle et concrète d'un corps immobile, qui est le lieu des corps mobiles.

Selon Damascius et Simplicius, l'existence du mouvement local ne suppose l'immobilité d'aucun corps ; seule, la description géométrique de ce mouvement doit être rapportée à un repère fixe ; mais ce repère, qui est le lieu naturel de l'Univers, n'est réalisé d'une manière actuelle par aucun corps concret ; les divers corps qui composent l'Univers n'ont pas actuellement leur disposition naturelle ; le terme immuable auquel les mouvements sont rapportés n'est pas un corps sensible et palpable ; c'est un être idéal que, seule, la Science physique définit et détermine.

IV

LES COMMENTATEURS ARABES D'ARISTOTE ; AVERROÈS

Il ne faut pas nous attendre à trouver chez les philosophes arabes la profondeur et l'originalité de pensée d'un Damascius ou d'un Simplicius. Au sujet de la nature du lieu et de son immobilité, ils se bornent, ou peu s'en faut, à commenter les doctrines d'Aristote en s'aidant, d'une manière plus ou moins heureuse, des réflexions d'Alexandre d'Aphrodisie et de Themistius. Ils ne mentionnent guère la théorie de Jean Philopon que pour la rejeter sommairement. Quant à la théorie que Damascius avait formulée, que Simplicius avait développée, ils ne paraissent pas s'en être souciés.

Dans son opuscule *Sur les cinq essences,* c'est-à-dire sur la matière, la forme, le lieu, le mouvement et le temps, Jacob ibn Ishâk el-Kindi répète (1), au sujet de la nature du lieu, quelques aphorismes empruntés à Aristote ; El-Kindi admet, comme le Stagirite, que le lieu est séparable du corps et qu'il demeure immobile ; le lieu n'est pas détruit quand on enlève le corps ; l'air vient dans le lieu où l'on a fait le vide, l'eau remplit la place que l'air vient de quitter.

« Le lieu est défini (2) chez Avicenne comme chez El-Kindi », c'est-à-dire, en définitive, comme chez Aristote. Dans son traité intitulé : *Les fontaines de la sagesse,* Avicenne s'exprime en ces termes : « Le lieu du corps est la surface entourée par ce qui avoisine le corps et dans laquelle se trouve ce corps. » Ailleurs, dans le *Nadjât,* il écrit : « Le lieu est la limite du contenant qui touche la limite du contenu ; c'est là le lieu réel. Le lieu virtuel d'un corps, c'est le corps qui entoure celui que l'on considère. »

Cette définition du lieu mène nécessairement Avicenne sur l'obstacle auquel s'était heurté Aristote ; en vertu de cette définition, le dernier ciel n'a pas de lieu ; comment donc peut-il se mouvoir? Averroès nous a conservé la réponse qu'Ibn-Sinâ (Avicenne) donnait à cette embarrassante question (3).

Selon Ibn-Sinâ, la révolution d'une sphère sur elle-même n'est pas le transport d'un lieu dans un autre ; c'est un mouvement sur place ; pour qu'un corps puisse être animé d'un tel mouvement sur place, il n'est pas nécessaire qu'il soit en un lieu ; le huitième ciel, donc, n'est en un lieu ni par lui-même, ni par accident ; il peut cependant tourner sur lui-même.

(1) Carra de Vaux : *Avicenne,* Paris, 1900, p. 85.
(2) Carra de Vaux, *loc. cit.,* p. 191.
(3) Averrois Cordubensis *Commentaria magna in octo libros Aristotelis de physico auditu :* l. IV ; summa prima : De loco ; c. ix ; comm. 45.

Averroès n'a point de peine à mettre à nu l'erreur d'Avicenne ; la sphère qui tourne sur elle-même peut être partagée en onglets, et chacun de ces onglets, au cours du mouvement, passe sans cesse d'un lieu dans un autre.

Le problème du lieu de la huitième orbite, si embarrassant pour les péripatéticiens, a été pour Avempace (Ibn Badjnâ) l'occasion de développer une curieuse théorie. Averroès, qui nous fait connaître (1) cette théorie, pense qu'Avempace la tenait d'Al-Farabi, qui l'avait lui-même imaginée pour réfuter Jean Philopon.

Cette théorie, en tous cas, porte, très nette, la marque de l'influence de Themistius. Themistius, nous le savons, concevait le logement de la huitième orbite d'une tout autre façon que le logement des autres corps de l'Univers. Chacun de ceux-ci a pour lieu le corps qui l'environne ; la huitième sphère, au contraire, a pour lieu le corps qui est contenu à son intérieur, c'est-à-dire l'orbe de Saturne.

Cette opposition, légèrement transformée, est le point de départ de la doctrine que développe Avempace.

En cette question du lieu, il faut nettement distinguer, selon lui, deux catégories de corps.

D'une part, sont les éléments soumis à la génération et à la corruption, dont le mouvement naturel est un mouvement rectiligne, centripète ou centrifuge. D'autre part, sont les sphères célestes, corps éternels dont le mouvement naturel est un mouvement de rotation uniforme.

La ligne droite n'est pas, comme le cercle, une ligne achevée en soi, dont rien ne peut être retranché, à laquelle rien ne peut être ajouté ; elle peut être raccourcie ou prolongée. Dès lors, pour borner le mouvement d'un élément générable et corruptible, il faut l'enfermer dans une enceinte. Voilà pourquoi les corps à mouvement naturel rectiligne, c'est-à-dire les éléments et leurs mixtes, doivent être logés *par le dehors ;* le lieu de l'un de ces corps c'est la partie, immédiatement contiguë à ce corps, de l'enceinte qui le contient.

Les sphères célestes n'ont aucunement besoin d'être logées

____

(1) Averroès, *Op. cit.*, l. IV, summa prima, c. ix, comm. 43.

de la sorte ; aussi ne sont-elles plus logées *par le dehors,* mais *par le dedans ;* chacune d'elles a pour lieu la surface convexe du corps qu'elle renferme à son intérieur et autour duquel elle tourne. A cet égard, il n'y a aucune distinction à établir entre le ciel suprême et les autres orbites. Tous les orbes célestes ont un lieu par essence, non par accident, et pour tous, ce lieu est défini de même manière.

Quant à l'Univers, sa manière d'être logé consiste en ceci que chacune de ses parties a un lieu.

Telle est la théorie d'Ibn-Badjnâ (Avempace). Averroès n'a point de peine à prouver qu'elle n'est pas conforme à la pensée d'Aristote ; mais le Stagirite eût-il davantage accepté comme expressions de ses propres idées les commentaires qu'Averroès va développer à leur sujet?

En certains passages du quatrième livre de la *Physique,* Aristote semble identifier le lieu avec le corps immobile qui est le terme par rapport auquel on peut reconnaître et déterminer les mouvemenis des autres corps. Cette identification, confuse encore et presque latente dans les écrits du Philosophe, s'affirme nettement en ceux du Commentateur.

Lorsqu'Aristote, par exemple, vient d'affirmer l'immobilité du lieu, Averroès ajoute aussitôt (1) : « Le lieu est immobile par essence ; le lieu, en effet, est ce vers quoi une chose se meut ou ce en quoi elle se repose. Si quelque chose se mouvait vers un terme qui serait lui-même en mouvement, cette chose se mouvrait en vain. »

Le principe qui sert de point de départ à une telle théorie est, de toute évidence, la proposition suivante : Le mouvement local de n'importe quel corps suppose l'existence d'un certain corps concret immobile à partir duquel ou autour duquel le premier corps se meut. Toutes les fois qu'Averroès formule ce principe, il invoque (2) l'autorité du livre *Sur le mouvement des animaux* que l'on attribue à Aristote ; il imite en cela ce

(1) AVERROIS CORDUBENSIS *Commentaria magna in octo libros Aristotelis de physico auditu :* l. IV, summa prima, c. VIII, comm. 41.

(2) AVERROIS CORDUBENSIS *Commentaria magna in octo libros Aristotelis de physico auditu :* l. IV, summa prima, c. IX, comm. 43. — AVERROIS CORDUBENSIS *Commentarii in quatuor libros Aristotelis de Cœlo et Mundo :* l. II, summa secunda, quaesitum II, comm. 17.

qu'avaient fait avant lui Alexandre d'Aphrodisie, Themistius et Simplicius ; nous avons vu, cependant, combien le sens de la proposition formulée au *Traité du mouvement des animaux* différait de celui que lui prêtent tous ces commentateurs.

Alexandre, Themistius, Simplicius, avaient eu recours à ce principe, détourné de sa véritable signification, pour appuyer la conclusion énoncée par Aristote : La rotation du Ciel requiert l'existence d'un corps central immobile. Averroès en fait le même usage (1).

La conclusion d'Aristote semble, d'ailleurs, d'autant plus importante à Averroès qu'elle lui sert d'argument contre le système des excentriques de Ptolémée. C'est afin de rejeter ce système qu'il répète cette proposition (2) : « Un corps qui se meut circulairement doit se mouvoir autour d'un centre fixe. » C'est encore l'Almageste qui se trouve visé dans le passage suivant (3) : « Il est absolument impossible qu'il y ait des épicycles. Un corps qui se meut circulairement se meut nécessairement de telle sorte que le centre de l'Univers soit le centre de son mouvement. Si le centre de sa révolution n'était pas le centre de l'Univers, il y aurait donc un centre hors celui-ci ; il faudrait alors qu'il existât une seconde Terre en dehors de cette Terre-ci, et cela est impossible selon les principes de la Physique. On peut en dire autant de l'excentrique dont Ptolémée suppose l'existence. Si les mouvements célestes admettaient plusieurs centres, il y aurait plusieurs corps graves extérieurs à cette Terre-ci. »

L'impossibilité du système de Ptolémée est ainsi rattachée par Averroès au principe qu'il prétend tiré du *De motibus animalium :* Tout corps en mouvement suppose l'existence d'un corps en repos. Mais les conséquences de ce principe ne sont pas épuisées ; Ibn Roschd va encore en déduire une solution des difficultés relatives au lieu de la huitième sphère.

Après avoir rappelé ce qu'ont dit Alexandre, Themistius,

---

(1) AVERROIS CORDUBENSIS *Commentarii in quatuor libros Aristotelis de Cœlo et Mundo :* l. II, summa secunda, quæsitum II, comm. 17.

(2) AVERROIS CORDUBENSIS *Commentarii in quatuor libros Aristotelis de Cœlo et Mundo :* l. II, summa secunda, quæsitum v, comm. 35.

(3) AVERROIS CORDUBENSIS *Expositio in XII libros Metaphysicæ Aristotelis :* l. XII, summa secunda, c. IV, comm. 45.

Jean Philopon, Avicenne, Avempace, de cette « grande question », le Commentateur ajoute (1) : « Voici ce qu'il faut déclarer à ce sujet : Tout corps qui se meut de mouvement propre, *per se* [et non pas *per accidens,* en vertu du mouvement d'un autre corps auquel il adhère], requiert un corps immobile à l'égard duquel il se meut ; cela est affirmé par Aristote dans le traité *De mouvement des animaux.* Sans doute, ce terme immobile constitue le lieu proprement dit (*per se*) du corps mobile lorsqu'il contient ce corps à son intérieur ; au contraire, lorsqu'il ne renferme pas à son intérieur toutes les parties du corps mobile, ce terme immobile est lieu *par accident* du corps mobile ; c'est ce qui se produit pour les corps célestes. On voit donc que pour qu'un corps se meuve *per se,* il n'est pas nécessaire qu'il soit en un lieu *per se.* »

De la sorte, l'orbite suprême possède un lieu (2), mais un lieu *par accident,* à savoir le corps central immobile que requiert sa rotation.

V

ALBERT LE GRAND

Au sujet de la nature du mouvement et du lieu, Albert le Grand n'a rien dit de vraiment original (3) ; il s'est borné à commenter Aristote et Averroès.

Averroès n'a point donné de commentaire sur le traité *Du mouvement des animaux ;* Albert le Grand, au contraire, a donné deux paraphrases de cet ouvrage.

En l'une de ces paraphrases, il se montre (4) fidèlement atta-

---

(1) Averrois Cordubensis *Commentaria magna in octo libros Aristotelis de physico auditu :* l. IV, summa prima, c. ix, comm. 43.

(2) Averroès, *loc. cit ,* comm. 45.

(3) Sous ce titre : *Liber de natura loci ex longitudine et latitudine ejusdem proveniente,* Albert le Grand a composé un opuscule où l'on ne trouve rien sur la théorie générale du lieu et du mouvement, mais seulement d'intéressants développements sur la théorie du lieu naturel.

(4) Beati Alberti Magni, Ratisbonensis episcopi, Ordinis Praedicatorum, *Parva naturalia...* recognita per R. A. P. F. Petrum Iammy... Operum tomus quintus. Lugduni, MDCLI. *Liber de motibus progressivis ;* Tractatus I : De modo motus progressivi ; cc. ii, iii et iv ; pp. 509-511.

ché au sens des propositions formulées par l'auteur grec. Il
admet qu'en dehors d'un corps mobile, il doit exister un corps
fixe ; mais ce corps fixe n'est pas requis à titre de terme auquel
on puisse comparer le mouvement ; il est nécessaire à titre de
support, de soutien, auquel le moteur se puisse appuyer tandis qu'il produit son effort. Cette vérité est éclaircie à l'aide des
exemples mêmes qui sont invoqués au *De motibus animalium*.
A l'imitation de ce traité, d'ailleurs, Albert prouve que l'immobilité de la Terre n'est pas destinée à offrir un point d'appui
au moteur qui produit les révolutions célestes.

La seconde paraphrase, beaucoup plus libre que la première,
s'exprime en termes ambigus au sujet du corps fixe que suppose tout mouvement progressif ; il ne faudrait pas grand
effort pour solliciter ces termes dans le sens du principe
qu'Alexandre d'Aphrodisie, Themistius, Simplicius et Averroès
ont cru lire au traité *Du mouvement des animaux*.

Albert remarque d'abord (1) que toute partie mobile du corps
d'un animal en mouvement s'appuie sur une autre partie de ce
même corps ; si cette seconde partie n'est pas fixe, elle a à son
tour un appui, et ainsi de suite ; de proche en proche, on parvient à une partie du corps qui est fixe.

En tout mouvement, on peut raisonner de même ; comme la
série des corps mobiles ne saurait être prolongée à l'infini, on
arrive nécessairement à cette conclusion : Tout mouvement
progressif suppose un corps immobile. « Un tel mouvement est
assurément analogue au mouvement du compas... Lorsque le
compas se meut, il se meut en vertu de sa forme, en vertu de
sa configuration de compas, qui lui donnent l'existence et qui
le spécifient. Mais, en même temps, durant tout son mouvement, une de ses parties demeure attachée à un certain centre
immobile ; c'est autour de ce centre immobile que le compas
mobile décrit un cercle. »

Cet exemple tiré du mouvement du compas n'appelle guère
notre attention sur la nécessité d'appuyer à un support fixe
le moteur qui met un corps en mouvement ; il semble bien

---

(1) BEATI ALBERTI MAGNI... *Parva naturalia... Liber secundus de motibus ani-*
malium ; Tractatus I : De ipsis motibus et proprietatibus ipsorum ; c. III,
p. 125.

plus propre à lui signaler l'immobilité du corps central qui permet de constater une rotation.

Cette dernière idée est celle qui se présentait sans doute à l'esprit des lecteurs d'Albert le Grand. Pierre d'Auvergne nous en est garant. Maître éminent de l'Université de Paris, recteur de cette Université à la fin du xiii° siècle, Pierre d'Auvergne fut un des disciples les plus immédiats et les plus illustres d'Albert le Grand et de saint Thomas d'Aquin. En son commentaire du traité *De motibus animalium*, il présente (1) les considérations suivantes, où l'influence de l'Évêque de Ratisbonne a laissé une trace bien visible :

« De même que le Ciel ne saurait se mouvoir s'il n'existait une chose fixe et immobile, de même le mouvement d'un animal exige qu'il existe hors de cet animal un support immobile auquel il puisse s'appuyer pour se mouvoir... Mais comprenons bien que la raison pour laquelle un corps étranger immobile est nécessaire, n'est pas tout à fait la même pour le Ciel et pour l'animal. Il est cependant un motif commun aux deux cas. En effet, pour qu'un corps soit en mouvement, il faut qu'il existe un autre corps par rapport auquel celui qui se meut est disposé d'autre manière en ce moment qu'il ne l'était tout à l'heure ; ce second corps est immobile ou du moins, s'il se meut, il diffère du premier, par la forme ou la vitesse de son mouvement ; si donc il se meut, il faudra ou bien que la série des mobiles se prolonge à l'infini, ou bien que l'on parvienne enfin à un terme tout à fait immobile. Cette raison-là est commune à l'animal et au Ciel. Mais il en est une autre qui est spé-

---

(1) In presenti volumine infrascripta invenies *opuscula* Aristotelis *cum expositionibus* sancti Thome : ac Petri de Alvernia. Perquam diligenter visa recognita : erroribusque innumeris purgata.

Sanctus Thomas *De sensu et sensato. De memoria et reminiscentia. De somno et vigilia.* Ultimo altissimi Proculi (sic) *de causis* cum ejudem sancti Thome *commentationibus.*

Petrus de Alvernia *De motibus animalium. De longitudine et brevitate vite. De juventute et senectute. De respiratione et inspiratione. De morte et vita.*

Egidius Romanus. *De bona fortuna.*

Colophon : ... Impressa vero Venetiis mandato sumptibusque Heredum nobilis viri domini Octaviani Scoti civis Modoetiensis, per Bonetum Locatellum presbyterum Bergomensem. Anno a partu virgineo saluberrimo septimo supra millesimum quinquiesque centesimum quinto Idus Novembris.

Expositio super librum de motibus animalium secundum Petrum de Alvernia. Lectio I, fol. 35, coll. b et c.

ciale à l'animal. Pour se mouvoir, en effet, l'animal doit pousser et tirer... »

Que Pierre d'Auvergne, d'ailleurs, ait exactement saisi la pensée qui hantait l'esprit d'Albert le Grand au moment où il citait l'exemple du mouvement du compas, nous en aurons la preuve, car nous allons retrouver cette pensée en divers autres écrits de l'Évêque de Ratisbonne.

Nous la rencontrons tout d'abord en son traité du Ciel (1).

Comme l'avait fait Aristote, Albert cherche la raison pour laquelle la sphère céleste tout entière ne se meut pas d'un mouvement unique ; au cours de cette recherche, toujours guidé par l'exemple du Philosophe et du Commentateur, il écrit ces lignes :

« Prenons pour point de départ les conditions requises en vue du mouvement circulaire. Selon ce qui est démontré au livre *Du mouvement des animaux,* disons qu'aucun corps ne peut se mouvoir circulairement s'il ne se meut sur un autre corps fixe et immobile ; si ce dernier corps se mouvait, le premier ne pourrait décrire un cercle qui demeurât toujours en la même place : la vertu du corps immobile ajoute à la vertu propre du mobile au moins cette fixité de la trajectoire circulaire. Car aucune des parties de l'orbite qui accomplit sa révolution ne demeure stable, fixe, et privée de mouvement. Les pôles semblent immobiles, mais ils se meuvent en leur lieu, sans passer d'un lieu à l'autre, ni d'une place à l'autre. De même, il est évident que le corps qui se meut en cercle n'est pas de même nature que le corps fixé en son centre. » S'il était de cette nature, en effet, il aurait au centre son lieu naturel, et ses diverses parties y descendraient, ce qu'elles ne font point. « Si donc il faut que tout corps mû circulairement se meuve sur une chose fixe et stable, il faut qu'un corps fixe et immobile se trouve au centre de l'Univers, et ce corps ne peut être que la T re. »

L'existence et la fixité de la Terre sont ainsi requises par la rotation même des orbes célestes.

---

(1) Alberti Magni *De Cœlo et Mundo* liber secundus ; tract. I ; c. viii : De causa finali propter quod cœlorum motus oportet esse plures.

Quant aux multiples mouvements des cieux, Albert, fidèle péripatéticien, leur assigne pour objets la génération et la mort des choses corruptibles que recèle la région des éléments.

Trois choses concourent à cette génération et à cette corruption : En premier lieu, la perpétuité de l'existence ; en second lieu, l'opposition continuelle de la naissance et de la mort ; en troisième lieu, la variété des formes et des espèces engendrées. De ces trois choses, la première est sous la dépendance du mouvement diurne ; la seconde relève des révolutions accomplies selon l'écliptique, révolutions qui font monter ou descendre tour à tour le Soleil et les autres astres générateurs ; la troisième est causée par les particularités du cours des planètes, qui tantôt rapprochent ces astres les uns des autres, et tantôt les séparent.

L'existence nécessaire d'un corps immobile au centre d'un orbe qu'anime un mouvement de révolution est encore invoquée par Albert en sa *Physique*.

Après avoir paraphrasé (1) ce qu'Aristote a dit de la nature et de l'immobilité du lieu, l'Évêque de Ratisbonne aborde (2) la question débattue du lieu et du mouvement de la huitième sphère.

La question avait déjà sollicité l'attention de quelques scolastiques de la Chrétienté. Gilbert de la Porrée (1070-1154) en avait touché quelques mots en son *Livre des six principes* (3).

C'est en traitant de la catégorie *Ubi* que Maître Gilbert de la Porrée est amené à écrire les lignes suivantes (4) :

« Toute contenance (*contentio*) dérive de l'*extrémité* de la sphère céleste, car il n'y a rien au-delà de cette extrémité. Mais, pour elle, il ne peut y avoir de lieu, car il n'y a rien audelà d'elle, et, comme il a été dit dans ce qui précède, un tel lieu doit entourer le corps logé. Supposons, en effet, que cette extrémité soit en un lieu ; il nous faudra admettre aussitôt qu'il

---

(1) Alberti Magni *Physicorum* liber quartus ; tract. I ; cc. xi et xii.

(2) Albertus Magnus, *loc. cit.*, c. xiii.

(3) Nous citons cet ouvrage d'après : Aristotelis *Opera nonnulla* latine fecit Joannes Argyrophilus, Augustæ Vindelicorum, Ambrosius Keller, 1479. Le *Liber sex principiorum* Magistri Gilberti Porritani, commence au fol. 39, verso, et finit au fol. 48, verso, de la première partie de cet ouvrage.

(4) Gilbert de la Porrée, *Op. cit.*, c. vii, fol. 44, verso.

existe au delà quelqu'autre chose, et que le lieu de l'extrémité réside en ce quelque chose. Mais il n'y a rien au-delà de cette extrémité. Cette extrémité n'est donc pas en un lieu. Se prononcer au sujet de cette question est insolite et occulte, et, en outre, dépasse ce qui tombe sous les sens. »

Qu'est-ce que l'*Auteur des six principes* entend par l'*extrémité* (1) de la sphère? Ce peut être l'orbite suprême ou une couche sphérique, plus ou moins épaisse, qui confine à la surface ultime du Monde. Dès lors, ce qu'a dit Gilbert de la Porrée n'a rien qui ne soit très correctement péripatéticien.

L'Évêque de Ratisbonne interprète d'une façon qui nous paraît absolument inexacte la doctrine de l'*Auteur des six principes*; il la réduit à cette affirmation : « Le lieu de la huitième sphère, c'est la surface extérieure de cette sphère, qui se meut à l'intérieur de cette surface. »

Une telle théorie indigne Albert le Grand : « Planum est Porretanum mentiri! » s'écrie-t-il. Un corps pourrait, selon cette doctrine, être un lieu alors qu'aucun corps ne l'environnerait; le lieu serait la surface du corps logé et non la surface ultime du corps ambiant; autant d'affirmations qui répugnent absolument à la Physique péripatéticienne.

Au sujet de la « grande question » du lieu de l'orbe suprême, le but avoué d'Albert est d'exposer, en la rendant plus claire, la solution d'Averroès, qu'il adopte.

« Averroès dit que le premier mobile est en un lieu *par accident,* tandis que son mouvement est *par soi*, et non par accident. On dit que cet orbite a un lieu parce que son centre est en un lieu, et cela *par lui-même ;* l'orbite alors est en un lieu, mais *par accident.* Aristote, en effet, dans son livre *Sur les mouvements locaux des animaux,* a déclaré que tout mouvement procédait d'un corps immobile. Il faut donc que le mouvement de la huitième sphère procède de quelque chose qui soit immobile. Ce quelque chose sera en un lieu *par soi,* en sorte que l'orbe sera en un lieu *par accident.* »

En invoquant le principe qu'à l'exemple d'Alexandre, de The-

---

(1) Le texte imprimé dit : *extremitas,* mais le texte primitif devait porter : *extremum,* car tous les adjectifs et pronoms qui se rapportent à ce mot sont au neutre.

mistius, de Simplicius et d'Averroès, il prétend tiré du traité *De motibus animalium,* Albert le Grand le soumet à une discussion que ses prédécesseurs ne lui avaient pas fait subir. Selon lui, ce principe n'est pas de mise lorsqu'il s'agit d'étudier les mouvements naturels des éléments graves ou légers. Il doit être restreint aux mouvements produits par une âme, comme les mouvements des animaux, ou par une intelligence, comme les mouvements des astres. Cette discussion fait éclater à tous les yeux la déformation profonde que les commentateurs ont fait subir aux pensées exprimées dans le *De motibus. animalium.* L'auteur de ce traité, en effet, enseignait que le moteur des cieux n'a pas besoin d'appui fixe, parce qu'il est intelligence pure.

La huitième sphère ne se meut pas *secundum subjectum,* c'est-à-dire selon sa masse totale ; prise dans son ensemble, cette masse garde une position invariable. Elle se meut *selon sa forme,* c'est à-dire selon la position relative que ses diverses parties affectent par rapport au corps immobile qui occupe le centre ; cette forme, en effet, cette position relative, changent d'un instant à l'instant suivant.

Telle est donc la solution proposée par Averroès : Le premier mobile est en un lieu en ce qu'il est autour de son lieu, et ce lieu est la surface convexe du corps immobile qui se trouve en son centre. Dans les écrits du Commentateur, « cette solution paraît subtile, car elle est présentée en termes obscurs ; ces termes doivent être compris selon l'explication qui vient d'en être donnée ».

Mais à cette explication une objection peut être faite. Pour que le Ciel puisse être animé d'un mouvement de rotation, il faut que la Terre demeure immobile, contenant le centre de ce mouvement : telle est la proposition dont dépend toute la déduction précédente. Cette proposition n'affirme-t-elle pas que l'immobilité de la Terre est la cause du mouvement de la huitième sphère ? Or, pour un Péripatéticien, semblable affirmation serait inacceptable. C'est du premier moteur que l'orbite suprême tire son mouvement ; l'immobilité de la Terre est l'effet, non point la cause, du mouvement céleste.

A cette objection, voici la réponse qu'adresse Albert le Grand :

« Le mouvement de l'orbe suprême peut être considéré de
deux points de vue distincts ; on peut voir en lui le mouvement du premier mobile ; on peut aussi l'étudier à titre de révolution accomplie sur place. Si l'on considère ce mouvement
du premier point de vue, il dérive du premier moteur, qui
préside au huitième ciel, et non du corps central. Si on le
considère, au contraire, du second point de vue, la rotation de
la dernière orbite provient de l'immobilité du corps central. »

Bien qu'en ces questions Albert le Grand se soit montré
fidèle disciple d'Averroès, il n'a pas suivi jusqu'au bout la voie
ouverte par le Commentateur. Toute rotation supposant un
corps dont l'immobilité en fixe le centre, Ibn Roschd avait déclaré que les épicycles et les excentriques imaginés par Ptolémée étaient des impossibilités physiques. Tout en gardant le
principe formulé par Averroès, Albert le Grand se refuse à en
admettre la conséquence ; il ne sauve le système de Ptolémée
qu'au prix d'un illogisme.

VI

SAINT THOMAS D'AQUIN

L'influence d'Aristote et celle d'Averroès sont les seules que
l'on perçoive en la doctrine adoptée par Albert le Grand. La
théorie du lieu et du mouvement local que développe saint
Thomas d'Aquin porte la marque d'autres influences. On y reconnait, d'abord, certaines pensées de Themistius. On y entrevoit aussi, bien que plus vaguement, certaines analogies avec
la théorie proposée par Damascius et complétée par Simplicius.
Ces analogies iront se fortifiant et se précisant dans l'enseignement de plusieurs des successeurs de saint Thomas, à tel point
que, dans l'Ecole scotiste, la doctrine de Damascius et de
Simplicius finira par triompher de celle d'Aristote.

La rotation du Ciel exige l'immobilité de la Terre. En exposant cette théorie du Stagirite, saint Thomas se montre commentateur plus scrupuleux que ses prédécesseurs ; il n'invo-

que nullement, en effet, les propositions qui sont formulées au *De motibus animalium* (1).

« Au centre d'un corps qui se meut circulairement, il faut, dit-il, que quelque chose demeure immobile. Il est manifeste, en effet, que tout mouvement circulaire a lieu autour d'un centre fixe. Or, il faut que ce centre se trouve en un corps fixe, car ce que nous nommons centre n'est pas quelque chose qui subsiste en soi ; c'est un accident appartenant à une chose corporelle ; ce centre ne peut être que le centre d'un certain corps. »

« Ce corps fixe doit être une partie du Monde... Mais il ne peut faire partie de l'orbe mobile, c'est-à-dire du corps céleste... Ce qui se trouve au centre est éternellement immobile, de même que le Ciel se meut éternellement... Or, ce qui est naturellement immobile au centre est la Terre... Si donc le Ciel tourne d'une éternelle révolution, il faut que la Terre existe. »

L'influence de Simplicius, que Thomas d'Aquin cite, d'ailleurs, à la fin de cette même leçon, transparaît dans les considérations par lesquelles il est prouvé qu'un centre immobile ne peut exister ailleurs qu'en un corps immobile.

La rotation de la dernière sphère céleste suppose l'existence d'un corps central immobile ; faut-il, avec le Commentateur, dire que ce pivot immobile constitue le lieu de l'orbite suprême et que cette orbite est en un lieu *par accident*, parce que le pivot central se trouve en un lieu par lui-même ? Saint Thomas ne peut accepter (2) cette interprétation des mots *par accident*, κατὰ συμβεβηκός, par lesquels le Stagirite qualifie le lieu de la dernière sphère céleste. « Aristote ne dit pas qu'un corps est en un lieu *par accident* lorsqu'un autre corps, qui lui est absolument étranger, se trouve en un lieu. Il me paraît donc ridicule de prétendre que la dernière sphère est accidentellement en un lieu par le fait seul que son centre est en un lieu. Aussi préféré-je donner mon approbation à l'avis de

---

(1) SANCTI THOMÆ AQUINATIS *Expositio in libros Aristotelis de Cœlo et Mundo :* in lib. II lectio IV.

(2) SANCTI THOMÆ AQUINATIS *In libros physicorum Aristotelis expositio :* in lib. IV lectio VII.

Themistius, selon lequel la dernière sphère est en un lieu par ses parties. »

A l'appui de cette opinion de Themistius, saint Thomas d'Aquin développe des considérations qui méritent d'être reproduites en entier ; nous n'y reconnaîtrons guère l'influence du paraphraste grec, mais bien celle d'Aristote lui-même ; nous y reconnaîtrons aussi la trace de la théorie d'Avempace que le Docteur Angélique a, d'ailleurs, rapportée avant celle d'Averroès.

« On ne s'inquiète du lieu qu'en vue du mouvement ; le mouvement met le lieu en évidence parce que des corps divers se succèdent en un même lieu. Le lieu n'est donc pas nécessaire à l'existence même du corps ; mais il est nécessaire à tout corps qui se meut de mouvement local. Donc à tout corps qui se meut de mouvement local, on doit assigner un lieu ; et dans cette opération, on doit être guidé par la considération de la succession des corps divers en un même lieu.

« Considérons d'abord des corps qui se meuvent de mouvement rectiligne. Il est manifeste alors que les deux corps qui se succèdent l'un à l'autre en un même lieu, s'y succèdent en leur entier ; un corps entier délaisse entièrement le lieu qu'il occupait et un autre corps entre tout entier en ce même lieu. Partant, il est nécessaire, pour qu'un corps puisse se mouvoir de mouvement rectiligne, qu'il soit en un lieu par sa masse tout entière.

« Considérons maintenant un mouvement de révolution. Pour la raison, le corps qui tourne, pris dans son ensemble, se trouve successivement en divers lieux ; mais le *sujet* lui-même ne change pas de lieu ; ce *sujet* se trouve toujours dans le même lieu ; c'est seulement par la pensée que le lieu change... Les parties du mobile, au contraire, changent de lieu ; et ce changement n'existe pas seulement pour la raison ; il a lieu pour le *sujet* de chaque partie. Ce que l'on considère donc en un mouvement de révolution, ce n'est pas la succession en un même lieu de corps divers pris en leur totalité ; c'est seulement la succession en un même lieu des diverses parties d'un même corps. Dès lors, à un corps animé d'un mouvement de rotation, il n'est pas nécessaire d'attribuer un lieu d'ensemble ; il suffit d'attribuer un lieu aux parties de ce corps. »

« ... Il est donc beaucoup plus convenable de dire que la huitième sphère est en un lieu par ses parties intrinsèques, que de prétendre qu'elle s'y trouve par un corps central tout à fait étranger à sa propre substance. Cela s'accorde beaucoup mieux, d'ailleurs, avec l'avis d'Aristote. »

Venons à la doctrine générale de saint Thomas touchant la nature et l'immobilité du lieu.

Nous avons vu qu'Aristote, en traitant cette question, avait adopté successivement deux définitions du lieu incompatibles entre elles. Il avait nommé, tout d'abord, *lieu d'un corps* la partie de la matière environnante qui est immédiatement contiguë à ce corps ; mais le lieu ainsi défini n'est pas immobile ; afin de lui assurer l'immobilité, Aristote a déclaré alors que le lieu d'un corps était la première surface immobile environnant ce corps.

Éviter ce changement de définition, qui constitue une faute grave de la logique, a été le principal objet des efforts de plusieurs commentateurs de l'École. Dans ce but, ils ont, en général, distingué deux sens du mot lieu : au premier de ces sens le lieu est mobile ; au second, il est immobile.

Une telle distinction se trouve déjà indiquée, si brièvement que la clarté en souffre, dans la *Somme* extrêmement concise que Robert Grosse-Teste, évêque de Lincoln, a composée sur la *Physique* d'Aristote.

Robert Grosse-Teste remarque (1) que le lieu d'un corps est un accident de ce corps, en sorte qu'il doit se mouvoir avec ce corps. A la difficulté ainsi soulevée, il consacre cette seule phrase : « Matériellement (2), le lieu est mobile ; formellement, il est immobile. » En quoi consiste le *lieu matériel,*

---

(1) Divi Roberti Lincoxensis *Super octo libris physicorum brevis et utilis summa;* in lib. IV. — Cette somme se trouve à la fin de l'ouvrage suivant : *Emptor et lector Aveto.* Divi Thome Aquinatis *In libros physicorum Aristotelis interpretatio sum et expositio...* Colophon :... Impressa in inclyta Venetiarum urbe per Bonetum Locatellum Bergomensem presbyterum mandato et sumptibus heredum nobilis viri domini Octaviani Scoti civis Modoetiensis Anno a nativitate Domini quarto supra millesimum quinquiesque centesimum, sexto Idus Aprilis.

(2) Le texte dit : *naturaliter ;* il faut lire, je pense, *materialiter.*

en quoi le lieu *formel,* l'Évêque de Lincoln ne nous le dit pas.

La lecture des réflexions de saint Thomas (1) va nous l'apprendre.

On peut tout d'abord nommer *lieu d'un corps* la partie, immédiatement contiguë à ce corps, de la matière qui l'environne. Ce lieu-là, en tant qu'il est formé de telle ou telle matière, est mobile : le corps considéré était environné de tel air ou de telle eau ; un peu plus tard, l'air ou l'eau qui l'entourent ont pu changer.

A côté du lieu ainsi compris, qui est mobile, nous devons considérer un autre lieu : ce dernier est borné par les mêmes parties extrêmes des corps ambiants qui servent à délimiter le premier ; mais il consiste en une certaine relation entre ces parties ultimes des corps ambiants et l'ensemble de la sphère céleste : il détermine l'ordre ou la situation du corps que ces parties contiennent par rapport à l'ensemble du Ciel ou par rapport à l'Univers immobile : ce lieu est le *lieu rationnel* (*ratio loci*).

« La partie ultime du contenant, en tant qu'elle est formée de telle ou telle matière, n'est pas immobile. Mais en tant que l'on considère la situation qu'elle occupe en la totalité du Ciel, elle ne se meut point ; le corps qui vient former cette partie ultime renouvelée, comparé à l'ensemble du Ciel, a même situation relative que le corps qui la formait précédemment et qui s'est écoulé. »

Le *lieu rationnel* immobile est un rapport fixe à l'ensemble du Ciel ; cet ensemble lui-même est déterminé par le corps central et par les pôles ; en sorte que l'on pourrait définir le *lieu rationnel :* la situation par rapport au corps central et aux pôles. « Le *lieu rationnel* d'un contenant quelconque provient donc du premier des contenants, du premier des logements, à savoir du Ciel. »

Voici un exemple, suggéré par le texte même d'Aristote, qui montre bien comment toute *ratio loci* se tire, en dernière

---

1. Sancti Thomæ Aquinatis *In libros physicorum Aristotelis expositio;* in lib. IV lectio VI.

analyse, de la considération de l'orbite suprême. Dans le domaine des éléments graves ou légers, les différences de lieux vers le bas ou vers le haut se déterminent par comparaison au centre du Monde et à la surface concave de l'orbe de la Lune. Or, on a vu comment la fixité du corps central était exigée par le mouvement de rotation de l'orbe suprême. « Quant à la surface concave qui, de notre côté, termine l'ensemble des orbes célestes circulairement mobiles, elle est, il est vrai, animée d'un mouvement de révolution ; toutefois elle demeure immuable, en ce qu'elle se tient toujours à la même distance de nous », c'est-à-dire du centre immobile.

« Telle est la manière dont il nous faut comprendre que les parties extrêmes des corps naturels forment le lieu d'un autre corps ; elles le forment en vertu de la position relative, de l'ordre, de la situation qu'elles présentent par rapport à l'ensemble du corps céleste ; celui-ci, en effet, est le contenant par excellence, le principe de toute conservation et de tout logement — *primum continens, et conservans, et locans.* »

Ainsi s'exprime saint Thomas en un opuscule *Sur la nature du lieu* (1). La même phrase se trouvait déjà en ses *Commentaires à la Physique d'Aristote* ; il y manquait seulement un mot que nous lisons ici, le mot *conservans.* La présence de ce mot dans le passage que nous venons de citer n'est point chose fortuite et de peu d'importance ; elle y porte la marque des théories qui distinguent l'opuscule *Sur la nature du lieu* d'avec le *Commentaire à la Physique*; et ces théories méritent que nous nous y arrêtions un instant ; elles portent en germe, en effet, plusieurs des doctrines que professeront Duns Scot et ses disciples.

Le lieu d'un corps est la partie extrême du contenant (*ultimum continentis*) ; quelle différence y a-t-il donc entre le lieu et la surface du contenant ? La surface est la limite du contenant considérée d'une manière intrinsèque à ce corps ; elle devient le lieu lorsqu'on la considère d'une manière

---

1. Sancti Thomæ Aquinatis *Opuscula* : Opusc. LII : De natura loci. — Beaucoup d'opuscules attribués à saint Thomas sont apocryphes ; il est fort possible que l'opuscule *De natura loci*, dont la doctrine diffère de celle que le Docteur Angélique soutient en d'autres ouvrages, ne soit pas de lui.

extrinsèque, non plus comme la borne du corps contenant auquel elle appartient, mais comme la frontière du corps contenu qu'elle entoure. La surface du contenant et le lieu sont matériellement la même chose, à savoir l'extrémité du contenant ; les caractères qui les différencient sont purement formels.

Ce caractère formel, extrinsèque au contenant, par lequel la partie extrême du contenant devient le lieu du corps contenu, ne consiste pas seulement à envelopper ce corps ; il implique aussi une certaine aptitude à conserver ce corps ; le lieu ne contient pas seulement, il conserve.

Cette vertu conservatrice du lieu explique pourquoi sa raison *(ratio loci)*, d'où découle sa permanence, consiste en la situation qu'il occupe par rapport au Ciel ; en effet, parmi les corps susceptibles de génération et de corruption, aucune matière ne peut être douée de la propriété de conserver une autre portion de matière, si elle ne la tient du Ciel ; et cette vertu ou cette influence qu'elle reçoit du Ciel dépend de sa distance à ce corps et de sa situation par rapport à lui. Voilà pourquoi, en tout contenant, le *lieu rationnel* s'obtient par comparaison avec l'orbite suprême qui est, dès lors, le *primum locans*, le corps qui loge tous les autres.

L'opuscule de saint Thomas *Sur la nature du lieu* se termine par un article ainsi intitulé : De quelle manière la dernière sphère se trouve en un lieu.

Au sujet de cette question, Thomas d'Aquin reproduit d'abord la solution qu'il avait donnée dans son *Commentaire à la Physique d'Aristote*. A cette solution, il adresse une objection qu'il avait également formulée dans ce *Commentaire* : L'existence actuelle et le mouvement conviennent au tout et non pas à ses parties ; or, la manière dont un corps doit être en un lieu dépend de la manière dont il est en mouvement ; il faut donc qu'un corps soit en un lieu par son tout et non par ses parties.

Cette objection recevait, dans le *Commentaire*, la réponse suivante : Les parties de l'orbite suprême n'existent pas en acte, mais elles existent en puissance ; de même, elles ne sont pas actuellement en un lieu, mais elles y sont en puissance ; que l'on distingue une partie du reste de l'orbite, elle se trouvera en la totalité de cet orbite comme en un lieu ; ainsi, la dernière sphère se trouve en un lieu accidentel par ses parties, qui sont elles-mêmes logées en puissance ; cette manière d'être en un lieu suffit au mouvement de révolution.

Non seulement saint Thomas trouve cette réponse concluante, mais elle lui paraît mettre en évidence une harmonieuse gradation parmi les êtres.

Hors de l'orbite suprème il n'y a, selon l'enseignement d'Aristote, que des substances dénuées de lieu et essentiellement immobiles. A l'intérieur de la huitième sphère, sont des corps dont chacun est en un lieu en totalité et d'une manière actuelle ; ces corps-là se meuvent ou peuvent se mouvoir par le transport total de leur substance d'un lieu dans un autre. Entre ces deux sortes d'êtres se trouve la sphère suprème ; celle-ci n'est point en un lieu selon sa totalité, mais par ses parties ; ces parties elles-mêmes n'ont pas un lieu actuel, mais un lieu potentiel ; aussi cet orbe ne peut-il éprouver de déplacement d'ensemble ; le mouvement de révolution est le seul qui lui convienne.

La réponse que lui a suggérée cette vue, saint Thomas la répète en son opuscule ; mais, sans doute, elle ne lui semble plus capable de lever l'objection qui l'avait provoquée, car, tout aussitôt, il la fait suivre de cette phrase : « Si nous voulons garder la part de vérité que renferme cette opinion, il nous faut dire que le dernier ciel n'est pas en un lieu purement et simplement, mais qu'il y est par accident, en ce qu'il entoure son lieu. »

Voilà donc, par un singulier revirement de pensée, saint Thomas d'Aquin rallié à la théorie d'Averroès, qu'il avait qualifiée de ridicule !

A l'appui de cette théorie, le Docteur Angélique développe des considérations où l'influence d'Avempace — influence qu'il avoue d'ailleurs — se marque mieux encore qu'elle ne se marquait en sa première doctrine.

Tout corps qui se trouve naturellement en repos est en un certain lieu ; en effet, pour qu'il soit naturellement en repos, il faut qu'il soit entouré de corps qui conviennent à sa nature ; ayant un contenant, il a un lieu.

Au contraire, il peut arriver qu'un corps en mouvement naturel n'ait pas de lieu ; à cet égard, une distinction est nécessaire.

Il y a des corps dont le mouvement naturel a pour objet de maintenir l'existence et d'accroître la perfection. Ces corps-là se meuvent vers les corps qui conviennent à leur nature et qui leur offriront un lieu naturel, parce qu'ils sont actuellement entourés de corps qui répugnent à leur nature ; lors donc que ces corps se meuvent, ils sont en un contenant, partant en un lieu.

D'autres corps ne se meuvent point en vue de leur existence ni de leur perfection ; ils sont mus par une intelligence, et leur mouvement a pour objet de développer la causalité de la Cause première ; ces corps-là sont les orbes célestes ; pour qu'ils se meuvent, il n'est point nécessaire qu'ils soient environnés de corps contraires à leur nature, ni qu'ils aspirent à un contenant conforme à leur nature ; ils n'ont pas besoin de lieu.

En d'autres termes, le lieu, nous l'avons vu, ne contient pas seulement le corps logé ; il exerce à son égard une action de conservation. Les éléments et les composés périssables ont besoin d'être conservés ; il leur faut un lieu. Les corps célestes sont impérissables ; ils n'ont pas à être conservés ; ils n'ont que faire d'un lieu.

Une difficulté se présente ici. Ce qui vient d'être dit n'est pas vrai seulement de la sphère suprême, mais de tous les orbes célestes ; aucun d'eux n'a besoin d'un lieu ; cependant, sauf le dernier orbe, tous ont un contenant et, partant, sont en un lieu.

On peut, en effet, dire que les orbes inférieurs sont en un lieu, mais à la condition de ne pas donner à ces mots le sens qu'on leur donne lorsqu'il s'agit des éléments corruptibles et de leurs combinaisons. Le lieu de ces derniers corps ne les contient pas seulement, mais encore il les conserve ; le lieu des orbes inférieurs les contient sans les conserver.

VII

GILLES DE ROME

Que le lieu propre et mobile d'un corps puisse être appelé *lieu matériel,* que le nom de *lieu formel* convienne au *lieu rationnel* immobile, saint Thomas ne le dit pas ; mais on le peut conclure sans peine d'une comparaison qu'il emploie : « De même, dit-on, qu'un feu demeure identique quant à sa forme, bien que la combustion d'une partie du bois et que l'addition de bois nouveau le fasse varier quant à sa matière (1). »

Si saint Thomas d'Aquin n'a pas usé des termes : *lieu matériel, lieu formel,* déjà employés par Robert Grosse-Teste, Gilles Colonna, dit Gilles de Rome, n'hésite pas à les introduire dans son langage philosophique ; au sujet du difficile problème de l'immobilité du lieu, il reprend (2) textuellement l'aphorisme de l'Évêque de Lincoln : *Locus est immobilis formaliter, mobilis vero materialiter.*

L'exemple dont il se sert pour expliquer sa pensée est celui-là même qu'Aristote avait déjà considéré ; c'est l'exemple d'un navire à l'ancre en une eau courante ; matériellement, l'eau qui baigne ce navire et qui en est le lieu se renouvelle incessamment ; formellement, on dit que ce navire demeure au même lieu, parce que l'eau mobile et changeante qui le baigne garde même situation par rapport aux rives immobiles du fleuve.

Le lieu immobile, ce n'est donc pas, comme le voulait Aristote, l'enceinte fixe au sein de laquelle le vaisseau se trouve contenu ; ce ne sont pas les rives et le lit du fleuve ;

(1) Sancti Thomæ Aquinatis *In libros Physicorum Aristotelis expositio :* in lib. V lectio vi.

(2) Egidii Romani *In libros de physico auditu Aristotelis commentaria accuratissime emendata : et in marginibus ornata quotationibus textuum et comentorum, ac aliis quamplurimis annotationibus : cum tabula questionum in fine.* — Ejusdem *questio de gradibus formarum.* Colophon : Preclarissimi summique Egidii Romani De gradibus formarum tractatus Venetiis impressus mandato et expensis heredum nobilis viri domini Octaviani Scoti civis Modoetiensis per Bonetum Locatellum presbyterum. 12° kal. Octobr. 1502. In lib. IV lectio vii text. comm. 41, dubitatio 2, fol. 72, *recto.*

c'est une disposition fixe du vaisseau par rapport à un terme qui est lui-même immobile.

Quel est ce terme immobile auquel doit être rapportée la situation qui constitue le lieu formel ? Ce terme immobile, c'est l'Univers.

Les diverses parties de l'Univers sont mobiles, mais l'Univers lui-même est immobile dans son ensemble, *secundum substantiam*. La situation qui constitue le lieu formel, dont la permanence est l'immobilité du lieu, c'est la position par rapport à l'ensemble de l'Univers. « Supposons qu'un homme se tienne immobile à la surface de la Terre ; que le souffle du vent entraîne tout l'air qui l'environne ; on ne dira pas qu'il a changé de lieu, bien qu'il soit plongé maintenant dans un air tout autre que celui où il se trouvait tout à l'heure ; on dira qu'il est demeuré au même lieu, parce qu'il a gardé même situation par rapport à l'Univers. »

L'immobilité de l'Univers *secundum substantiam* entraîne l'immobilité du centre du Monde ; pour que ce centre changeât, il faudrait que le Monde subît un déplacement d'ensemble. D'ailleurs, en parlant d'un centre immobile, Gilles de Rome entend évidemment, comme tous ses prédécesseurs, d'Aristote à saint Thomas d'Aquin, parler non d'un point, mais d'un corps central fixe. Un peu plus loin (1), pour désigner le pivot invariable des révolutions célestes, il dit indifféremment : le centre, ou : la Terre. La fixité de ce corps central entraîne la fixité de la surface sphérique qui borne l'Univers et aussi des surfaces qui délimitent chacun des orbes célestes, car chacune de ces sphères a un rayon invariable ; la fixité des pôles, à son tour, résulte de cette immobilité du corps central et de la surface ultime du Monde.

Au lieu donc de définir le lieu formel d'un corps comme la situation de ce corps par rapport à l'Univers, nous pouvons dire que c'est la position que ce corps occupe par rapport au centre et aux pôles du Monde. Mais la première définition est préférable à la seconde, puisque la fixité du corps central et des pôles dérive elle-même de la fixité de l'Univers.

---

(1) ÆGIDIUS ROMANUS, *Op. cit,,* in lib. IV lectio VIII, text. comm. 46, dubitatio 2, fol. 73, verso.

Résumons donc cette doctrine (1) : « Le lieu matériel d'un corps, c'est la surface du corps qui contient le premier ; ce qu'il y a de formel en ce même lieu, c'est sa situation par rapport à l'Univers, car la position même de l'Univers est absolument immobile… Pris au point de vue formel, le lieu n'est mobile ni par lui-même, ni par accident ; au point de vue matériel, le lieu d'un corps n'est pas mobile par lui-même ; mais il l'est par accident », car les corps ambiants qui forment ce lieu peuvent se déplacer.

En toute la théorie générale que nous venons de rapporter, Gilles de Rome n'a fait que suivre la pensée de saint Thomas d'Aquin ; il l'a modifiée en un seul point : il a affirmé que la *ratio loci* était ce que le lieu contient de formel ; encore le Docteur Angélique avait-il comme insinué cette pensée. Gilles se sépare de ce maître lorsqu'il s'agit de répondre à cette célèbre question : Quel est le lieu de la dernière sphère céleste ? En la solution de ce problème, le Docteur Angélique, du moins en son *Commentaire à la Physique*, tenait pour Aristote contre Averroès ; Gilles Colonna tient pour Averroès contre Aristote.

Contre le système d'Averroès, il rappelle (2), tout d'abord l'objection thomiste :

« Est-ce par son centre que le Ciel est en un lieu ? Il semble qu'il n'en soit rien. Le centre, en effet, paraît entièrement extrinsèque au Ciel ; il paraît n'avoir rien de l'essence du Ciel ; dès lors, il serait ridicule de prétendre que le Ciel est en un lieu parce que son centre est en un lieu. »

Voici maintenant la réponse à cette objection ; la pensée du Commentateur s'y trouve formulée avec une rare netteté :

« Tout mouvement procède par rapport à un objet immobile. Jamais nous ne pourrions imaginer un mouvement si nous n'imaginions un terme fixe par rapport auquel nous puissions affirmer que tel corps se meut. Bien plus, le lieu rationnel (*ratio loci*) est conçu comme quelque chose d'immobile ; nous ne pourrions donc jamais imaginer un mouvement local si nous ne concevions un objet immobile auquel soit rapporté le lieu

---

(1) Ægidius Romanus, *Op. cit.*, in lib. IV lectio vii, text. comm. 41, dubitatio 2, fol. 72, *verso*.

(2) Ægidius Romanus, *Op. cit.*, in lib. IV lectio viii, text. comm. 46, dubitatio 1, fol. 74, *recto*.

rationnel. Or, pour fixer une sphère, il faut d'abord en fixer le centre, en sorte que l'immobilité de la sphère est tirée surtout de l'immobilité du centre. De même, on juge du mouvement de la sphère par comparaison avec le centre. C'est donc par la considération de son centre que l'on doit fixer le lieu de cette sphère. »

Précisons encore ces considérations : « Le dernier ciel est, à la fois, tout entier en repos et tout entier en mouvement. »

« Il est tout entier en repos, parce que, pris dans son ensemble (*secundum substantiam*), il ne change jamais de lieu ; et cela résulte de la continuelle immobilité de son centre.

« D'autre part, le dernier orbe se meut tout entier, en ce que sa disposition change sans cesse. La Terre, en effet, qui demeure en repos au centre du Ciel, n'est pas toujours vue de la même manière d'une région de ce Ciel.

« On juge donc de l'immobilité du Ciel aussi bien que de son mouvement par la considération du corps central. Or, on ne s'enquiert du lieu qu'afin de pouvoir juger du repos et du mouvement. On ne saurait donc chercher le lieu du Ciel que dans la considération de son centre. »

Les idées et le langage même de saint Thomas sont appelés ici au secours de la solution averroïste que le Docteur Angélique avait rejetée ; Gilles use également de ces idées et de ce langage pour réfuter (1) la solution d'Aristote à laquelle son glorieux prédécesseur s'était rallié.

Comparons, en effet, la solution d'Averroès, telle qu'elle vient d'être exposée, à la solution d'Aristote ; les avantages de la première feront éclater aux yeux les inconvénients de la seconde.

« Le mouvement du Ciel modifie incessamment la situation des parties du Ciel par rapport aux parties du corps central ; la partie du Ciel qui était naguère en regard de telle partie de la Terre regarde maintenant, par l'effet du mouvement du Ciel, une autre partie de la Terre. L'ensemble du Ciel regarde donc l'ensemble de la Terre, mais il ne le regarde pas sans cesse de

---

(1) Ægidius Romanus, *Op. cit.*, in lib. IV lectio viii, text. comm. 46, dubitatio 2, fol. 74, *verso*.

la même manière ; en même temps, les diverses parties du Ciel ne demeurent pas sans cesse en regard des mêmes parties de la Terre. Si donc nous comparons le Ciel au corps central et les parties du Ciel aux parties du corps central, nous trouverons que le Ciel entier se meut en changeant sa propre disposition au sein de son lieu, et que chacune de ces parties éprouve un déplacement d'ensemble, *secundum substantiam.* »

Supposons maintenant que, selon la théorie d'Aristote, « nous comparions les parties du Ciel les unes aux autres.

« Le Ciel est continu. Son mouvement n'altère pas la disposition que ses diverses parties affectent au sein du tout. Si donc c'est de cette disposition que nous tirons la définition du lieu du Ciel, il en résultera qu'en son mouvement, le Ciel ne subit aucun changement de lieu.

« Les diverses parties du Ciel n'éprouvent non plus aucun changement dans la position que chacune d'elles occupe par rapport aux autres ; deux parties célestes qui sont unies entre elles à un certain instant demeurent toujours unies ; si donc c'est à cette connexion des parties que nous nous adressons pour assigner un lieu au Ciel, non seulement le Ciel, pris en son ensemble, ne changera pas de lieu, mais le mouvement du Ciel ne changera pas le lieu des diverses parties célestes. »

Concluons : Si l'on admettait l'hypothèse qui a ravi l'assentiment de saint Thomas d'Aquin, « le Ciel ne se mouvrait ni en totalité, ni par parties, ni par transport de substance, ni par changement de disposition ».

VIII

JEAN DUNS SCOT

Au sujet du lieu et du mouvement, Averroès, Albert le Grand, saint Thomas d'Aquin, Gilles de Rome, ont proposé des théories qui, en plusieurs de leurs parties, diffèrent grandement les unes des autres. Toutes ces théories, cependant, s'accordent à proclamer la vérité d'une même affirmation : L'orbite suprème n'a d'autre mouvement qu'un mouvement de rotation ; son centre fixe appartient à un corps absolument immobile, et ce corps, c'est la Terre.

La présence de cette affirmation en toutes ces théories, la prépondérance du rôle qu'elle y joue, apparaissent plus nettement encore si l'on essaye de dépouiller chacune d'elles de ce qui la distingue des autres pour laisser subsister seulement ce qu'elles ont de commun. Voici, en effet, à quoi se réduit ce qu'il y a d'identique en ces théories :

Il est impossible de concevoir aucun mouvement local, si l'on n'imagine un repère, fixe par définition, par rapport auquel les corps sont dits en mouvement ou en repos selon que leur position, comparée à ce terme fixe, change ou non avec le temps.

Ce terme invariable est un corps concret, existant d'une existence actuelle.

En particulier, la révolution d'un orbe céleste exige que son centre fixe soit incorporé à une masse entièrement immobile.

Ce corps est la Terre qui demeure perpétuellement immobile au centre du Monde.

Ces propositions sont le soutien et comme l'ossature de toutes les doctrines que la Scolastique arabe ou chrétienne a émises, jusqu'ici, au sujet du lieu et du mouvement ; que l'on nie ces propositions, et toutes ces doctrines s'écroulent, entraînant avec elles la Physique entière de l'École.

Parmi les conséquences auxquelles conduisent ces propositions, voici qu'il en est auxquelles l'École et, particulièrement, l'Université de Paris vont contredire aussi bien par leurs astronomes que par leurs théologiens.

Une de ces conséquences a été formulée par Averroès : Si toute circulation céleste se produit nécessairement autour d'un corps central immobile, le système astronomique de Ptolémée est inadmissible : il faudrait imaginer une terre au centre de l'excentrique de chaque planète ; il en faudrait mettre une autre au centre de tout épicycle.

Or, voici qu'au commencement du xiv° siècle, le système astronomique de Ptolémée règne sans conteste sur les Franciscains qui subissent l'influence de Duns Scot, et sur les maîtres de la Faculté des Arts de Paris. Sans doute, l'ingénieux agence-

ment d'orbites imaginé par Bernard de Verdun a fait tomber
la plupart des objections qu'Averroès avait dressées contre ce
système. Il en reste une debout, cependant, et c'est précisément celle que nous venons de rappeler. Parmi les trois orbes
que Bernard de Verdun attribue à chaque planète, il en est
un, l'orbe intermédiaire, qui décrit une révolution autour
d'un simple point géométrique qu'aucune masse immobile
n'incorpore. Si l'on veut mettre hors de conteste la théorie
astronomique de l'*Almageste,* il faut renoncer à cet axiome :
La rotation d'une orbite céleste exige qu'une Terre immobile
occupe le centre de cette orbite.

Selon les doctrines qui viennent d'être exposées, l'immobilité
de la Terre au centre du Monde est nécessaire non pas seulement de nécessité physique, mais de nécessité logique; la
nier, ce serait priver de sens toute notion de lieu et de mouvement, ce serait proclamer une absurdité.

Affirmer l'immobilité de la Terre au centre du Monde, c'est
affirmer l'immobilité de l'Univers *secundam substantiam.* Les
diverses parties de l'Univers peuvent bien échanger entre elles
les lieux qu'elles occupent, en sorte que le Monde soit mobile
secundum dispositionem ; mais l'Univers ne peut subir aucun
déplacement d'ensemble ; il demeure enfermé en une sphère
qui est invariable, car le centre en est absolument fixe. Parler
d'un déplacement d'ensemble de l'Univers ce serait parler
d'une impossibilité logique. La toute-puissance de Dieu elle-
même ne pourrait produire ce déplacement, qui implique contradiction.

Or, voici que l'orthodoxie chrétienne s'irrite des innombrables entraves qu'au nom de la Logique, le Péripatétisme et
l'Averroïsme prétendent imposer à la Toute-Puissance divine ;
ces entraves, elle entend les briser. En 1277, à la demande
du pape Jean XXI, l'évêque de Paris, Étienne Tempier, con-
voque une assemblée de docteurs en Sorbonne « et autres
prud'hommes ». Sans pitié, ces théologiens condamnent toutes
les propositions (1) où l'on refusait à Dieu le pouvoir d'accom-

---

(1) R. P. DENIFLE et E. CHATELAIN, *Chartularium Universitatis Parisiensis,* tomus I (1200-1285); Paris, 1889. Pièce n° 473, 7 mars 1277.

plir un acte, sous prétexte que cet acte est en contradiction avec la *Physique* d'Aristote et d'Averroès.

Parmi les erreurs condamnées, il s'en trouve une (1) qui est formulée en ces termes : « *Quod Deus non possit movere Cælum motu recto. Et ratio est quia tunc relinqueret vacuum.* »

Pour dénier à Dieu le pouvoir d'imposer à l'Univers un déplacement d'ensemble, l'auteur ici condamné invoquait une raison qu'un Péripatéticien n'eût point admise; hors du Monde, selon le Philosophe, il n'y a pas de lieu, partant pas de vide. Mais ce que les docteurs de Sorbonne avaient censuré, c'était la proposition elle-même, non le motif invoqué en sa faveur; soutenue par des arguments plus exactement péripatéticiens, elle n'eût sans doute pas rencontré plus d'indulgence auprès d'eux.

Bien que la valeur dogmatique des décisions d'Étienne Tempier ait été contestée dès l'origine, l'influence des condamnations portées par les docteurs en Sorbonne fut très grande à l'Université de Paris, et dans les Universités anglaises et allemandes auxquelles celle-ci donnait le mot d'ordre. D'ailleurs, ceux-là mêmes qui contestaient la validité de la condamnation que nous venons de rapporter n'eussent osé soutenir que l'Assemblée de 1277 avait formulé un non-sens ; il leur fallait bien admettre, contre le sentiment très net d'Aristote, que l'on peut attribuer à l'Univers un mouvement d'ensemble sans cependant proférer par là des paroles qui ne signifient rien.

Ainsi l'Astronomie et la Théologie unissaient leurs efforts pour contraindre les philosophes à reprendre sur nouveaux frais la théorie du lieu et du mouvement local.

La doctrine nouvelle, élevée sur les ruines de la théorie péripatéticienne, devait rappeler, par la plupart de ses traits, la doctrine de Damascius et de Simplicius ; l'École Franciscaine allait être la principale ouvrière de l'édifice qu'il s'agissait de construire.

C'est an Duns Scot qui en pose la première pierre.

De ses idées sur le lieu et le mouvement, il n'a pas donné d'exposé d'ensemble ; il les a émises çà et là, incidemment, à propos de discussions théologiques ; cette particularité suffirait

---

(1) *Chartularium Universitatis Parisiensis*, tomus I. p. 546, erreur n° 49.

à rendre malaisée la tâche de les saisir pleinement ; leur extrême subtilité n'est pas faite pour rendre cette tâche moins ardue ; essayons cependant d'en venir à bout.

L'étude du lieu est, pour Duns Scot, l'étude d'une relation entre deux termes, le corps contenu, le corps contenant.

L'idée de *lieu* (1) comporte tout d'abord celle d'une surface ; mais cette surface ne suffirait pas à constituer le lieu ; il y faut joindre la considération de la matière qui forme le contenant ; la surface seule, abstraction faite de cette considération, ne saurait être regardée comme délimitant un lieu ; cette nécessité d'avoir égard, non seulement à la surface limite, mais encore à la matière ambiante, lorsqu'il s'agit de définir le lieu, se marque par l'expression *ultimum continentis* au moyen de laquelle les Péripatéticiens donnaient cette définition.

Mais un corps ne peut être contenant qu'à l'égard d'un corps contenu ; le lieu a donc une contre-partie (2). Le lieu correspond à l'action de loger, *locare* ; la contre-partie correspond à la passion opposée à cette action, au fait d'être logé, *locari*. Cette contre-partie du lieu, Duns Scot la désigne par le terme *ubi* ; il emprunte la définition de ce terme à l'Auteur des *Six Principes* : « *Ubi* est circumscriptio corporis a circumscriptione loci procedens. »

Cet Auteur des *Six Principes*, auquel Duns Scot emprunte la notion d'*ubi* qui désormais jouera un grand rôle dans la théorie du lieu, n'est autre que Gilbert de la Porrée (3), né à Poitiers en 1076, et nommé en 1142 évêque de sa ville natale, où il mourut en 1154. Son *Liber sex principiorum* était, au Moyen Age, intimement lié à l'*Organon* d'Aristote. On y trouve (4),

---

(1) R. P. F. JOANNIS DUNS SCOTI, DOCTORIS SUBTILIS, Ordinis Minorum, *Quæstiones quodlibitales : Operum tomus duodecimus* ; Lugduni, sumptibus Laurentii Durand, MDCXXXIX. Quæstio XI : *Utrum Deus possit facere quod, manente corpore et loco, corpus non habeat ubi, sive esse in loco ?* pp. 266-267.

(2) J. DUNS SCOT, *loc. cit.*, p. 262.

(3) Sur Gilbert de la Porrée, voir : DE WULF, *Histoire de la Philosophie médiévale*, deuxième édition, Louvain et Paris, 1905 ; pp. 204-207 ; CARL PRANTL, *Geschichte der Logik im Abendlande*, 2e Aufl., Leipzig, 1885 ; Bd. II. Ss. 217-229.

(4) GILBERTI PORRETANI PICTAVENSIS *Liber sex principiorum*, Cap. VII. Cet écrit est imprimé avec l'*Organon* d'Aristote dans la plupart des anciennes éditions des traductions latines de l'*Organon*. Cf. : PRANTL, *Op. cit.*, p. 225, en note, et p. 226, en note. Nous le citons d'après l'édition suivante : ARISTOTELIS *Opera nonnulla*, Augustæ Vindelicorum, Ambrosius Keller, 1479.

en effet, le définition de l'*ubi* citée par Duns Scot ; elle est suivie de cette remarque essentielle que le lieu est un attribut du corps contenant et l'*ubi* un attribut du corps contenu.

La relation que nous avons à étudier est donc un rapport entre deux termes : l'un de ces termes, le lieu, est intrinsèque au corps contenant et extrinsèque au corps contenu ; l'autre, l'*ubi*, est intrinsèque au contenu et extrinsèque au contenant (1).

Outre le lieu et l'*ubi*, Duns Scot considère encore (2) un troisième élément qu'il nomme *positio* ; ce mot peut être traduit en français par *disposition*. Les parties d'un corps sont, au sein du corps entier, rangées dans un certain ordre ; lorsque ce corps se trouve en un certain lieu, lorsqu'il y possède son *ubi*, ses diverses parties occupent diverses parties du lieu ; la *disposition* indique cet ordre dans lequel les parties du corps se trouvent par rapport aux diverses parties du lieu ou du corps ambiant. La disposition est un ensemble de données quantitatives, d'éléments géométriques qui spécifient l'*ubi* du corps. Damascius et Simplicius l'avaient également considérée.

Ces préliminaires posés, Duns Scot peut aborder la difficile question de l'immobilité du lieu. Examinons successivement divers cas.

Imaginons, tout d'abord (3), que les corps contenants demeurent les mêmes tandis que le corps contenu par eux vient à changer. Pourrons-nous dire que le lieu demeure et que des corps différents viennent successivement occuper le même lieu ?

Une telle affirmation serait, semble-t-il, en contradiction avec ce qui précède. Le lieu est un rapport entre le contenant et le contenu ; si l'on change l'un des deux termes, le rapport change ; lors même que le contenant demeurerait invariable, on ne peut dire que le lieu reste le même si le contenant ne reste pas le même.

---

(1) R. P. F. Joannis Duns Scoti, Doctoris Subtilis, Ordinis Minorum, *Quæstiones in librum IV Sententiarum* : Operum tomus octavus ; Lugduni, sumptibus Laurentii Durand, MDCXXXIX. Dist. X, quæst. II : Utrum idem corpus possit esse localiter simul in diversis locis ? p. 513.

(2) J. Duns Scot, *Op. cit.*, dist. X, quæst. I.

(3) J. Duns Scot, *Quæstiones quodlibetales* : quæst. XI. Operum tomus XII, pp. 266-267.

A cela, Duns Scot répond que le lieu n'est pas *toute* la relation qui existe entre le contenant et le contenu ; il est, dans cette relation, ce qui concerne le contenant ; quant au contenu, il n'y figure que d'une manière générale et non d'une manière particulière ; pour définir le lieu que forment tels corps contenants il faut, il est vrai, considérer un corps contenu ; mais il n'est pas besoin de le désigner d'une manière spéciale, de dire s'il est tel ou tel corps. Changeons donc le corps contenu sans changer les corps contenants ; nous aurons, il est vrai, modifié la relation entre le contenant et le contenu ; mais en cette relation, nous n'aurons pas changé ce par quoi elle constitue le lieu. Lorsque le corps contenu se meut seul, sans changement des corps contenants, le lieu demeure immuable.

Prenons maintenant un second cas (1) : Le corps contenu ne se meut pas, mais les corps contenants se renouvellent incessamment. Ainsi en est-il, selon l'exemple choisi par Aristote, pour un navire à l'ancre dans le cours d'un fleuve. Dirons-nous que le lieu de ce navire ne change pas ?

Ici, la réponse ne saurait être douteuse. Pour les Péripatéticiens, le lieu d'un corps est un attribut absolu des corps ambiants ; pour Duns Scot, c'est un attribut relatif de ces mêmes corps ; il consiste en un rapport de ces corps au corps contenu. Pour les uns comme pour les autres, c'est un accident des corps contenants. Or, aucun accident ne peut demeurer si le sujet où cet accident se trouve vient à être remplacé par un autre sujet. Il n'est donc pas possible que le lieu d'un corps reste un seul et même lieu lorsque la matière environnante vient à se renouveler, quand bien même le corps en question demeurerait immobile.

Pour qu'un corps ou un ensem... de corps fût en un lieu immuable, il faudrait que l'enceinte qui le contient fût composée de corps incapables de tout mouvement ; Aristote, d'ailleurs, avait fort bien vu qu'un lieu immobile ne pouvait s'obtenir d'autre façon. Mais où trouver dans l'Univers les corps invaria-

(1) JOANNIS DUNS SCOTI, DOCTORIS SUBTILIS, Ordinis Minorum, *Quæstiones in librum II sententiarum ;* Operum tomi sexti pars prima ; Lugduni, sumptibus Laurentii Durand, MDCXXXIX. Dist. II : quæst. VI : An locus angeli sit determinatus, punctualis, maximus et minimus ? p. 193.

bles qui composeraient une telle enceinte? Ils n'existent pas.

En désespoir de cause, certains philosophes reculent, pour trouver cette enceinte immuable, jusqu'aux bornes du Monde ; ils croient la trouver dans la surface sphérique qui limite l'Univers : sans doute, disent-ils, l'orbe céleste dont elle est l'extrémité se meut, et, par là, cette surface est variable ; mais à titre de limite de l'Univers, elle est invariable, car l'Univers, pris dans son ensemble, est immobile. Nous reconnaissons l'opinion qu'Albert le Grand attribuait faussement à Gilbert de la Porrée.

Cette raison est sans valeur. Cette surface sphérique ne peut borner l'Univers qu'elle ne borne, tout d'abord, quelqu'une de ses parties : si cette partie change d'un instant à l'autre, la surface qui la borne change aussi d'un instant à l'autre, partant, elle ne saurait, à titre de limite de l'Univers, demeurer identique à elle-même.

Dès lors, il faut renoncer à trouver nulle part cette enceinte incapable de mouvement qui, seule, constituerait un lieu immuable : toujours la matière qui entoure un corps est susceptible d'éprouver quelque mouvement local.

Lors donc que cette matière environnante, sujet de l'accident que nous nommons lieu, vient à être animée de mouvement local, le lieu du corps fixe que cette matière contient change incessamment. Non pas que ce lieu soit animé de mouvement local ; il n'est pas susceptible de ce mouvement-là. Mais, à chaque instant, le lieu du corps périt, se corrompt, et un lieu nouveau est engendré. Incapable de mouvement local, le lieu est susceptible de génération et de corruption.

Cependant, on dit communément que le corps considéré demeure sans cesse au même lieu. Qu'entend-on par là ? D'après ce que nous venons de dire, ce corps est véritablement en un certain lieu à un certain instant, et en un autre lieu à un autre instant. A chacun de ces deux lieux réellement distincts correspond un lieu rationnel (*ratio loci*) et, en vérité, ces deux lieux rationnels sont aussi distincts ; mais ils sont *équivalents au point de vue du mouvement local*. C'est cette équivalence que l'on entend rappeler en disant que le lieu d'un corps immobile demeure invariable lors même que les corps environnants sont en mouvement.

Qu'est-ce que ce lieu rationnel, cette *ratio loci*? C'est un rapport à tout l'Univers. Quand deux tels rapports sont numériquement distincts, mais spécifiquement identiques, ils correspondent à deux lieux distincts, mais équivalents ; un corps qui occupe successivement ces deux lieux ne se meut point de mouvement local. Quand deux lieux rationnels ont entre eux non seulement une différence numérique, mais encore une différence spécifique, les lieux auxquels ils correspondent ne sont plus équivalents ; le corps qui occupe successivement ces deux lieux se meut de mouvement local.

Lorsqu'un corps se meut, on dit communément qu'un second corps vient occuper le lieu que quitte le premier ; cela n'est point exact, cependant, si les corps environnants se meuvent aussi ; le lieu du second corps n'est nullement identique au lieu du premier ; le lieu de celui-ci périssait tandis que le lieu de celui-là s'engendrait ; mais le second lieu rationnel perdu par le premier corps, numériquement distinct du lieu rationnel gagné par le second, lui est spécifiquement identique, en sorte que le lieu qui s'engendre est équivalent au lieu qui périt ; au point de vue de l'équivalence, on peut dire que le lieu est incorruptible.

Selon cette théorie, lorsqu'un corps se meut de mouvement local en chassant devant lui le corps dont il prend la place, on peut, en ces deux corps, distinguer quatre changements (1) ; deux de ces changements se produisent dans le corps qui est chassé, et deux dans le corps qui survient ; chacun de ces changements s'opérant entre deux termes, huit termes différents peuvent être énumérés.

Considérons, par exemple, le corps qui chasse l'autre. Un premier changement a pour terme initial (*a quo*) l'*ubi* primitif du corps, pour terme final (*ad quem*) la privation de cet *ubi* ; ce premier changement est la perte de l'*ubi* primitif. Le second changement a pour terme initial la privation du nouvel *ubi*, et, pour terme final, ce nouvel *ubi* ; ce second changement est l'acquisition du nouvel *ubi*.

---

(1) R. P. F. JOANNIS DUNS SCOTI, DOCTORIS SUBTILIS, Ordinis Minorum, *Quæstiones in librum II Sententiarum* : Operum tomus octavus ; Lugduni, apud Laurentium Durand, MDCXXXIX. Dist. X, quæst. I : Utrum possibile sit corpus Christi sub specie panis et vini realiter contineri ? p. 501.

Deux changements tout semblables ont leur siège dans le corps expulsé.

Toute cette théorie de Duns Scot sur l'immobilité du lieu ne fait guère que développer ce qu'avait indiqué saint Thomas, particulièrement en son opuscule *De natura loci*; toutefois, entre la doctrine du Docteur Angélique et celle du Docteur Subtil, il convient de noter une divergence à laquelle les Scotistes attacheront une grande importance; lorsqu'un corps immobile se trouve plongé dans un milieu variable, Thomas d'Aquin lui attribue un lieu rationnel unique, et Gilles de Rome, d'une manière analogue, regarde comme invariable le lieu formel de ce corps; c'est une opinion que Duns Scot condamne avec force; pour lui, d'un instant à l'autre, ce corps se trouve en des lieux rationnels différents; numériquement distinctes, les *rationes loci* successives sont seulement équivalentes entre elles; c'est l'influence de Damascius et de Simplicius que nous percevons ici, très nettement, en la doctrine du Docteur Subtil.

La distinction entre le fait de loger et le fait d'être logé, entre le lieu et l'*ubi*, est le fondement de l'explication du mouvement de la dernière sphère céleste.

La dernière sphère céleste n'est contenue par aucun corps (1); elle n'est pas en un lieu; elle n'a pas d'*ubi*; comment donc peut-elle se mouvoir de mouvement local? Peut-être prétendra-t-on que la dernière sphère céleste est immobile; on n'en serait guère plus avancé en la solution de cette difficulté; dire que la dernière sphère est immobile, ce serait affirmer qu'elle ne se meut point du mouvement local dont elle est capable; mais de quel mouvement local serait-elle capable si elle n'est en aucun lieu?

Selon Duns Scot, la solution de cette difficulté gît dans une distinction.

Le mouvement local des corps autres que l'orbe suprême consiste en la continuelle destruction d'un certain *ubi* que remplace un autre *ubi*; le corps cesse d'*être logé* d'une certaine manière pour être logé ensuite d'une autre manière. Il n'en

---

(1) J. DUNS SCOTI *Quæstiones quodlibetales;* quæst. XI. Operum tomus duodecimus, p. 263.

est pas de même de la d... ière orbite ; sa manière d'*être logée*
ne change pas ; elle n'es... mais logée ; ce qui change d'instant
en instant, c'est la manière dont elle *loge* le corps qui est contenu ; les autres corps se meuvent *secundum locari* ; elle se
meut *secundum locare*.

Selon Duns Scot, c'est là le sens qu'il faut attribuer à la
proposition célèbre d'Averroès : Le dernier ciel est en un lieu
par son centre.

A ces considérations, le Docteur Subtil donne la conclusion
que voici : « De même que le Ciel peut tourner bien qu'aucun
corps ne le contienne, de même il pourrait tourner alors qu'il
ne contiendrait aucun corps ; il pourrait encore tourner, par
exemple, s'il était formé d'une seule sphère, homogène dans
toute son étendue ; le mouvement de rotation, pris en lui-même,
est donc une certaine forme qui s'écoule sans cesse (*forma
fluens*) ; et cette forme peut exister par elle-même, sans que l'on
ait besoin de la considérer par rapport à un autre corps, soit
contenant, soit contenu ; c'est une forme purement absolue. »

Cette conclusion, qui pose le caractère absolu du mouvement,
contredit formellement à tout ce que l'École avait entendu
enseigner jusqu'alors ; elle eût assurément mérité quelque
explication ; cette explication, Duns Scot nous la refuse ; il présente cette surprenante affirmation comme une sorte d'énigme :
« Cherche une réponse, dit-il ; *quære responsionem.* »

IX

L'ÉCOLE SCOTISTE. — JEAN LE CHANOINE

Les impulsions parfois concordantes, plus souvent divergentes, du Thomisme et du Scotisme déterminent dans l'École,
durant le premier tiers du XIVe siècle, une agitation intellectuelle vive et désordonnée. Le problème du lieu et de son
immobilité, par exemple, est l'objet de tentatives de solution
nombreuses et variées ; il prête à des débats dont nous pouvons
nous faire une idée en lisant les *Questions sur la Physique* de
Jean le Chanoine.

Jean Marbres (1), surnommé Jean le Chanoine, était anglais et franciscain : après avoir suivi à Oxford l'enseignement de Jean Duns Scot, après avoir pris le doctorat en l'Université de cette ville et y avoir professé la Théologie, il vint à Paris, où, vers 1320, ses leçons furent en grande faveur ; théologien, philosophe, juriste, il a composé des commentaires sur Aristote et sur le Maître des Sentences ; de ses écrits, un seul semble avoir été imprimé, mais il le fut un grand nombre de fois; cet écrit est un recueil de questions sur la Physique d'Aristote (2).

Ces *Questions* sont précieuses pour l'histoire de la Philosophie : Jean le Chanoine y rapporte les opinions de plusieurs de ses contemporains dont les œuvres sont demeurées manuscrites ou même sont aujourd'hui perdues.

Au début du xiv⁰ siècle, certaines théories du lieu s'inspiraient très nettement des idées de saint Thomas d'Aquin ; telle est celle que Jean le Chanoine attribue (3) à un certain Thomas l'Anglais (4).

Selon Thomas l'Anglais, le lieu d'un corps plongé dans l'air est, comme le veut Aristote, l'ensemble des parties de l'air qui sont immédiatement contiguës à ce corps. En tant que ce sont des parties de l'air, elles sont mobiles comme l'air auquel elles appartiennent ; mais il n'en résulte pas que le lieu du corps soit mobile. Ce n'est pas parce qu'elle est de l'air que la partie de l'air contiguë au corps constitue le lieu de ce corps; c'est parce qu'elle est dans un certain ordre à l'égard du centre et des pôles du Monde, ou bien encore à l'égard de l'intelligence qui meut le premier mobile, intelligence qui est immuable. D'après

<hr>

(1) Sur ce personnage, voir : BULÆUS : *Historia Universitatis Parisiensis* ; tomus IV, ab anno 1300 ad annum 1400, p. 185. — Les renseignements que Du Boulay donne sur Jean le Chanoine sont empruntés au célèbre écrivain franciscain Luc Wadding.

(2) JOANNIS CANONICI *Quæstiones super VIII libros Physicorum Aristotelis*, Paduæ (sans nom d'éditeur), 1475. — Venetiis, per Octavianum Scotum, 1481. — Venetiis, per Bonetum Locatellum et Octavianum Scotum, 1487. — (Avec JOANNIS GANDUÆ *Commenta in libros Physicorum* Vicentiæ, per Henricum Librarium, 1485. — Venetiis, per Bonetum Locatellum et hæredes Octaviani Scoti, 1492. — Venetiis, per Bonetum Locatellum et hæredes Octaviani Scoti, 1520.

(3) JOANNIS CANONICI *Quæstiones super VIII libros Physicorum* : lib. VII, quæst. 1.

(4) Le surnom de *Anglicus* est donné par les scolastiques à plusieurs personnages du nom de Thomas ; il s'agit probablement ici d'un dominicain Thomas de Walleis, compatriote et contemporain de Jean Marbres.

cette théorie, le lieu d'un corps immobile ne change pas lorsque la matière ambiante se déplace.

Sauf l'idée assez étrange de demander à l'intelligence qui meut le ciel suprême le terme fixe qui sert à déterminer l'immobilité du lieu, cette théorie est purement thomiste. Scotiste convaincu, Jean le Chanoine la rejette. Je ne puis comprendre, dit-il, le rôle qu'elle attribue aux pôles ; il n'y a rien d'immobile dans le Ciel ; les pôles ne peuvent donc être immobiles ; s'ils sont mobiles, comment serviront-ils à fixer l'immobilité du lieu ? « On en peut dire autant, ajoute-t-il, du centre et de l'intelligence. »

En ce passage, Jean le Chanoine condamne l'hypothèse de pôles immobiles dans les termes mêmes où Averroès l'avait condamnée (1) : « Les pôles sont immobiles au sens géométrique, mais non point en réalité ; en un orbe céleste, aucune substance ne peut exister d'une manière actuelle à moins d'être en mouvement ; or, pour qu'un point indivisible puisse être dit en mouvement, — mouvement par accident d'ailleurs, — il faut qu'il se trouve en un corps en mouvement ; pour qu'il puisse être dit immobile, il faut qu'il se trouve en un corps immobile. » On reconnaît le principe en vertu duquel, de l'immobilité du centre d'une orbite céleste, Aristote et le Commentateur concluaient l'existence d'un corps central immobile.

Pierre Aureoli, né à Verberie-sur-Oise, devint maître en Théologie en 1318, ministre des Franciscains d'Aquitaine en 1319, archevêque d'Aix le 27 février 1321 ; il mourut en sa ville archiépiscopale avant le 23 janvier 1322. Dans ses commentaires au second livre des *Sentences*, le *Doctor Facundus* (ainsi surnommait-on Pierre Aureoli) a développé une théorie du lieu dont Jean le Chanoine nous donne un résumé (2).

« Le lieu d'un corps, disait Aureoli, n'est pas autre chose que la position déterminée que ce corps occupe ici ou là. » Supposons, en effet, qu'il suffise de poser une chose pour que

____

(1) AVERROIS CORDUBENSIS *In quatuor Aristotelis libros de Cælo et Mundo commentaria* ; lib. II, summa secunda, quaesitum I, comm. 14.

(2) JOANNIS CANONICI *Quaestiones in VIII libros Physicorum* ; lib. IV, quaestt. I et II.

le corps auquel elle se rapporte occupe un lieu déterminé dans
l'Univers ; qu'il suffise de la changer pour que le lieu de ce
corps soit changé ; cette chose, assurément, sera formellement
identique au lieu du corps. Or, que l'on place à plusieurs
reprises un corps en même position ; il se trouvera au même
lieu : que l'on change au contraire la position du corps sans
modifier la matière qui l'environne, qu'on le transporte par
exemple avec le vase qui le contient ; il changera de lieu. Le
lieu d'un corps n'est donc rien d'autre que la position ou la
situation de ce corps dans l'Univers.

Cette définition fait évanouir les difficultés relatives au mouvement de l'orbite suprème. L'orbite suprème, qu'aucun corps
n'environne, n'est pas en un lieu au sens qu'Aristote donne à ce
mot ; elle n'a pas d'*ubi*, selon le langage de Gilbert de la Porrée et de Duns Scot ; mais elle a une position, une situation ;
or, le mouvement local ne consiste pas dans un changement
d'*ubi*, mais dans un changement de situation ; rien n'empêche
donc la dernière sphère de se mouvoir de mouvement local.

Cette théorie, on le reconnait sans peine, est un retour aux
idées émises par Damascius et par Simplicius ; la *positio* ou le
situs dont Pierre Aureoli fait l'essence du lieu est identique à
la θέσις des deux philosophes grecs.

Cette *positio* diffère, au contraire, de celle par laquelle saint
Thomas définit le lieu rationnel (*ratio loci*) et que Gilles de
Rome identifie au lieu formel. La position que ces deux auteurs
considèrent est celle des parties du contenant qui touchent
immédiatement le corps contenu ; la position dont parle Pierre
Aureoli est, au contraire, celle même du corps contenu. Bien
que les deux positions soient fixées au moyen des mêmes grandeurs géométriques, en sorte que le mathématicien ne les distingue pas l'une de l'autre, elles sont cependant très différentes aux yeux du physicien. Dans les raisonnements de
Thomas d'Aquin et de Gilles de Rome (1), la position est un
attribut du contenant ; dans la théorie de Pierre Aureoli, elle
est un attribut du contenu.

---

(1) On notera toutefois qu'en divers passages, Gilles de Rome s'exprime, par
négligence sans doute, comme si le lieu formel était un attribut non du contenant, mais du contenu.

C'est par là que Jean le Chanoine saisit cette théorie pour la condamner. Comme Aristote et comme tous ses fidèles disciples, il veut que le lieu informe le contenant et non pas le contenu ; le lieu d'un corps ne peut donc être la position de ce corps.

Jean Marbres a jugé avec sévérité la tentative de Pierre Aureoli ; il n'est guère plus indulgent pour la doctrine de Gilles de Rome, dont il désigne l'auteur, assez dédaigneusement, par ces seuls mots : « un certain docteur ».

Le lieu formel défini par Gilles de Rome est un attribut des parties du contenant qui touchent le contenu ; l'accident ne peut demeurer lorsqu'on change le sujet en lequel il existe ; le lieu formel ne saurait donc, en dépit de Gilles de Rome, rester immuable tandis que la matière qui contient le corps vient à être renouvelée.

L'argument que Jean le Chanoine oppose ici, en particulier, à Gilles Colonna avait été objecté par Duns Scot à tous ceux qui soutiennent l'immobilité absolue du lieu.

Si les Scotistes étaient d'accord pour condamner les théories de saint Thomas d'Aquin, de Pierre Aureoli ou de Gilles de Rome, ils s'entendaient moins aisément lorsqu'il s'agissait d'interpréter les subtiles doctrines de leur maître.

Ils reconnaissent tous que la surface est la matière et le support du lieu, mais que le lieu n'est pas simplement identique à la surface ; tous veulent que le lieu soit une certaine entité actuelle ayant son fondement en la surface qui sépare le contenant du contenu. « Mais quelle est la nature de cette entité ? C'est aujourd'hui, dit Jean Marbres (1), chose douteuse pour beaucoup de philosophes. »

Les uns s'en tiennent à peu près textuellement à l'avis explicitement exprimé par Duns Scot : cette entité qui s'ajoute à la surface pour constituer le lieu, c'est l'action par laquelle le contenant circonscrit le contenu, ou un rapport dérivant de cette action. A cette action qui constitue le lieu, s'oppose l'opération passive qui, selon la définition de l'Auteur des *Six Principes*, constitue l'*ubi*. Pour mieux marquer cette opposition,

_____
(1) JOANNIS CANONICI *Quæstiones in VIII libros Physicorum* ; lib. IV, quæst. 1.

Jean le Chanoine va jusqu'à nommer (1) *ubi passivum* l'*ubi* considéré par Gilbert de la Porrée et par Duns Scot, tandis qu'il propose de donner au lieu le nom d'*ubi activum.* Le mouvement local de la plupart des corps est alors un mouvement dont les deux termes appartiennent à l'espèce de l'*ubi* passif, tandis que les termes du mouvement de l'orbite suprême se rangent dans la catégorie de l'*ubi* actif.

D'autres (2) ne croient pas que l'opération par laquelle le contenant circonscrit le contenu soit cette entité qui constitue le lieu ; elle n'en est, croient-ils, qu'un attribut. Quant à l'essence même de cette entité, elle nous demeure inconnue.

D'autres difficultés encore provoquent des débats au sein de l'École Scotiste.

Duns Scot s'accorde avec tous les philosophes qui l'ont précédé pour refuser au lieu toute capacité au mouvement local ; cependant, n'admet-il pas que la concavité de l'orbe de la Lune est le lieu du feu, et l'orbe de la Lune ne se meut-il pas ? Cette difficulté, assurément, a sollicité l'attention de la plupart des Péripatéticiens, mais il ne semble pas qu'elle ait reçu une solution satisfaisante.

Un Franciscain contemporain de Jean le Chanoine, François de la Marche, ainsi nommé, semble-t-il, parce qu'il serait né à Ascoli, dans la Marche d'Ancône, a entrepris de résoudre cette objection.

Selon François de la Marche (3), le lieu n'est pas nécessairement exempt de tout mouvement local. Mais lorsqu'il est terme du mouvement d'un certain corps logé par lui, il doit posséder l'immobilité qui s'oppose à ce mouvement local particulier. Ainsi, pour servir de lieu au feu, l'orbe de la Lune n'a pas besoin d'être absolument immobile ; mais il est destiné à servir de terme au mouvement rectiligne du feu ; il faut et il suffit qu'il possède l'immobilité contraire à ce mouvement rectiligne ; cette immobilité n'exclut nullement la possibilité d'une rotation autour du centre du Monde.

La réponse de François de la Marche, valable pour l'objection tirée du mouvement de l'orbe de la Lune, ne l'est pas pour

<hr>

(1) JOANNIS CANONICI *Quæstiones in VIII libros Physicorum :* lib. IV, quæst. II.
(2) JOANNIS CANONICI *Quæstiones in VIII libros Physicorum :* lib. IV, quæst. I.
(3) JOANNIS CANONICI *Quæstiones in VIII libros Physicorum :* lib. IV, quæst. II.

d'autres objections analogues ; ainsi l'orbite suprême est regardée comme le lieu des orbites inférieures ; et cependant, comme ces dernières, elle se meut d'un mouvement de révolution.

A ce propos, Jean le Chanoine propose une distinction qui n'est nullement une solution ; cette distinction est empruntée, d'ailleurs, à l'opuscule *Sur la nature du lieu* que l'on attribue à Thomas d'Aquin ; la voici : Il est des lieux parfaits qui, non seulement, entourent le corps logé, mais encore le soutiennent par les pressions qu'ils exercent sur lui ; ces lieux-là sont tout à fait immobiles ou, du moins, ont l'immobilité opposée au mouvement local du corps qu'ils circonscrivent. Il est, d'autre part, des lieux imparfaits qui circonscrivent le corps contenu sans l'appuyer ; de ce nombre sont les lieux des orbes célestes, car ces orbes n'ont nul besoin de soutien pour demeurer à leur place ; ces lieux-là peuvent se dispenser de satisfaire à la condition formulée par François de la Marche.

A l'imitation de Simplicius, à l'imitation de son maître Duns Scot, Jean Marbres admet (1) pleinement que le lieu peut s'engendrer et périr.

Un pieu est fiché dans le lit d'un fleuve ; l'eau qui baigne ce pieu s'écoule sans cesse. A un certain instant, le volume rempli par le bois du pieu est entouré par certaines parties de l'eau ; ces parties forment, à cet instant, le lieu propre du pieu. Un peu plus tard, ces mêmes parties se trouvent en aval du pieu ; elles ne circonscrivent plus aucun corps étranger ; elles sont devenues contiguës les unes aux autres ; elles ne sont plus le lieu de rien ; le lieu qu'elles formaient a péri. Pendant ce temps, d'autres parties de l'eau courante sont venues entourer le pieu immobile ; en elles, un lieu qui n'existait pas au préalable a pris naissance.

Ces deux lieux sont réellement distincts, encore qu'ils aient même disposition par rapport au centre du Monde et à ses pôles, ce qui les rend équivalents. Et que l'on n'aille pas prétendre que ces deux lieux ne sont qu'un même lieu formel ; on l'a déjà dit : Là où le sujet varie, l'attribut ne peut demeurer identique à lui-même.

Mais contre une semblable doctrine, « la foule va se récrier ;

____

(1) J**OANNIS** C**ANONICI** *Quæstiones in VIII libros Physicorum* : lib. IV, quæst. I.

car enfin, personne n'oserait prétendre que cette maison change de lieu parce que le vent souffle... N'ayons souci de la foule lorsque la raison est contre elle ; en cette matière, la foule est peu compétente. Ne nous arrêtons pas à l'opinion de ceux qui prétendent qu'un corps demeure au même lieu lorsque le contenant change : c'est une idée de gens bien vieillots — *imaginatio vetulorum.* »

X

Guillaume d'Occam

Anglais comme Jean le Chanoine, Franciscain comme lui, comme lui disciple de Duns Scot, Guillaume d'Occam brille, comme lui, à l'Université de Paris, vers l'an 1320. Parmi les œuvres nombreuses rédigées par celui que les terminalistes de l'École de Paris saluaient du titre de Vénérable Initiateur, *Venerabilis Inceptor*, figure un traité de Physique (1) ; les quatre livres en lesquels se partage ce traité correspondent sensiblement aux quatre premiers livres de la *Physique* d'Aristote.

On ne peut lire les *Summulæ in libros Physicorum* de Guillaume d'Occam sans reconnaître qu'elles sont postérieures aux *Quæstiones* de Jean le Chanoine. Bien souvent, les arguments du *Venerabilis Inceptor* ont pour but de réfuter ou de corriger les opinions exposées par Jean Marbres. Cette influence du disciple fidèle de Duns Scot est particulièrement aisée à reconnaître dans les quatre derniers chapitres du quatrième livre des *Summulæ*, chapitres qui ont pour but d'élucider la nature du lieu et son immobilité.

D'ailleurs, la théorie occamiste du lieu a de très grandes analogies avec la théorie scotiste ; elle en conserve plusieurs

---

(1) Venerabilis inceptoris fratris Gulaelmi de Villa Hoccham Anglie : Achademie Nominalium principis *Summule in lib. Physicorum adsunt.* Cum gratia ut patet in suis privilegiis. Laus Deo optimo maximoque. — Colophon : Expliciunt auree summule in lib. physicorum Francisci Guilielmi de villa Occham Anglie : Academie Nominalium principis : sacrarum litterarum professoris : ex ordine minorum : correcte vigili studio ac labore Patris Fratris Augustini de Filizano ordinis Sancti Augustini sacre theologie professoris. Impresseque Venitiis per Lazarum de Soardis. Anno 1506. Die 17 augusti. Cum privilegio.

doctrines essentielles ; toutefois, entre les deux théories se marquent des divergences qu'il importe de signaler.

Tout d'abord, Occam se sépare nettement de Duns Scot au sujet de la nature même du lieu.

Pour le Docteur Subtil, le lieu est une certaine entité dont le fondement se trouve en la surface de contact du contenant et du contenu ; cette surface de contact est la matière de cette entité, qui a pour forme un certain rapport actif du contenant au contenu. Duns Scot a défini le lieu, à plusieurs reprises, par de semblables considérations, et Jean le Chanoine nous a dit quels efforts on faisait, dans l'École scotiste, pour approfondir cette définition.

Or tout, dans cette définition, répugne à la philosophie de Guillaume d'Occam.

Jean Duns Scot pouvait, sans illogisme, déclarer que la surface de contact du contenant et du contenu était le support, le sujet de cette entité qui, selon lui, constituait le lieu ; il n'hésitait pas, en effet, à attribuer à la surface une certaine réalité, à la regarder comme le siège de certaines propriétés physiques, de la couleur, par exemple (1).

Guillaume d'Occam, au contraire, affirmait avec persistance (2) que dans les notions de point, de ligne, de surface, il n'y a rien de réel, rien de positif ; seul le volume, la grandeur à trois dimensions, étendue en longueur, largeur et profondeur, peut être réalisé. La surface est une pure négation, la négation que le volume d'un corps s'étende au-delà d'un certain terme ; de même, la ligne est la négation que l'étendue d'une surface franchisse une certaine frontière, le point, la négation qu'une ligne se prolonge au-delà d'une certaine borne.

La surface limite du contenant n'ayant par elle-même aucune réalité, cette surface ne peut être la matière d'une certaine entité qui constituerait le lieu.

D'ailleurs, le *Venerabilis Inceptor* ne pouvait admettre une telle entité sans aller à l'encontre de ses tendances les plus

(1) R. P. F. JOANNIS DUNS SCOTI *Quæstiones in lib. II Sententiarum :* distinct. II, quæst. 9. Operum tomi sexti pars prima, pp. 256-257.

(2) GULIELMI DE OCCAM *Tractatus de Sacramento Altaris,* Capp. I, II et IV. — *Quodlibeta,* Quodlib. I, quæst. 9. — *Logica,* Cap. de Quantitate, etc.

puissantes ; supprimer autant que possible les entités que le Scotisme multipliait à profusion, tel était le principe même de la méthode qu'il préconisait.

Conformément à ce principe, Occam reprend (1) pour le lieu la définition même d'Aristote en lui rendant sa simplicité première, en la débarrassant de toute addition parasite : Le lieu, c'est la partie du corps contenant qui touche immédiatement le corps contenu.

Mais il faut bien entendre que cette partie est un corps, étendu en longueur, largeur et profondeur. On peut, au sein du corps contenant, tracer une surface fermée qui entoure entièrement la cavité remplie par le corps contenu ; cette surface partage le corps contenant en deux autres corps dont l'un, emboîté dans l'autre, enferme à son tour le corps contenu. Cette partie du contenant qui est emboîtée dans l'autre partie constitue le lieu du corps contenu.

Par une opération toute semblable, on peut de nouveau séparer ce lieu en deux enceintes emboîtées l'une dans l'autre ; celle de ces enceintes qui est intérieure à l'autre sera maintenant le lieu du corps contenu.

On pourra procéder indéfiniment de la même manière : on donnera pour lieu au corps contenu une couche de plus en plus mince empruntée au corps contenant ; chacun de ces lieux sera une partie du lieu précédent ; chacun d'eux sera un corps, et non pas une simple surface.

On voit que le langage mathématique moderne permettrait d'exprimer avec une grande exactitude l'opinion qu'Occam professe au sujet du lieu : Le lieu, dirait-on, est une couche infiniment mince empruntée au corps contenant et partout contiguë au corps contenu.

Séparé du système scotiste au sujet de l'essence du lieu, le système occamiste s'en sépare encore au sujet de l'immobilité de ce même lieu.

Pour Duns Scot, le lieu était une certaine entité ; cette entité pouvait naître ou périr ; le lieu était donc déclaré capable de génération et de corruption. « En tant qu'elle regarde le lieu

---

(1) GUILELMI DE OCCAM *Summulæ in libros Physicorum* : lib. IV, capp. XX et XXI.

d'un corps comme remplacé par un autre lieu, lorsque la matière ambiante se meut de mouvement local, cette opinion est vraie, dit Occam (1) ; mais en tant qu'elle admet la corruption du lieu par suite de ce mouvement local, elle est erronée ; elle procède de cette fausse imagination que le lieu est une certaine relation réellement distincte du corps contenant. »

Cette même fausse imagination dicte à Duns Scot une autre proposition erronée, à savoir que le lieu est incapable de mouvement local : le lieu est un corps ; il est donc lui-même en un lieu et il peut se mouvoir.

Il est même susceptible de se mouvoir de deux manières :

Lieu d'un corps, il peut se mouvoir pour devenir lieu d'un autre corps : si, par exemple, un pieu plongé dans le courant d'une rivière est immédiatement suivi d'une pierre, l'eau qui, à un certain instant, touche le bois et en forme le lieu, vient, un moment après, toucher et loger la pierre.

Le lieu d'un corps peut aussi se mouvoir non pour devenir le lieu d'un autre corps, mais simplement pour se trouver lui-même en un autre lieu, sans loger aucun corps étranger : après avoir baigné la pierre, les parties de l'eau que cette pierre séparait les unes des autres se rapprochent et se conjoignent ; elles ne sont plus lieu, mais elles sont en un lieu.

Fermement attaché à la première définition du lieu qu'Aristote ait donnée, Occam est logiquement conduit à cette conséquence : le lieu est mobile.

Naturellement, il rejette la théorie de Gilles de Rome, dont il reproduit textuellement 2 les passages essentiels.

L'ordre et la situation dans l'Univers que Gilles de Rome nomme *lieu formel*, c'est l'ordre et la situation du contenant et non du contenu ; s'il en était autrement, on contredirait Aristote, pour qui le lieu doit être attribué au corps contenant et non pas au corps contenu. Ce principe posé, qui écarte la théorie de Pierre Aureoli, comment le lieu formel demeurerait-il immobile, alors que le contenant, qui est le lieu matériel, se déplace?

---

1) Gulielmi de Occam *Summulæ in libros Physicorum* : lib. IV, cap. XXII.
2 Guillaume d'Occam, *loc. cit.*

Lorsque le corps contenu ne se meut point, sa distance aux parties fixes de l'Univers ne change pas ; mais ce n'est pas cette distance-là qui constitue le lieu formel : pour constituer ce lieu, il faut considérer la distance aux repères fixes des parties du contenant qui environnent le contenu ; et ces parties peuvent se mouvoir alors même que le corps contenu ne se mouvrait pas.

Incidemment, comme Jean le Chanoine, et dans les mêmes termes que lui, Occam attaque cette immobilité du centre et des pôles du Monde à laquelle saint Thomas d'Aquin a voulu rattacher l'immobilité du lieu.

« Ce qu'on dit de l'immobilité des pôles et du centre procède d'une fausse imagination, à savoir qu'il existe, dans le Ciel, des pôles immobiles et, dans la Terre, un centre immobile. Cela est impossible. Lorsque le sujet est animé de mouvement local, si l'attribut demeure numériquement un, il se meut de mouvement local. Mais le sujet de l'accident que sont les pôles, c'est-à-dire la substance du Ciel, se meut de mouvement local ; ou bien donc les pôles seront incessamment remplacés par d'autres pôles numériquement distincts des premiers, ou bien ils seront en mouvement. »

« Peut-être dira-t-on que le pôle, qui est un point indivisible, n'est pas une partie du Ciel, car le Ciel est un continu, et les continus ne se composent pas d'indivisibles. »

« Mais si le pôle existe, et s'il n'est pas une partie du Ciel, c'est donc quelque substance corporelle ou incorporelle. Si elle est corporelle, elle est divisible et non pas indivisible. Si elle est incorporelle, elle est de nature intellectuelle, et l'on arrive à cette conclusion ridicule que le pôle du Ciel est une intelligence. »

Ni le lieu matériel, ni le lieu formel ne sont donc immobiles ; la seule immobilité que possède le lieu, c'est l'immobilité *par équivalence*, telle que l'ont définie Duns Scot et Jean le Chanoine. Guillaume d'Occam attribue la plus grande importance à cette notion d'immobilité par équivalence ; il croit qu'elle exprime d'une manière explicite ce qu'Aristote et le Commentateur ont pensé implicitement ; elle lui semble propre à interpréter tout ce qu'ils ont dit au sujet de l'immobilité du lieu.

Occam pense même tirer de la notion de lieux équivalents la solution de difficultés que, manifestement, cette notion ne suffit pas à faire évanouir.

Certains Scolastiques ont voulu trouver dans la surface ultime de l'Univers le repère immuable que requiert l'immobilité du lieu ; Duns Scot a condamné leur erreur ; selon le *Venerabilis Inceptor*, leur manière de voir peut être reprise à la condition d'interpréter l'identité qu'ils attribuent à cette surface comme une simple équivalence. « Par là, on peut expliquer ce que l'on entend en disant que la totalité du Ciel est le lieu d'un corps ; en effet, lorsque ce corps demeure en repos, chacune de ses parties se trouve toujours à égale distance du Ciel ; à tout instant, la distance d'une partie du corps aux parties ultimes du Ciel est toujours mesurée par une même grandeur... C'est pour cette cause qu'un corps est dit en repos sur la Terre en dépit du mouvement de l'air ou du Ciel... Peu importe que le Ciel se meuve ou non, pourvu qu'il ne soit pas animé d'un mouvement de translation. De la sorte, on pourra aussi bien expliquer le repos de ce corps et la constance de sa distance au Ciel, que le Ciel se meuve ou non ; on l'expliquera aussi aisément que s'il existait des pôles immobiles, comme le veulent certains physiciens ; l'immobilité des pôles ne fait donc rien à la question. »

L'inadvertance d'Occam est trop évidente pour qu'il soit utile d'y insister ; il est clair que tout ce qu'il a dit d'un corps immobile pourrait aussi bien se répéter d'un corps qui tournerait autour du centre du Monde. Pour erroné soit-il, son argument n'en est pas moins intéressant en un point ; cet argument repose sur la supposition que le Ciel est animé seulement d'un mouvement de rotation et point d'un mouvement de translation. Cette hypothèse, le *Venerabilis Inceptor* la formule à plusieurs reprises et avec insistance. « On ne peut se servir du centre du Monde, répète-t-il après Gilles de Rome, pour reconnaître l'immobilité et l'identité par équivalence d'un lieu, qu'à une condition : c'est que cette même immobilité puisse être tout d'abord conclue de l'absence de tout mouvement de translation dans le Ciel ; c'est parce que le Ciel n'a de mouvement d'ensemble ni d'un côté, ni de l'autre, que le centre du Monde est dit immobile par équivalence. »

Pour un disciple d'Aristote ou d'Averroès, il serait oiseux de formuler l'hypothèse que le Ciel n'a pas de mouvement de translation, car la supposition contraire serait une absurdité. Visiblement, il n'en est plus ainsi pour Gilles de Rome ni pour Guillaume d'Occam : attribuer aux sphères célestes et à leur centre un mouvement de translation ne leur paraîtrait plus un non-sens ; le leur refuser est un postulat qu'il est nécessaire de formuler explicitement. Ici comme en une foule d'autres cas (1), la philosophie du *Venerabilis Inceptor* vient en aide aux doctrines qu'ont voulu défendre les théologiens de la Sorbonne sous la présidence d'Étienne Tempier : *Philosophia ancilla Theologiæ*.

Dans l'édifice élevé par Aristote et par le Commentateur, nous venons de reconnaître une première lézarde, indice de ruine prochaine ; nous allons en découvrir une seconde, plus large et plus profonde.

Le passage des *Summulæ* que nous venons de citer continue en ces termes : « Le centre du Monde est dit immobile par équivalence, mais en réalité il est mobile, bien que la Terre n'éprouve jamais de mouvement d'ensemble. Remarquez que les lieux que désignent les mots en haut, en bas, sont marqués par comparaison avec le centre. Pour cette distinction des lieux en lieux hauts et lieux bas, peu importe l'immobilité d'un centre indivisible qu'imaginent certains physiciens..... Il importe seulement que ce centre ne soit pas animé d'un mouvement de translation. »

Ainsi le centre du Monde, c'est le point géométrique qui se trouve à égale distance de toutes les parties de la surface céleste ; pourvu que le Ciel n'ait d'autre mouvement qu'un mouvement de rotation, nous sommes assurés qu'il est toujours identique à lui-même *par équivalence,* et cela, lors même que le corps au sein duquel il se trouve à chaque instant réalisé serait mobile. La Terre ne subit pas de déplacement d'ensemble ; elle pourrait en éprouver ; certains contemporains de Guillaume d'Occam soutiennent qu'elle tourne sur elle-même

(1) Cf. P. DUHEM, *Léonard de Vinci et les deux infinis (Études sur Léonard de Vinci, ceux qu'il a lus et ceux qui l'ont lu ; 2ᵉ série,* IX, pp. 39-42). — *Léonard de Vinci et la pluralité des mondes. (Ibid.,* X, pp. 75-78.)

en vingt-quatre heures ; d'autres lui attribuent de petits mouvements incessants auxquels Albert de Saxe donnera bientôt une grande importance ; selon ces physiciens, la partie de la Terre qui contient le centre du monde change d'instant en instant ; en réalité, ce centre se meut, mais le nouveau centre est, par rapport à la sphère céleste, dans une position équivalente à celle qu'occupait l'ancien ; le centre du Monde demeure le même par équivalence.

Ni Aristote, ni Averroès ne se seraient contentés, pour le centre du Monde, de cette immobilité par équivalence ; selon eux, les révolutions des corps célestes supposaient un centre qui fût réellement immobile, et pour que ce point demeurât réellement immobile, il fallait qu'il se trouvât en un corps privé de tout mouvement ; ainsi, la rotation du Ciel requérait l'existence d'une Terre absolument fixe.

Cet argument, qu'Occam a soin de rappeler, devient caduc dès là qu'une immobilité par équivalence suffit au centre des révolutions des orbites célestes. Le chef de l'École terminaliste a reconnu que sa théorie entraînait cette conséquence, qu'il formule en ces termes :

« Le corps céleste se meut autour de la Terre, qui demeure en repos au centre du Monde ; sachons bien toutefois que l'on pourrait supposer la Terre en mouvement et que le centre du Monde n'en demeurerait pas moins immobile, alors que le Ciel ne se mouvrait plus, en fait, autour d'un corps immobile ; il continuerait néanmoins à se mouvoir ; il se comporte en effet de telle manière que s'il y avait en son centre un corps immobile, sans cesse ses diverses parties s'approcheraient ou s'éloigneraient diversement des parties de ce corps immobile. »

Les *Summulæ* prennent fin sur cette réflexion ; elles n'en sauraient guère contenir de plus importante.

Occam reprend à son compte la proposition que Duns Scot avait formulée sous une forme quelque peu énigmatique. Pour que le Ciel accomplisse sa révolution, il n'est pas nécessaire que l'on puisse comparer les positions changeantes de ses parties à un corps immobile doué d'une existence actuelle. Le *Venerabilis Inceptor* ne se contente pas de formuler cette proposition ; il indique en outre le principe qui l'explique et qui en efface le caractère paradoxal : Pour que ce mouvement du Ciel soit possible, il suffit que l'on puisse concevoir un repère fixe par rapport auquel la position du Ciel change d'un instant à l'autre. Le terme immobile sans lequel nous ne saurions concevoir le mouvement local n'a pas besoin d'être un corps concret et actuel, comme le voulaient Aristote et Averroès ; il suffit que ce soit un corps idéal, selon ce qu'avaient jadis énoncé Damascius et Simplicius.

XI

WALTER BURLEY

On ne saurait rattacher expressément Walter Burley à aucune École ; il inaugure ce large éclectisme qui, au xiv⁰ siècle, imprime un cachet spécial aux Terminalistes de l'Université de Paris. Pour construire sa théorie du lieu (1), il s'inspire de Duns Scot aussi bien que de saint Thomas d'Aquin et de Gilles de Rome, de Guillaume d'Occam aussi bien que de Jean le Chanoine et de Pierre Aureoli ; à chacun il emprunte quelque pensée ; à tous il adresse certaines critiques. Ses défauts, comme ses qualités, tiennent de son éclectisme : il manque parfois de cette netteté dogmatique et de cette rigueur logique qu'eût peut-être possédées un esprit moins ouvert et moins accueillant.

Comment faut-il comprendre la définition aristotélicienne du lieu : *ultimum continentis?* Faut-il, avec Occam, admettre que le lieu est le corps contenant lui-même ou un certain volume inclus en ce corps contenant? Burley s'y refuse (2). De l'aveu

---

1) BURLÆUS *Super octo libros Physicorum.* Colophon : Et in hoc finit expositio excellentissimi philosophi Gualterii de Burley Anglici in libros octo de physico auditu Aristo. Stragerite [sic], emendata diligentissime. Impressa arte et diligentia Boneti Locatelli Bergomensis, sumptibus vero et expensis nobilis viri Octaviani Scoti Modoetiensis. Et humato Jesu ejusque genitrici Virgini Marie sint gratie infinite. Venetiis, anno Salutis nonagesimo primo supra millesimum et quadringentesimum, quarto nonas Decembris. — Les feuillets ne portent aucune pagination, bien que la *tabula dubiorum* en indique une; la théorie du lieu forme le *Tractatus primus quarti libri* dont les sept chapitres occupent les folios 76, *verso,* à 95, *recto.*

(2) BURLÆUS *Super octo libros Physicorum,* lib. IV, tract. I, cap. V, foll. 86, *verso,* et 87, *recto.*

d'Occam lui-même, si l'on admet cette définition, on peut attribuer à un corps une infinité de lieux différents ; dans l'épaisseur de la couche qui enveloppe le corps logé, on peut découper une seconde couche qui l'enveloppe également : dans l'épaisseur de la seconde, on peut en découper une troisième, et ainsi de suite indéfiniment ; au sens d'Occam, chacune de ces enveloppes est un lieu du corps, comme celle en laquelle elle a été découpée, comme celle que l'on découpera en elle.

D'ailleurs, Walter Burley n'a pas, contre toute réalité attribuée à la surface, la répugnance du *Venerabilis Inceptor*, s'il admet qu'un corps est forcément étendu en toutes dimensions, il pense, avec Duns Scot, qu'un accident de ce corps peut fort bien être attribué à la surface seulement, sans en affecter d'aucune manière la profondeur ; à la formule par laquelle les Péripatéticiens définissent le lieu : *ultimum continentis,* il n'hésite donc pas à attribuer ce sens : la surface du contenant.

Comme l'indiquent ces mots, le lieu n'est pas simplement la surface ; il résulte de l'union de deux éléments, la surface d'abord, et l'action de contenir (*continentia*) ensuite ; cette opinion de Burley est conforme à celle de Duns Scot.

Très conforme aussi à la doctrine de Duns Scot est la distinction (1) entre le lieu et l'*ubi* ; l'*ubi* est l'effet produit dans le corps logé par cette action de contenir qui, unie à la surface du corps ambiant, constitue le lieu ; d'une manière immédiate et intrinsèque, ce n'est pas le lieu, mais l'*ubi* qui est le terme du mouvement local.

Après avoir éclairci la définition du lieu, Burley aborde la question capitale : Le lieu est-il immobile ?

Parmi les réponses qui ont été faites à cette question et qu'il va examiner, la première est celle qu'a proposée Gilles de Rome (2) : Il faut, dans le lieu, distinguer la matière et la forme ; la matière, qui est la surface du corps contenant, se meut en même temps que ce corps ; la forme, au contraire, demeure immobile lorsque le corps contenu ne se meut pas,

---

(1) WALTER BURLEY, *loc. cit.*, fol. 87, col. d.
(2) WALTER BURLEY, *loc. cit.*, fol. 88, *verso*, et fol. 89, col. a.

car elle est la distance de cette même surface à l'orbite suprême, ou bien encore aux pôles et au centre du Monde.

« D'autres » — c'est à saint Thomas d'Aquin que Burley fait maintenant allusion — « d'autres disent, et cela revient à peu près au même, que la partie ultime du contenant ne possède point de *ratio loci,* sinon en vertu de l'ordre et de la position qu'elle occupe par rapport à la sphère céleste. »

A ces théories, Walter Burley objecte les raisons que Jean le Chanoine et Guillaume d'Occam leur ont déjà opposées ; il élève aussi contre elles un nouvel argument :

« Imaginons qu'un corps demeure immobile au milieu de l'air, par exemple, et supposons que la puissance divine impose au Ciel entier et à l'ensemble des éléments un mouvement rectiligne vers l'Orient ; la partie de l'Univers qui se trouvait à l'Occident du corps se rapproche de lui ; la partie qui se trouvait vers l'Orient s'en éloigne ; un des pôles du Monde devient plus voisin et l'autre moins voisin de ce même corps (1) ; la distance de ce corps au centre du Monde est devenue plus petite ou plus grande qu'elle n'était. Or, comme ce corps est demeuré immobile, il faut qu'il soit resté dans le même lieu, que, par conséquent, le lieu de ce corps soit demeuré invariable. Cependant, la situation de ce lieu dans l'Univers, sa distance aux pôles et au centre, ne sont pas demeurées identiques ; cette situation, cette distance aux pôles et au centre, ne sont donc pas l'élément formel du lieu. »

Prétendre que Dieu peut donner à l'Univers un mouvement d'ensemble, c'était, pour la Philosophie péripatéticienne, affirmer une absurdité. La condamnation portée en 1277 par les théologiens de la Sorbonne a accoutumé les esprits à regarder cette même proposition comme une vérité. Aussi avons-nous vu Gilles de Rome insinuer et Guillaume d'Occam affirmer que toute théorie du lieu où le centre de l'Univers est regardé comme immobile devait explicitement indiquer ce postulat. Walter Burley nous montre comment, en effet, le refus de ce postulat rendrait absurdes les doctrines par lesquelles saint

____

(1) Cette proposition n'est pas exacte ; Burley aurait dû supposer que le mouvement d'ensemble de l'Univers est orienté vers le nord ou vers le sud.

Thomas d'Aquin et Gilles de Rome ont tenté de sauver l'immobilité du lieu.

Ces doctrines pèchent par la base même. Selon Walter Burley (1), on ne saurait, dans le lieu, distinguer une matière et une forme. Le lieu est une simple forme, semblable à n'importe quelle forme accidentelle telle que la blancheur, le chaud, le froid.

Duns Scot, Jean le Chanoine, Guillaume d'Occam, ont réduit l'immobilité du lieu à une immobilité par équivalence ; Walter Burley connaît cette théorie et l'expose en ces termes (2) : « Supposons que je demeure ici, en cette maison de Sorbonne, et qu'un grand vent vienne à souffler autour de moi de manière à renouveler sans cesse l'air qui m'environne ; si toutefois je reste en repos, il est certain que je demeure à une distance de grandeur invariable du Ciel entier, du centre du Monde ou de n'importe quel autre corps immobile; par exemple, il y a à chaque instant autant de lieues entre l'Angleterre et moi qu'il y en avait auparavant. Par conséquent, le lieu dans lequel je me trouve ne demeure pas le même numériquement; mais ce lieu demeure le même par équivalence en ce qui concerne la distance aux choses immobiles; il équivaut à un lieu unique lorsqu'il s'agit de produire ou de repérer un mouvement. Ainsi, lorsque le corps logé demeure immobile, ou bien son lieu demeure numériquement le même, ou bien il est remplacé par un lieu équivalent par sa distance aux autres objets immobiles, équivalent aussi pour tout mouvement local qui commence ou qui continue. »

Walter Burley déclare remettre à une autre circonstance l'examen du sens qu'il convient d'attribuer à cette théorie, et il revient (3) à la question de l'immobilité proprement dite du lieu.

Rien n'est mobile de soi que les corps ; Walter Burley, qui a refusé à Guillaume d'Occam de regarder le lieu comme un corps, lui refuse aussi cette proposition : le lieu est mobile de soi (*per se*). En revanche, il lui accorde que le lieu est mobile

---

(1) WALTER BURLEY, *loc. cit.*, fol. 87, col. c., et fol. 89, col. a.
(2) WALTER BURLEY, *loc. cit.*, fol. 88, col. a.
(3) WALTER BURLEY, *loc. cit.*, fol. 89, *recto*.

par accident, c'est-à-dire par suite du mouvement de certains corps ; le lieu d'un corps est la surface de la matière qui environne ce corps ; il se meut donc lorsque cette matière se meut.

Cette proposition conduit à des consequences qui scandalisent. Un corps peut changer de lieu sans se mouvoir, il peut se mouvoir tout en gardant le même lieu. Ce scandale provient d'une confusion (1). On regarde le lieu comme le terme du mouvement local ; cela n'est pas ; le mouvement local n'est pas un changement de lieu, mais un changement d'*ubi*. Aussi est-il parfaitement exact qu'un corps ne peut changer d'*ubi* sans se mouvoir, qu'il ne peut se mouvoir en gardant le même *ubi* ; mais un même *ubi* peut correspondre à des lieux différents et un même lieu à des *ubi* différents.

Cette théorie, parfaitement conforme à la pensée de Duns Scot et de ses plus fidèles disciples, tels que Jean le Chanoine, sert singulièrement l'éclectisme de Walter Burley ; la substitution de l'*ubi* au lieu vient très heureusement remettre en faveur des systèmes qu'il avait dû condamner (2).

De ce nombre sont les systèmes que saint Thomas d'Aquin et Gilles de Rome ont combinés et qui supposent immuable la *ratio loci* ou le lieu formel.

Le lieu rationnel de saint Thomas d'Aquin, le lieu formel de Gilles de Rome, changent par le fait que le contenant se meut, alors même que le contenu demeurerait immobile ; et cela parce que la situation relative à l'Univers, qui constitue cette *ratio loci,* ce lieu formel, est un attribut non du corps contenu, mais de la matière ambiante, et qu'un attribut ne peut demeurer immuable lorsque varie le sujet qu'il affecte.

Mais Walter Burley propose à cette théorie une modification qui lui paraît la rendre acceptable ; elle consiste à dire « que l'ordre que le corps logé présente par rapport à l'orbe suprème, aux pôles et au centre du Monde, que sa distance à ces mêmes repères, est l'élément formel non pas du lieu, mais de l'*ubi* ; ou mieux encore que cet ordre et cette distance sont l'*ubi* lui-même... On dit, il est vrai, que l'*ubi* est causé par le lieu ; mais

---

(1) Walter Burley, *loc. cit.*, fol. 89, col. b et c.
(2) Walter Burley, *loc. cit.*, fol. 88, col. d.

il n'est pas nécessaire que l'*ubi* varie toutes les fois que le lieu change ; un nouveau lieu ne cause un nouvel *ubi* que si ce nouveau lieu correspond à un nouvel ordre et à une nouvelle situation par rapport à l'ensemble du Ciel et aux pôles immobiles (1). »

Cette définition, qui identifie l'*ubi* d'un corps avec la distance de ce corps aux autres corps immobiles, s'accorde pleinement avec celle qui assigne pour terme au mouvement local non pas le lieu, mais l'*ubi* : « On ne doit pas dire : Tout corps se meut de mouvement local qui, d'un instant à l'autre, se comporte différemment par rapport au lieu. On doit dire : Tout corps se meut de mouvement local qui, d'un instant à l'autre, se comporte différemment par rapport à un second corps privé de mouvement local. Tout corps, donc, dont la distance à un corps dénué de mouvement local change d'un instant à l'autre, devenant plus grande ou plus petite, est un corps qui se meut de mouvement local. »

La transformation que Burley fait subir aux théories de saint Thomas et de Gilles Colonna est loin d'être entièrement nouvelle ; déjà Pierre Aureoli avait proposé d'attribuer au corps logé les caractères que, sous le nom de *ratio loci* ou de lieu formel, ses prédécesseurs avaient attribués à la matière ambiante ; mais à cet attribut du corps logé, il avait conservé le nom de lieu, alors que les Péripatéticiens s'accordent tous à mettre le lieu dans le contenant. Burley adopte en son système la réforme proposée par Pierre Aureoli ; mais il a soin de laisser au mot *lieu* son sens péripatéticien ; ce qu'Aureoli définissait sous le nom de lieu, il l'identifie à l'*ubi* considéré par l'Auteur des *Six Principes* et par les Scotistes.

Après avoir exposé la théorie de la permanence du lieu par équivalence, Burley avait remis à plus tard le soin de discuter et d'interpréter cette théorie. Si nous comparons ce qu'il en avait dit alors à ce qu'il vient de dire de l'*ubi*, nous reconnaîtrons sans peine que nous possédons maintenant le sens juste, le « *bonum intellectum* » de ces mots : deux lieux équivalents. Deux lieux équivalents, ce sont évidemment deux lieux spécifi-

<hr>

(1) WALTER BURLEY, *loc. cit.*, fol. 89, col. c.

quement distincts, mais qui, dans le corps logé, causent le même *ubi*.

Ainsi l'éclectisme de Burley, qui, déjà, avait fait concourir à la formation d'une doctrine unique les tentatives diverses de saint Thomas d'Aquin, de Gilles de Rome et de Pierre Aureoli, parvient à réunir à cette doctrine la théorie des lieux équivalents, formulée par Duns Scot, par Jean le Chanoine et par Guillaume d'Occam.

Nous allons voir Burley marcher plus avant encore sur les traces du Docteur Subtil et du *Venerabilis Inceptor*.

Selon la définition donnée par Burley, l'*ubi* d'un corps est la position de ce corps par rapport à d'autres corps immobiles ; le mouvement local, qui est un changement d'*ubi*, est un changement de la situation que le corps mobile occupe par rapport aux corps fixes. « Tout mouvement suppose un corps immobile (1), ainsi qu'il est dit au livre *Des mouvements des animaux*. En effet, pour qu'un corps se meuve, il faut qu'il soit, à chaque instant, autrement qu'il n'était auparavant ; pour cela, il faut qu'il existe un repère immobile par rapport auquel il se comporte, à chaque instant, autrement qu'il ne se comportait auparavant. Il faut pour cela que ce repère soit absolument immobile, ou bien qu'il possède le repos opposé au mouvement du mobile, soit qu'il ne participe en rien à ce mouvement, soit qu'il y participe, mais avec une moindre vitesse. Si un homme se dirigeait vers Saint-Denis, et si un autre le suivait sur la même route exactement avec la même vitesse, la position relative de ces deux hommes ne changerait pas. »

D'une observation semblable, François de la Marche avait conclu qu'un corps pouvait servir de lieu à un autre lors même qu'il ne serait pas immobile ; il suffisait, selon lui, qu'il possédât l'immobilité opposée au mouvement que peut prendre le corps logé par lui, mouvement auquel il doit servir de repère. Burley restreint (2) la portée de cette proposition ; il ne l'applique point au lieu en général, mais seulement au lieu naturel : « La concavité de l'orbite lunaire est le lieu naturel du

---

(1) Burleus *Super octo libros physicorum*, lib. I, tract. I, cap. VI, fol. 94, col. b.

(2) Burleus *Super octo libros Physicorum*, lib. IV, tract. I, cap. V, fol. 89, col. d.

feu, et cependant cette orbite se meut ; mais son mouvement n'est pas le mouvement naturel par lequel le feu se dirige vers sa concavité. On dit, il est vrai, qu'un mouvement dont le but est lui-même en mouvement est un mouvement oiseux. Je réponds que si un corps se mouvait vers un but qui se mouvrait, lui aussi, dans la même direction que ce corps et avec la même vitesse, ce mouvement-là serait oiseux ; jamais, en effet, le mobile ne pourrait atteindre le but ; et c'est là le sens qu'il faut attribuer aux paroles du Commentateur. Mais ce mouvement ne serait plus oiseux si le but ne se mouvait pas dans la même direction que le mobile, ou ne se mouvait pas avec la même vitesse ; ainsi en est-il lorsque le feu se meut vers la concavité de l'orbite lunaire. Lors donc que le Philosophe veut que le lieu naturel soit immobile, on peut entendre que ce lieu ne doit pas se mouvoir du mouvement naturel par lequel tend vers lui le corps qu'il doit loger. »

Il n'en faut pas conclure que le repère qui sert à définir l'*ubi* d'un corps et à en déterminer le mouvement local ne soit pas tenu d'être absolument immobile. Ce qui est vrai du lieu naturel et du mouvement naturel n'est pas nécessairement vrai de l'*ubi* et du mouvement local. « On attribue (1) aux corps un lieu naturel en vue de leur repos naturel bien plutôt qu'en vue de leur mouvement local. » Sans exception, lorsque Burley définit l'*ubi* d'un corps, lorsqu'il détermine le mouvement local, il suppose que cette définition, que cette détermination, se font par comparaison avec un repère absolument immobile.

Ce repère fixe est-il nécessairement un corps concret, existant d'une existence actuelle, ou bien suffit-il qu'il puisse être conçu sans être réalisé ? Que cette dernière opinion soit celle de Walter Burley, nous n'en saurions douter ; en effet, au sujet du lieu et du mouvement de la dernière sphère céleste, il admet pleinement (2) l'opinion de Guillaume d'Occam.

Le Ciel suprême est en un lieu *per accidens,* et cela par son

(1) Burleus *Super octo libros Physicorum*, lib. IV, tract. I, cap. VI, fol. 91, col. b.

(2) Walter Burley, *loc. cit.*, fol. 92, col. d.

centre, qui se trouve en la Terre immobile. « Si l'on me dit .
Le Ciel serait encore en un lieu, comme il s'y trouve actuellement, si la Terre se mouvait, je l'accorde. Si l'on fait.cette
objection : Le Ciel ne peut être en un lieu par son centre que
si le corps central est immobile, je réponds que le Ciel est en
un lieu par son centre, soit que le corps central demeure en
repos, soit qu'il se meuve. Le Ciel, en effet, se comporte de
telle sorte que la situation de chacune de ses parties par rapport aux parties du corps central changerait d'un instant à l'autre s'il existait un corps central immobile. En fait, le corps
central par lequel le Ciel est en un lieu [à savoir la Terre], est
un corps immobile ; mais si l'on supposait que ce corps central
se mût, le Ciel serait encore en un lieu par son centre ; parce
que, dans ce cas encore, la manière d'être du Ciel serait telle
que si le corps central était immobile, la disposition des parties du Ciel par rapport aux parties de ce dernier corps central
serait variable d'un instant à l'autre. »

A cela, Burley joint une réflexion peu logique : « Si la Terre
se mouvait avec la même vitesse que le Ciel, on pourrait dire
encore que le Ciel se trouverait en un lieu par le centre indivisible de l'Univers entier ; car, à l'égard de ce centre, les diverses parties du ciel se comporteraient différemment d'un
instant à l'autre. »

D'ailleurs, Walter Burley ne semble pas avoir toujours suivi
d'une manière rigoureuse et jusqu'à ses dernières conséquences
la théorie dont il posait les principes.

« L'Univers, avait dit Duns Scot, pourrait tourner lors même
qu'il ne contiendrait aucun corps ; il pourrait encore tourner,
par exemple, s'il était formé d'une seule sphère, homogène
dans toute son étendue ; le mouvement de rotation, pris en
lui-même, est donc une certaine *forma fluens* ; et cette forme
peut exister par elle-même, sans qu'il soit besoin de la considérer par rapport à un autre corps, soit contenant, soit contenu ; c'est une forme purement absolue. Cherche une réponse. »

La question posée par le Docteur Subtil semblait perdre son
caractère énigmatique grâce à la théorie de Guillaume d'Occam, théorie que Burley a adoptée. Et cependant, bien loin de

voir en cette doctrine la solution de l'énigme, Burley paraît singulièrement intrigué par celle-ci :

« Dieu, dit-il (1), a créé un Monde discontinu, formé de parties distinctes ; c'est en vertu de cette discontinuité que chacune des parties du Monde se trouve de soi en un lieu ; mais Dieu aurait pu, tout aussi bien, créer un Monde continu en toutes ses parties ; il aurait pu ne créer qu'une sphère absolument homogène. Imaginons donc qu'au moment de la création, Dieu, au lieu de créer cet Univers-ci, ait créé une sphère absolument homogène. Tout corps est en un lieu ; ce corps sphérique serait donc en un lieu. Il ne serait pas en un lieu par ses parties ; aucune de ses parties ne serait logée, car le lieu est un contenant séparé du contenu, et, dans ce corps continu, il n'y aurait pas de séparation. Il faudrait donc que ce corps fût dans le vide. Ceux qui croient à la création du Monde sont donc tenus d'admettre le vide.

« On peut répondre à cela de la manière suivante : Ceux qui parlent au nom de la foi soutiennent que Dieu aurait pu créer un tel corps sphérique parfaitement continu occupant tout l'espace qu'occupe notre Univers. Parlant ensuite en physiciens, ils sont tenus de reconnaître qu'un tel corps ne peut être logé ni par parties, ni par la région terminale d'un corps contenant, puisqu'aucun corps n'existerait en dehors de lui ; ils en concluraient simplement qu'il n'est pas nécessaire qu'un corps soit en un lieu.

« Mais dira-t-on que Dieu pourrait mouvoir un tel Monde, soit d'un mouvement de rotation, soit d'un mouvement de translation, en le transportant à une autre place ? Tout mouvement local requiert un lieu... Si donc on imaginait qu'il existât un tel corps continu et qu'il n'existât rien hors de ce corps, Dieu ne pourrait lui donner un mouvement de translation à moins de créer en même temps un lieu vers lequel il le mouvrait ; Dieu ne pourrait mouvoir ce corps d'un mouvement de rotation, ou bien il faudrait admettre que le mouvement de rotation qu'il lui imprimerait n'est pas un mouvement local, mais un mouvement relatif à la situation. »

(1) WALTER BURLEY, *loc. cit.*, fol. 78, col. c.

Toutes ces difficultés, Albert de Saxe nous le montrera bientôt, se peuvent dissiper à l'aide des principes mêmes dont Walter Burley est partisan. Laissons donc ces doutes de côté, et revenons à la théorie même de l'auteur, afin d en accentuer les caractères essentiels.

La doctrine que Walter Burley a formulée au sujet du lieu et du mouvement local est une synthèse où sont venues confluer les tentatives diverses des plus éminents docteurs de la Scolastique. Arrêtons-nous donc un instant à contempler cette synthèse, et essayons d'en marquer les caractères dominants.

Aristote avait défini le lieu d'un corps par cette formule : La partie ultime du contenant. A ce lieu, il avait voulu imposer l'immobilité, afin qu'il pût servir de terme de comparaison dans la détermination du mouvement local. Or, l'immobilité du lieu était visiblement incompatible avec la première définition ; d'où la nécessité de modifier cette définition. Cette modification indispensable, le Stagirite ne l'avait accomplie que sous une forme implicite et, pour ainsi dire, d'une manière subreptice ; de là, des équivoques dans l'emploi du mot : lieu ; de là, des illogismes dans la théorie du lieu et du mouvement local.

Ce dédoublement de la notion de lieu, que le Philosophe avait pratiqué à regret et comme en cachette, s'affirme nettement en la théorie dont Walter Burley nous expose la forme à peu près achevée.

En cette théorie, le lieu garde la définition qu'Aristote lui avait attribuée tout d'abord ; mais au lieu ainsi défini, l'immobilité n'est point accordée ; on se refuse à employer ce lieu dans la description du mouvement local.

L'élément fixe qui sert à repérer le mouvement, ce n'est pas le lieu, c'est l'*ubi* du mobile. L'*ubi* d'un corps, c'est la position de ce corps par rapport à d'autres corps fixes. Ces corps fixes, d'ailleurs, qui servent de termes de comparaison pour la définition de l'*ubi* et la détermination du mouvement local, n'ont pas besoin d'être des corps réels et concrets ; il suffit qu'ils soient conçus par la raison.

Si le lieu que considère Walter Burley est bien tel qu'il s'est premièrement présenté à la pensée d'Aristote, l'*ubi* qu'il conçoit est identique de tout point à la θέσις de Damascius et de Simplicius. En la synthèse dont Burley a tracé le plan, la doctrine de ces deux philosophes se trouve harmonieusement unie à celle du Stagirite.

XII

JEAN DE JANDUN

Partie de la théorie constituée par Averroès, la doctrine qui traite du lieu, de son immobilité, de ses rapports avec le mouvement local, a été graduellement modifiée par les penseurs du Moyen-Age ; l'École thomiste d'abord, l'École scotiste ensuite, enfin l'École terminaliste l'ont peu à peu revêtue d'une forme sous laquelle transparaît à peine le fond péripatéticien primitif. Il en est de même, d'ailleurs, pour une foule d'autres questions ; un travail lent, mais continu, constitue peu à peu cet enseignement, très éloigné parfois des commentaires d'Averroès, et même de la pensée d'Aristote, que l'on nomme au Moyen-Age la *Philosophie parisienne*.

Toutefois, à Paris même, certains maitres s'efforcent de conserver intacte la tradition d'Averroès, qu'ils regardent comme la fidèle dépositaire de la sagesse aristotélicienne. En la première partie du xive siècle, le plus illustre de ces maitres est Jean de Jandun.

Jean de Jandun n'ignore pas ce que saint Thomas, Gilles de Rome et Duns Scot ont écrit au sujet du lieu ; il en adopte même certaines parties, mais c'est pour les enchâsser dans un exposé qui rappelle d'aussi près que possible celui du Commentateur.

Jean de Jandun donne sa théorie du lieu en plusieurs des questions qu'il a rédigées sur la *Physique* d'Aristote, sur le *De Cælo et Mundo,* sur le traité *Du mouvement des animaux.* Il ne serait pas sans intérêt de connaître la date à laquelle ces diverses questions ont été composées ; nous pourrions, en effet, avec plus de sûreté, suivre la marche progressive de la pensée du célèbre Averroïste, et aussi reconnaître l'influence que cette pensée a pu exercer sur les opinions de ses contemporains ou qu'elle a pu subir de leur part. Voici, à cet égard, une indication :

Lorsque Jean de Jandun, au cours de ses questions sur le *De Cælo*, cite saint Thomas d'Aquin, il le nomme (1) : *frater Thomas;* lorsqu'il discute les doctrines du même docteur en ses questions sur la Physique, il le nomme (2) : *sanctus Thomas;* or, c'est en 1323 que Jean XXII canonisa Thomas d'Aquin ; nous en pouvons donc conclure que le premier de ces deux écrits a été composé avant 1323, et le second après cette date.

La lecture des questions sur le livre *Du mouvement des animaux,* et même sur toute la collection des *Parva naturalia* d'Aristote, en laquelle ce livre est compris, ne nous a fourni aucun renseignement de même nature. On peut toutefois faire une remarque : Lorsqu'en ses questions sur le *De Cælo,* Jean de Jandun examine (3) ce problème, auquel Averroès et ses successeurs ont attaché une grande importance : L'existence de la Terre est-elle nécessitée par le mouvement du Ciel, il le traite avec une extrême concision ; il se borne, en quelque sorte, à formuler des propositions, et, pour la démonstration de ces propositions, il renvoie à plusieurs reprises au livre *Du mouvement des animaux ;* il semble bien que ces renvois visent non pas seulement le texte d'Aristote, mais encore les questions que Jean de Jandun y a jointes ; plusieurs de ces questions, en effet, ont pour objet de discuter en grand détail le problème que l'unique question sur le *De Cælo* expose si sommairement ; celle-ci parait n'être que d'un résumé de celles-là. Si cette hypothèse était fondée, il faudrait admettre que les *Quæstiones de motibus animalium* sont les plus anciennes parmi celles que nous aurons à étudier.

Il est en tous cas probable que les diverses questions *Sur le mouvement des animaux,* sur le *De Cælo,* sur la *Physique,* dont la doctrine est fort homogène, ont été rédigées à des époques

---

(1) Joannis de Janduno *In libros Aristotelis de Cælo et Mundo quæstiones subtilissimæ ;* in librum I quæstio XXIV : An sit possibile esse plures mundos ?

(2) Joannis de Janduno *Super octo libros Aristotelis de physico auditu acutissimæ quæstiones ;* super lib. IV quæst. VI : An locus sit immobilis ?

(3) Joannis de Janduno *In libros Aristotelis de Cælo et Mundo quæstiones subtilissimæ ;* in lib. II quæst. VI : An Terra propter Cæli motum necessaria sit ?

peu distantes, partant au voisinage de l'an 1323. A ce moment,
c'est à l'Université de Paris que le célèbre Averroïste dévelop-
pait son enseignement ; nous voyons, en effet, qu'en 1316 (1),
il était maître ès arts à l'Université de Paris et chanoine de
Senlis ; le 4 novembre 1323 (2), il terminait à Senlis son livre
De laudibus Parisius, si riche en enseignements utiles à l'historien ; il était encore à Paris en 1324 (3), et c'est seulement vers
1326 que ses démêlés avec le pape Jean XXII l'obligèrent à
chercher refuge auprès de Louis de Bavière. Plus tard, il enseigna à l'Université de Padoue (4).

Entre certaines opinions que Walter Burley a indiquées au
sujet du lieu et celles que nous allons rencontrer dans les *Questions* de Jean de Jandun, la ressemblance est parfois frappante ;
certaines phrases de l'un des deux auteurs se retrouvent presque textuellement chez l'autre ; de l'un à l'autre, il y a certainement eu transmission de certaines pensées.

Mais dans quel sens cette transmission s'est-elle produite ?
Est-ce Walter Burley qui fait allusion aux doctrines de Jean
de Jandun ? Est-ce Jean de Jandun qui s'est inspiré des réflexions
de Walter Burley ? Entre ces deux suppositions, il ne nous
paraît pas que le choix résulte de motifs absolument détermi-
nants. Nous pencherions plutôt pour la première hypothèse ;
elle est soutenable, car Walter Burley, nommé chanoine
d'Évreux en 1342 (5), vivait encore en 1343 ; ses commentaires à la *Physique* d'Aristote peuvent donc être postérieurs aux
questions de Jean de Jandun.

Le maître averroïste définit le lieu (6) comme l'a fait Aristote :
le lieu d'un corps, c'est la partie ultime de la matière qui contient ce corps. Mais par cette partie ultime il ne faut point
entendre (c'était, nous l'avons vu, l'opinion d'Occam) un cer-

---

(1) DENIFLE et CHATELAIN, *Chartularium Universitatis Parisiensis,* tomus II, sec-
tio prior (1286-1350), Paris, 1891, p. 103.

(2) DENIFLE et CHATELAIN, *Ibid.,* p. 186.

(3) DENIFLE et CHATELAIN, *Ibid.,* p. 303.

(4) E. RENAN, *Averroès et l'Averroïsme, essai historique :* Paris, 1852 ; p. 269.

(5) DENIFLE et CHATELAIN, *Chartularium Universitatis Parisiensis.* tomus II, pars
prior, p. 154.

(6) JOANNIS DE JANDUNO *Quæstiones super octo libros Aristotelis de physico
auditu ;* in lib. IV quæst. IV : An locus sit ultimum continentis?

tain volume du corps contenant, confinant au corps contenu ;
le lieu a longueur et largeur, mais il n'a pas de profondeur ;
au point de vue matériel et quantitatif, c'est une simple surface.

Il réside dans le corps contenant et non dans le corps contenu ;
il doit, à cet égard, être distingué de l'*ubi* ; l'*ubi*, dont Jean de
Jandun, comme Duns Scot, emprunte la définition à l'Auteur
des *Six principes*, est le terme essentiel et intrinsèque du mouvement local ; le lieu n'en est point le terme, ou bien il n'en
est le terme que d'une manière extrinsèque et médiate, par
l'intermédiaire de l'*ubi* dont il est la cause.

Le lieu est-il simplement surface ? A cette question Jandun
répond (1) en empruntant à saint Thomas d'Aquin l'opinion
qu'il a exposée dans son opuscule *De natura loci*.

De cette opinion, toutefois, il discute et rejette la première
partie ; il n'est point satisfait que l'on distingue le lieu de la
surface du corps contenant en disant : « La surface est la limite
du corps contenant considérée d'une manière intrinsèque à ce
corps ; le lieu est cette même limite du contenant, considérée
d'une manière extrinsèque, comme borne du corps contenu. »

Mais si cette distinction lui semble insuffisante, il admet
pleinement, en revanche, les considérations que saint Thomas
y a jointes. Le lieu n'est pas seulement la surface ultime du
contenant ; c'est aussi une vertu, propre à conserver le contenu,
dont cette surface est douée et qu'elle tient du Ciel. Il y a
donc à considérer dans le lieu deux éléments : la surface,
d'abord, qui en est en quelque sorte l'élément matériel et qui
prend place dans la catégorie de la quantité ; ensuite, la vertu
propre à conserver le contenu, qui y joue le rôle d'élément
formel et qui doit être rangée dans la catégorie de la qualité.

Après avoir analysé la nature du lieu, Jandun en étudie
l'immobilité (2) ; en quel sens peut-on dire que le lieu est
immobile ?

Deux théories, qui ont essayé de sauvegarder l'immobilité du
lieu, sollicitent l'attention de Jandun : l'une est celle de saint

---

(1 JEAN DE JANDUN, *Op. cit.*, in lib. IV quaest. V : Locus in quonam genere sit ?
(2 JEAN DE JANDUN, *Op. cit.*, in lib. IV quaest. VI : An locus sit immobilis ?

Thomas, qui attribue la mobilité au lieu matériel et l'immobilité à la *ratio loci;* l'autre est celle de Gilles de Rome, qui attribue au lieu une matière immobile et une forme mobile ; le chanoine de Senlis rejette également ces deux théories auxquelles il oppose exactement les arguments que les Scotistes et Guillaume d'Occam leur ont objectés.

Le lieu, conclut Jandun, n'est pas mobile par lui-même, car il n'est pas corps ; mais il est mobile par accident ; attribut de la matière ambiante, il est mobile avec cette matière. Cette conclusion est aussi celle de Burley, qui l'a, croyons-nous, empruntée au maître averroïste.

Les questions de celui-ci, d'ailleurs, ne font aucune allusion ni à la théorie de l'immobilité *par équivalence* qu'ont développée Duns Scot, ses disciples et Guillaume d'Occam, ni à la théorie de Burley, plus récente peut-être, qui substitue à l'immobilité du lieu l'immobilité de l'*ubi.*

Quel est donc le sens que l'on peut attribuer à cette proposition : Le lieu est immobile ? Jandun en indique deux.

On peut, tout d'abord, dire que le lieu d'un corps est immobile parce que le mouvement de ce corps n'entraîne pas nécessairement le mouvement du lieu. Ainsi les rives et le lit du fleuve sont le lieu immobile du navire qui flotte sur les eaux de ce fleuve, parce que le navire peut se mouvoir sans que ces rives et ce lit changent de place. De même, encore, on peut dire que la concavité de l'orbite lunaire est le lieu du feu ; si une partie du feu vient à se mouvoir vers le bas, il n'est pas nécessaire que la portion de l'orbite lunaire qui contenait ce feu le suive en sa descente, et cela bien que cette orbite se meuve elle-même, mais d'un autre mouvement.

Cet exemple conduit à la seconde signification que Jandun attribue à l'immobilité du lieu : Lorsqu'un corps se meut vers un certain lieu et que ce lieu est le terme où il doit se trouver naturellement en repos, ce lieu n'est pas animé du même mouvement que le corps mobile.

Jandun insiste sur ce point que la seconde signification du mot immobile a trait seulement au lieu naturel, tandis que la première peut s'entendre du lieu en général. Si nous en croyons Jean le Chanoine, François de La Marche avait émis des opinions analogues, mais en les entendant toujours du lieu pris en général. Walter Burley, au contraire, qui semble ici encore s'être inspiré de Jean de Jandun, n'expose de semblables considérations qu'en les restreignant au seul lieu naturel.

Le célèbre problème du lieu de l'orbite ultime retient longtemps Jandun (1) ; il passe en revue les diverses opinions qui ont été émises à ce sujet, et il les discute minutieusement. Contre la théorie proposée par saint Thomas en son commentaire à la *Physique* d'Aristote, il reprend les arguments de Gilles de Rome. En même temps qu'il repousse cette théorie, il réfute l'objection que le Docteur Angélique avait fait valoir contre la solution d'Averroès ; le corps central est, il est vrai, par sa substance, étranger à la sphère suprême ; mais il ne lui est pas entièrement extrinsèque, car il est contenu par elle.

Parmi les réponses qui ont été données à la difficile question que Jandun examine, il en est deux qui lui paraissent défendables : l'une est celle qui a été formulée par Avempace, reprenant, au dire d'Averroès, l'opinion d'Al-Farabi ; l'autre est celle du Commentateur lui-même. Entre ces deux réponses, le chanoine de Senlis se défend de choisir d'une manière exclusive ; il semble bien, cependant, qu'il penche vers celle d'Averroès ; il s'applique à dissiper les doutes qu'elle pourrait suggérer.

Parmi les difficultés qui sont susceptibles d'engendrer de tels doutes, il en est une que Thomas d'Aquin avait déjà examinée en son opuscule *De natura loci* : « Un commençant, dit Jandun, pourrait être arrêté par le doute que voici : Si l'orbe suprême est en un lieu par son centre,... il en est de même, et pour la même raison, des autres orbes ; ... chaque orbe se trouve ainsi logé *per accidens ;* mais, si l'on excepte l'orbe suprême, chaque orbe est aussi logé *per se,* car un autre corps l'entoure et le contient. Un même corps serait donc à la fois en un lieu *per se* et en un lieu *per accidens.* » Thomas d'Aquin, en son opuscule, n'avait pas hésité à regarder cette conclusion comme logiquement déduite et comme acceptable. L'avis de Jean de Jandun semble plus hésitant : « Peut-être, dit-il, n'y

(1) JEAN DE JANDUN, *Op. cit.* ; in lib. IV, quæst IX : An ultima sphæra sit in loco ?

a-t-il pas d'inconvénient à ce qu'il en soit ainsi, pourvu que le corps logé se trouve, d'une part, en un lieu *per se* et, d'autre part, en un lieu *per accidens,* par rapport à des corps divers ; si c'était par rapport au même corps, et de la même manière, ce serait impossible. »

.Cette difficulté n'est pas la seule que Jandun examine ; mais les autres, comme il en fait la remarque, ont trait à des problèmes qui sont examinés au traité *Du Ciel* et au livre *Du mouvement des animaux.* Recourons donc aux questions sur ce dernier livre, car Jandun y a examiné avec grand détail la relation qui unit, selon l'enseignement péripatéticien, la fixité de la Terre au mouvement du Ciel.

Pour qu'un animal puisse progresser, faut-il qu'il existe hors de lui un corps fixe ?

« La raison pour laquelle le mouvement du Ciel requiert un corps fixe hors du Ciel prouve également que le mouvement de l'animal exige un terme immobile ; et même, au dire du Philosophe, elle est plus puissante en ce dernier cas.

« Voici quelle est cette raison commune au mouvement du Ciel et au mouvement des animaux : Se mouvoir, c'est se comporter maintenant d'une manière autre qu'auparavant ; il faut donc qu'il existe un repère par rapport auquel la manière d'être du mobile change d'un instant à l'instant suivant. Mais ce qui se meut, se meut dans l'espace géométrique (*super magnitudinem*) ; partant, il doit exister dans l'espace géométrique un objet par rapport auquel la situation du mobile change avec le temps. Or, si l'on dit que le mobile se comporte autrement, par rapport à un certain objet, aux diverses époques de la durée, c'est que cet objet est immobile. Cet objet, en effet, ne peut être que mobile ou immobile. S'il est immobile, la proposition est acquise. S'il est mobile, on aurait une suite infinie de mobiles, ce qui est impossible.

« Si ce volume qui doit servir de repère se mouvait tout entier du même mouvement que le mobile, de la même manière, dans la même direction, avec la même vitesse, par rapport à ce repère la manière d'être du mobile ne changerait pas d'un instant à l'autre. Ainsi, pour qu'un corps puisse se mouvoir, il faut qu'il existe hors de lui un corps immobile ou, du moins, un corps qui ne se meuve pas du même mouvement et avec la même vitesse. »

Le chanoine de Senlis développe à trois reprises ces mêmes considérations (1) ; elles reproduisent d'ailleurs presque textuellement ce que Pierre d'Auvergne avait écrit en commentant le même ouvrage.

Ces considérations ont pour objet d'établir fermement l'axiome péripatéticien : Tout mouvement suppose l'existence d'un repère fixe. Jean de Jandun invoque, d'ailleurs, cet axiome en plusieurs autres écrits (2).

Cet axiome, Albert le Grand n'en admettait pas la généralité ; il le voulait restreindre aux mouvements causés par une intelligence (tels les mouvements des cieux) ou par une âme (tels les mouvements des animaux) ; les mouvements naturels, la chute des graves, l'ascension des corps légers, ne lui semblaient pas requérir l'existence d'un terme de comparaison fixe.

Jean de Jandun, au contraire, soutient l'universalité du principe formulé par Alexandre, par Themistius, par Simplicius et par Averroès ; les mouvements naturels des corps graves ou légers n'y font point exception. « A cette question (3) : Un grave requiert-il l'existence d'un corps fixe vers lequel il se meuve ? je réponds : Oui. Les corps graves et légers, en effet, se meuvent afin de parvenir au repos ; tout mouvement naturel est ordonné à cet objet que le mobile se repose en son lieu propre. S'il n'existait pas un but capable de servir de terme au mouvement, ce mouvement, qui ne pourrait atteindre sa fin, serait un mouvement vain, ou bien encore le mouvement des corps graves ou légers se poursuivrait à l'infini ; l'une et l'autre

---

(1) JOANNIS DE JANDUNO *Quæstiones super parvis naturalibus ; quæstiones de motibus animalium ;* quæst. V : Num in motu progressivo ipsius animalis requiratur extra ipsum aliquod fixum ? — Quæst. VI : Num Cælum in motu suo indigeat aliquo corpore quiescente ? — Quæst. X : Utrum inanimata requirunt aliquod fixum in motu locali ?

(2) JOANNIS DE JANDUNO *Quæstiones in octo libros Aristotelis de physica auscultatione ;* in lib. IV, quæst. IX : Utrum ultima sphæra sit in loco ? — *Quæstiones in libros de Cælo et Mundo ;* in lib. II, quæst. VI : An Terra propter Cæli motum necessaria sit ?

(3) JOANNIS DE JANDUNO *Quæstiones de motibus animalium,* quæst. X : Utrum inanimata requirant aliquod fixum in motu locali?

de ces suppositions sont naturellement impossibles. Or, il est clair que si le lieu vers lequel un corps se meut était en mouvement, et non pas en repos, ce serait en vain que le corps se mouvrait vers ce lieu... Il est donc manifeste que le lieu qui sert de terme au mouvement naturel doit être immobile. Donc tout corps inanimé qui se meut requiert l'existence d'un terme immobile vers lequel il se meuve. »

« Mais peut-être douterez-vous encore de cette proposition : Le lieu qui sert de terme au mouvement naturel doit demeurer immobile. Il semble, en effet, que cette proposition soit fausse ; le premier ciel est le lieu naturel des éléments inférieurs, et, cependant, il se meut ; on en pourrait dire autant du feu, et de l'air, et de l'eau. Il faut bien comprendre que le lieu doit ou bien être immobile d'une manière absolue, ou du moins être exempt du mouvement par lequel le corps se meut vers lui, mouvement par rapport auquel il joue le rôle de lieu naturel. Bien que le premier ciel se meuve constamment d'un mouvement circulaire, il est exempt de tout mouvement centripète ou centrifuge, ce qui lui permet d'être le lieu des corps graves et légers et de servir de terme à leurs mouvements. »

Jean le Chanoine a attribué ces mêmes considérations, et presque dans les mêmes termes, à François de la Marche ; nous les avons lues dans les *Questions sur la Physique* que Jean de Jandun a rédigées sans doute après ses *Quæstiones de motibus animalium;* nous les avons lues aussi dans les commentaires de Walter Burley, qui les avait probablement empruntées au chanoine de Senlis ; ici, elles se présentent rapprochées des réflexions qui paraissent en avoir été la source première ; nous voulons parler des réflexions consignées par Pierre d'Auvergne en son commentaire au *De motibus animalium.*

L'axiome dont Jandun proclame la nécessité en tout mouvement s'applique en particulier au mouvement du Ciel. Il faut donc au Ciel un repère immobile auquel on le compare lorsqu'on parle de son mouvement (1).

Ce repère ne peut être un indivisible ; il faut, en effet, qu'il soit

(1) Joannis de Janduno *Quæstiones de motibus animalium:* quæst. VI : Num Cælum in motu suo indiget aliquo corpore quiescente ?

immobile ; dire qu'il est immobile, c'est dire que, par nature, il pourrait se mouvoir ; or, rien n'est susceptible de se mouvoir si ce n'est un corps.

Ce corps ne peut être formé de matière céleste ; aucune partie de celle-ci ne peut être immobile. Il ne peut être hors du Ciel, car hors du Ciel il n'est point de corps. Il est donc entouré par le Ciel.

« Ce corps fixe est la Terre, par rapport à laquelle le Ciel en mouvement se comporte différemment aux diverses époques. Considéré dans sa totalité, le Ciel change par rapport à la Terre quant à sa disposition, mais point quant à son ensemble ; quant aux parties du Ciel, chacune d'elles éprouve, par rapport à la Terre, et un changement de disposition, et un déplacement d'ensemble. Telle est l'opinion soutenue par le Commentateur au quatrième livre des *Physiques*. »

Cette opinion d'Averroès, Jean de Jandun l'analyse plus complètement qu'aucun de ses prédécesseurs. Voici, en effet, en quels termes il reprend (1) point par point toute l'argumentation précédente, résumant avec une rare précision la tradition péripatéticienne qui s'est déroulée d'Aristote à Averroès :

En premier lieu, « le Ciel se meut d'un mouvement uniforme et perpétuel... »

« En second lieu, je dis que ce mouvement requiert la fixité d'un certain objet corporel. Se mouvoir, en effet, c'est se comporter maintenant d'une manière autre qu'auparavant. Mais s'il n'existait pas un objet corporel qui soit fixe par rapport au Ciel, on ne pourrait pas dire que le Ciel se comporte maintenant autrement qu'il se comportait auparavant... Se comporter différemment, en effet, ne peut être que par comparaison avec quelque chose de fixe, car c'est par comparaison à l'uniformité que toute diversité se reconnaît. Par conséquent, il faut qu'il existe un objet fixe par rapport auquel on puisse dire que le Ciel se comporte maintenant autrement qu'il ne se comportait auparavant. Et ce quelque chose est nécessairement un corps ; par rapport à un indivisible, en

---

(1) Joannis de Janduno *Quæstiones de motibus animalium ;* quæst. VII : Utrum fixio Cæli sit causaliter ex fixione Terræ ?

effet, le Ciel se comporterait toujours de même manière, et non d'une manière variable d'un instant à l'autre. Il est donc requis que cet objet soit un corps. »

« En troisième lieu, je dis que ce repère fixe n'appartient pas au Ciel... Il faut qu'il soit étranger au Ciel et qu'il soit ce qu'on nomme le centre du Monde. »

« Mais, direz-vous, qu'est-ce que ce centre du Monde? On pourrait entendre par là un point tel que toutes les lignes menées de ce point à la circonférence du Ciel fussent égales entre elles ; ce n'est pas ce point que l'on entend désigner lorsqu'on parle de l'objet qui demeure fixe par rapport au Ciel. On peut, par une autre interprétation, comprendre que ce mot de centre désigne toute la Terre ;... c'est la Terre entière qui joue le rôle de centre par rapport au Ciel et à son mouvement ; la Terre est comme un point par rapport au Ciel ; elle n'est cependant pas un point mathématique ; elle est un corps doué d'un certain volume ; et cela est nécessaire, comme il a été dit plus haut ; si la Terre n'était pas un corps d'une certaine étendue, on ne pourrait pas dire que, par rapport à elle, le Ciel se comporte de diverses manières aux divers instants, car, à l'égard d'un indivisible, sa situation serait toujours la même. »

Cette dernière remarque, à laquelle Jandun revient avec insistance, valait la peine d'être faite ; par inadvertance sans doute, Burley a pensé (1) qu'on pouvait parler du changement de situation du Ciel par rapport à un centre indivisible.

Le chanoine de Senlis décrit (2) avec beaucoup de précision ce changement de disposition du Ciel par rapport à la Terre :

« Le Ciel, dit-il, peut être à la fois le premier des corps fixes et le premier mobile. Mais un corps peut être mobile de deux manières : Il peut être mobile selon sa substance (*secundum subjectum*) ou seulement selon sa forme (*secundum formam*). On dit qu'un corps se meut selon sa substance lorsqu'il subit un déplacement d'ensemble d'un lieu dans un autre... Il se meut selon sa forme lorsqu'il éprouve seulement un changement de disposition. Considérons le Ciel qui ne change pas de

(1) Burleus *Super octo libros Physicorum*, lib. IV, tract. I, cap. VI, fol. 92, col. d.

(2) Jean de Jandun, *loc. cit.*

lieu par rapport à la Terre ;... à deux instants différents, il est clair que le Ciel n'est pas disposé de la même manière par rapport à la Terre... Divisons le Ciel au moyen d'une infinité de méridiens et divisons aussi la Terre au moyen d'une infinité de méridiens ; au premier méridien de la Terre faisons correspondre le premier méridien du Ciel, au second le second, et ainsi de suite. Un moment plus tard, chacun des méridiens du Ciel regarde un autre méridien de la Terre. Le Ciel est donc immobile quant à sa substance, car sa masse totale ne se transporte jamais d'un lieu à un autre ; mais il est mobile selon sa forme, c'est-à-dire selon sa disposition, car sa situation par rapport à la Terre, autour de laquelle il se meut, change d'un instant à l'autre. C'est donc en des sens différents que le Ciel est dit le premier des mobiles et le premier des corps fixes. »

Jean de Jandun résout ainsi une apparente antinomie qui se trouve soulevée par la théorie du mouvement du Ciel ; d'autres antinomies analogues s'offrent à celui qui médite cette théorie.

Parmi ces antinomies, la plus grave est celle-ci, qui a déjà attiré l'attention d'Albert le Grand : D'après les doctrines précédentes, c'est la Terre qui constitue le lieu du Ciel, et le mouvement du Ciel ne saurait se produire si la Terre n'était immobile ; il semble donc que l'existence et l'immobilité de la Terre soient causes de la position fixe qu'occupe le Ciel et du mouvement qui l'anime (1). N'est-il pas impossible que la cause soit moins noble que l'effet ?

Aussi n'est-ce pas la position de la Terre qui fixe la position du Ciel, ni l'immobilité de la Terre qui produit le mouvement du Ciel.

C'est la position occupée par le Ciel qui détermine la situation du centre du Monde ; c'est le Ciel qui confère aux diverses parties de la Terre la gravité par laquelle elles se meuvent vers le centre de l'Univers. C'est donc bien la position du Ciel qui détermine la position de la Terre. « Si l'on déplaçait le Ciel, par le fait même on déplacerait la Terre. »

L'immobilité de la Terre est l'effet, et non point la cause du

---

(1) Jean de Jandun, *loc. cit.* et *Quæstiones in libros de physica auscultatione ;* in lib. IV quæst. IX.

mouvement du Ciel. « Selon Aristote, c'est à cause du mouvement du Ciel que toutes les parties de la Terre tendent au centre... On peut donc raisonner ainsi : La Terre est immobile par l'effet de la gravité ; mais le Ciel est la cause de la gravité ; le Ciel est donc la cause de l'immobilité terrestre. »

Cette doctrine s'accorde bien avec le principe qu'Aristote a formulé (1) au premier livre des *Météores,* et qui domine toute l'Astronomie et toute l'Astrologie du Moyen-Age : Le monde des éléments est gouverné par les mouvements des corps célestes ; toute vertu qui se rencontre en ce monde dérive de ces mouvements.

De ce principe découle un corollaire universellement admis par la Philosophie péripatéticienne : Dans le monde des éléments, toute génération et toute corruption d'un être nouveau ou d'une qualité nouvelle est sous la dépendance des changements d'aspect du Ciel.

Cette proposition sert de point de départ à Jean de Jandun en l'argumentation nouvelle (2) par laquelle ses *Quæstiones in libros de Cælo* prétendent rattacher l'immobilité de la Terre à la mobilité du Ciel.

Les générations et les corruptions qui se produisent en la région des éléments exigent qu'il existe un objet par rapport auquel la disposition du Ciel change d'un instant à l'autre, c'est-à-dire qu'il y ait en la concavité du Ciel un corps central immobile. Le mouvement du Ciel requiert donc l'immobilité de la Terre afin de mettre en ce mouvement la diversité qu'exige la génération des êtres inférieurs et, particulièrement, des animaux.

Cette argumentation fait renaître une objection qui paraissait dissipée ; il semble, en effet, que la génération des êtres inférieurs et, partant, l'immobilité de la Terre, soient la cause finale du mouvement du Ciel ; ce qu'il y a de moins noble dans l'Univers serait proposé comme objet au mouvement du corps le plus noble.

---

(1) Aristote, Μετεωρολογικῶν τὸ Α, β (lib. I, cap. II).

(2) Joannis de Janduno *Quæstiones in libros de Cælo :* in lib. II qⁱᵃᵉˢᵗ. IV : An Terra propter Cœli motum necessaria sit ?

Cette conclusion ne répugne pas (1) absolument à Jean de Jandun. Sans doute, la génération et la conservation des êtres qui subsistent dans la région des éléments n'est pas la cause finale directe et principale des mouvements célestes, mais on peut admettre qu'elle en soit cause finale d'une manière indirecte et à titre secondaire.

L'immobilité de la Terre n'est pas la cause du mouvement du Ciel ; elle n'est pas moins une condition nécessaire (2) ; il faut au moteur du Ciel une Terre immobile pour qu'il puisse exercer son action.

De là résulte qu'il est absolument impossible que la Terre se meuve ou qu'elle s'écarte du centre du Monde (3).

Pour que le Ciel puisse accomplir sa révolution uniforme, il faut que la Terre demeure immobile en son centre. Si la Terre se mouvait, il faudrait que le Ciel s'arrêtât ; si elle était chassée hors de son lieu, il faudrait ou bien que le Ciel se déplaçât lui aussi, ou bien que son mouvement prît fin.

Or, ces deux hypothèses sont impossibles. Le Ciel qui, à proprement parler, n'est pas en un lieu, ne peut subir aucun déplacement d'ensemble. Il ne saurait, davantage, interrompre son mouvement de rotation ; s'il cessait de tourner, il cesserait d'exister, et son moteur cesserait, lui aussi, d'exister. Ces propositions sont une des parties essentielles de la doctrine averroïste, et voici en quels termes Jean de Jandun en résume la justification :

« Si des objets sont ordonnés à une certaine fin, ces objets cessent d'exister du moment que cette fin vient à manquer. »

« Or, le Moteur du Ciel et le Ciel lui-même sont ordonnés au mouvement du Ciel, et voici comment : Le but du Moteur céleste est de répandre sa bonté parmi les êtres. Mais il ne saurait répandre sa bonté sans l'intermédiaire du mouvement ; par lui-même, en effet, le premier Moteur ne pourrait exercer qu'une influence uniforme ; pour qu'il puisse exercer

(1) Joannis de Janduno *Quæstiones in libros de physica auscultatione :* in lib. IV quæst. IX : An ultima sphæra sit in loco ?

(2) Joannis de Janduno *Quæstiones de motibus animalium :* quæst. VI : Num Cælum in motu suo indigeat aliquo corpore quiescente.

(3) Joannis de Janduno *Quæstiones de motibus animalium ;* quæst. IX : Utrum Cæli motor sit majoris virtutis in movendo, quam Terra in quiescendo ?

une influence variable, il faut qu'il soit assisté de quelque
objet dont la manière d'être change d'un instant à l'autre ; le
Ciel, grâce à son mouvement, lui fournit cet objet. Ainsi le
Moteur céleste ne saurait répandre sa bonté parmi les êtres
sans l'intermédiaire du Ciel dont la manière d'être doit, dans
ce but, changer d'un instant à l'autre ; et la manière d'être du
Ciel ne change d'un instant à l'autre qu'en raison du mouvement de ce corps ; il est donc bien exact de dire que le Moteur
céleste et le Ciel lui-même sont ordonnés en vue du mouvement, qui est leur fin. »

« Dès lors, si le mouvement venait à manquer, le Ciel et son
Moteur cesseraient d'exister,... ce qui est impossible. »

Dieu, qui est ce premier Moteur, ce Moteur du Ciel, ne pourrait donc mouvoir la Terre ; les conséquences qui découleraient
de ce mouvement, et que nous venons de mettre en évidence,
sont contradictoires.

En toute cette argumentation, il n'est presque aucune proposition qui ne se trouve parmi celles dont les docteurs de la
Sorbonne, sous la présidence d'Étienne Tempier, ont fait rigoureuse justice. Par les condamnations qu'ils ont portées en 1277,
les théologiens de la Sorbonne se trouvent avoir frayé la voie
au système de Copernic ; comment, en effet, ce système aurait-
il pu être proposé si les philosophes, se rangeant à l'avis de
Jean de Jandun, eussent regardé le mouvement de la Terre
comme une absurdité logique, défiant même la toute-puissance
de Dieu ?

XIII

ALBERT DE SAXE

De saint Thomas d'Aquin à Walter Burley, une évolution
lente et continue a détourné les maitres de la Scolastique de la
théorie du lieu qu'Averroès avait formulée, et cela pour les
amener à une doctrine qui rappelle de très près celle de Damascius et de Simplicius.

Cette évolution s'est trouvée interrompue par un brusque et

complet retour à l'Averroïsme, tenté par le plus brillant des partisans que le Commentateur ait comptés au xive siècle, par Jean de Jandun.

Le système de Jean de Jandun heurtait de front les opinions qui jouissaient alors de la faveur de l'Université de Paris.

Les arguments qui servaient à édifier ce système usaient, à titre d'axiomes, de diverses propositions empruntées à la philosophie d'Averroès, et la plupart de ces propositions figuraient parmi celles que l'Assemblée des docteurs en Sorbonne avait formellement condamnées en 1277.

D'autre part, les corollaires de ce système devaient conclure à l'impossibilité, pour un orbe céleste, de se mouvoir d'un mouvement de rotation qui n'eût pas, en son centre, un corps immobile ; selon ces corollaires, le mouvement d'un épicycle ou d'un excentrique dev ait inconcevable ; c'est par un véritable illogisme que Jean de Jandun gardait sa confiance au système de Ptolémée ; s'il eût été conséquent avec ses propres principes, il eût, comme son maître Averroès, rejeté l'astronomie de l'Almageste pour se rallier à la théorie des sphères homocentriques.

Combattre l'Averroïsme renaissant ; appeler les doctrines de la Physique au secours des décisions théologiques formulées par la Sorbonne ; sauvegarder le système de Ptolémée menacé ; dans ce but, renouer la tradition de Duns Scot, d'Occam, de Burley, que Jandun ava i brisée ; telle va être l'œuvre de l'École terminaliste de Paris et, en particulier, de son plus brillant représentant au milieu du xive siècle, d'Albert de Saxe.

Comme Jean de Jandun, comme Walter Burley, Albert de Saxe définit (1) le lieu d'un corps : la surface par laquelle le contenant touche ce corps ; mais il ne donne pas à cette formule le sens que Jandun et Burley lui attribuent : « Ceux qui regardent la surface comme une réalité indivisible surajoutée au corps prennent cette proposition au pied de la lettre. » Albert de Saxe n'est pas de ceux qui suivent ainsi l'opinion de

---

(1) *Acutissimæ quæstiones super libros de physica auscultatione ab* Alberto de Saxonia *editæ :* in lib. IV quæst. I : Utrum locus sit superficies ?

Duns Scot; il se range, à ce sujet, parmi les fidèles disciples d'Occam ; il se refuse à regarder les diverses grandeurs que considère le géomètre, la ligne, la surface, le volume, comme des réalités distinctes du corps : « C'est un péché (1) de rendre compte des choses en invoquant un plus grand nombre de réalités, lorsqu'on peut en rendre compte à l'aide d'un moindre nombre ; or, si nous supposons que la grandeur n'est pas une réalité distincte du corps étendu, nous invoquons un moindre nombre d'entités que si nous faisions de cette grandeur et de ce corps deux réalités distinctes, et cependant nous expliquons aussi bien toutes choses. »

L'opinion d'Albert de Saxe à ce sujet était d'ailleurs commune à tous les Terminalistes de l'École parisienne. Son illustre contemporain Nicole Oresme a publié un traité (2), encore inédit, où il traite de la mesure et de la représentation géométrique de toute espèce de quantités et de qualités. En ce traité, Nicole Oresme insiste à plusieurs reprises (3) sur le principe : Le point, la ligne, la surface, n'existent nullement en réalité ; ce sont des abstractions que l'on imagine en vue de connaître les mesures des choses ; mais si l'on veut attribuer à ces indivisibles une réalité physique et les regarder comme doués de qualité, on se heurte à des contradictions.

Lors donc qu'Albert de Saxe définit le lieu comme la surface du contenant, il ne prend pas cette formule au pied de la lettre (4) ; en réalité le lieu est un corps ; s'il substitue le mot *surface* au mot *corps,* c'est afin de marquer que le contenant est lieu par le fait qu'il touche le contenu, et que ce contact est établi seulement selon les deux dimensions d'une surface, sans que la profondeur y joue aucun rôle.

---

(1) ALBERTI DE SAXONIA *Quæstiones super libros de physica auscultatione :* in lib. I quest. VI : Utrum omnis res extensa sit quantitas ?

(2) *Tractatus de figuratione potentiarum et mensurarum difformitatum.* In fine : Explicit *tractatus* Magistri NICHOLAI ORESME *de uniformitate et difformitate intensionum.* (Bibliothèque nationale, fonds latin, Ms. nᵒ 7371. Fol. 214, recto, à fol. 266, recto.)

(3) NICOLE ORESME, *Op. cit.,* tertiæ partis capp. IV et XII ; foll. 261, recto, et 265, verso.

(4) ALBERTI DE SAXONIA *Quæstiones super libros de physica auscultatione ;* in lib. IV quest. I.

Le lieu étant en réalité un corps, une partie du corps contenant, on peut, à un même corps, attribuer une série de lieux différents dont chacun soit contenu dans le précédent. Occam avait formulé cette proposition qui découle de sa définition du lieu, et Burley en avait tiré argument contre cette définition. Albert de Saxe se range pleinement du parti de Guillaume d'Occam ; voici l'exposé qu'il en donne (1) :

« A un même corps contenu correspondent une infinité de lieux proprement dits. L'orbe de la Lune, en effet, est le lieu propre de l'ensemble des corps inférieurs. Or, il est clair que cet orbe a une certaine épaisseur. Divisons cet orbe en deux moitiés par une sphère qui lui soit concentrique ; une de ces deux moitiés sera immédiatement contiguë au feu et l'autre non ; la première de ces deux moitiés sera encore le lieu de l'ensemble des êtres inférieurs, car elle contient cet ensemble et rien d'autre. La moitié de cette moitié sera de même le lieu de cet ensemble, et ainsi de suite à l'infini... Le raisonnement que l'on vient de faire à propos de l'orbe lunaire peut se répéter au sujet du lieu propre de n'importe quel corps. »

C'est péché, dit Albert de Saxe à la suite du *Venerabilis Inceptor,* de multiplier les êtres sans nécessité. Il ne fera donc pas du lieu une entité surajoutée à la surface. Il consentira bien à dire (2) que le lieu est comme une passion dont la surface du contenant est le sujet, mais par là, il entendra seulement que le mot lieu comporte une désignation plus particulière que le mot surface ; outre ce que marque le mot surface, le mot lieu indique que cette surface contient quelque autre corps ; au point de vue de la réalité, le lieu, la surface et le corps sont une seule et même chose.

Albert a pleinement admis la définition du lieu que Guillaume d'Occam avait posée ; il en résulte qu'il doit admettre également les opinions du *Venerabilis Inceptor* touchant l'immobilité du lieu.

(1) Alberti de Saxonia *Quæstiones super libros de physica auscultatione ;* in lib. IV quæst. II : Utrum locus sit equalis locato ?

(2) Alberti de Saxonia *Quæstiones super libros de physica auscultatione ;* in lib. IV quæst. IV : Utrum diffinitio loci sit bona, in qua dicitur : locus est terminus corporis continentis immobile primum ?

Le lieu est un corps ; le lieu est donc mobile (1), en dépit des affirmations du Commentateur et de ses partisans.

Ce mouvement du lieu ne résulte pas nécessairement du mouvement du corps contenu. Le corps contenu peut éprouver un mouvement de rotation sans que le lieu change ; « le vin peut tourner dans la pinte bien que la pinte demeure en repos » ; mais cela n'est vrai que du mouvement de rotation ; si le corps contenu éprouve un mouvement de translation, le lieu de ce corps se meut nécessairement ; « si une pierre tombe dans l'eau, les parois d'eau qui formaient son lieu viennent, à chaque instant, se conjoindre derrière elle ».

Le lieu se meut lorsque le corps contenant se meut ; il n'en résulte pas que le corps contenu se meuve en même temps ; « sinon, les tours de Notre-Dame se mouvraient sans cesse, car l'air qui les entoure change à chaque instant ».

Mais il s'agit là du mouvement du lieu matériel ; ne peut-on, avec Gilles de Rome, dire que le lieu formel des tours de Notre-Dame ne varie pas, parce que ce lieu formel est constitué par la distance de ces tours à l'orbite céleste ou à quelque autre corps fixe, et que cette distance demeure toujours la même ?

Il n'est pas vrai que la distance d'un corps immobile à l'orbe céleste ou à un autre corps immobile demeure toujours la même. Les Terminalistes n'admettent pas qu'une grandeur mathématique, considérée isolément, ait aucune réalité ; la distance de deux corps n'est rien hors des corps qui se trouvent entre les deux premiers ; quand ces corps intermédiaires changent, elle ne reste pas la même distance, elle devient une autre distance. « Il y a longtemps que les tours de Notre-Dame sont immobiles ; et cependant, pendant tout ce temps, leur distance à l'orbe de la Lune n'est pas demeurée la même ; les corps intermédiaires, en effet, ont changé : l'air et le feu qui se trouvent entre ces tours et l'orbite lunaire se meuvent sans cesse ; or la distance n'est pas autre chose que les corps intermédiaires entre les deux corps distants. »

---

(1) ALBERTI DE SAXONIA *Quæstiones super libros de physica auscultatione ;* in lib. IV quæst. III : Utrum locus sit immobilis?

Entre deux corps immobiles, la distance ne demeure pas toujours la même, mais elle demeure la même *par équivalence ;* à deux instants différents, les distances de ces deux corps sont numériquement distinctes ; mais elles sont équivalentes entre elles ; le géomètre leur attribue la même mesure.

C'est dans ce sens qu'il convient de modifier la définition du lieu formel que Gilles de Rome avait donnée : « On nomme *lieu formel* la distance du corps logé à l'orbite lunaire ou aux objets de ce Monde qui demeurent immobiles ;... lorsqu'on parle de distance à l'orbite ou aux corps immobiles, on veut dire que le même lieu correspond toujours à une égale distance, et une distance de grandeur différente à un autre lieu ; on considère une distance comme demeurant la même par équivalence, et non pas au sens numérique. » — « ...On peut dire alors qu'un corps demeure immobile lorsqu'il demeure dans le même lieu, en entendant le mot lieu au sens formel, et en prenant les mots : *le même* non pas au pied de la lettre, mais comme signifiant *équivalent...* En ce sens, je puis dire que je suis en ce moment au même lieu qu'au début de la leçon, parce que la distance entre l'orbite lunaire et moi a une longueur égale à celle qu'elle avait alors, et qu'il en est de même de la distance entre l'un de vous et moi. »

Voici maintenant Albert de Saxo aux prises avec le problème qu'Averroès appelait une grande question : La dernière sphère est-elle en un lieu ?

Inspirée par la définition du lieu qu'Occam avait donnée, la réponse d'Albert est formulée plus nettement encore que celle du *Venerabilis Inceptor ;* le désir de dissiper certains doutes qui avaient embarrassé Walter Burley contribu assurément à préciser cette réponse.

La sphère ultime, la neuvième sphère, selon l'opinion alors unanime des astronomes, n'a pas de lieu (1), puisqu'elle n'a pas de contenant. Elle n'a de lieu ni par elle-même, prise en son ensemble, ni par ses parties (2), contrairement à ce qu'ont

---

(1) Alberti de Saxonia *Quæstiones super libros de physica auscultatione ;* in lib. IV quæst. VII : Utrum omne ens sit in loco ?

(2) *Quæstiones subtilissimæ* Alberti de Saxonia *in libros de Cælo et Mundo ;* in lib. I quæst. 1 : Utrum cuilibet corpori simplici insit naturaliter tantum unus motus simplex ?

soutenu tant d'auteurs, depuis Aristote et Thémistius jusqu'à saint Thomas d'Aquin. Peut-on, du moins, dire avec le Commentateur que l'orbite suprême est en un lieu par accident, à savoir par son centre ? Encore que l'opinion du Commentateur puisse être entendue dans un sens juste, comme on le verra bientôt, les expressions dont il se sert sont impropres (1) ; à proprement parler, la neuvième sphère n'a pas de lieu, même par accident.

Les Scotistes tels que Jean le Chanoine refusaient au dernier orbe toute espèce de lieu ; mais ils lui accordaient un *ubi, ubi* d'un genre particulier, d'ailleurs, auquel ils donnaient le nom d'*ubi* actif ; à la neuvième sphère, privée de lieu, Albert va-t-il, lui aussi, attribuer un *ubi ?*

Disciple d'Occam, Albert de Saxe n'admet nullement l'existence de cette entité que les Scotistes désignent par le nom d'*ubi*. Selon les disciples de Scot, « le prédicament *ubi* désigne un certain rapport réel (2), distinct de la substance et de la qualité ; ce rapport provient de la circonscription du corps contenu par le lieu. A leur avis, pour que l'on puisse dire qu'un corps a un *ubi,* il faut qu'il existe un rapport réel distinct à la fois du lieu et du corps qu'il contient ; le corps logé serait le sujet de ce rapport, qui serait dans le lieu seulement à titre de relation... Mais cette opinion n'est pas exacte... Elle superpose inutilement une réalité nouvelle au lieu et au corps contenu... Les termes du prédicament *ubi* ne doivent pas être regardés comme des choses distinctes de la substance et de la qualité. »

Dès lors, si l'on dit qu'un corps a un *ubi* (3), qu'il est quelque part (*alicubi*), on voudra simplement dire qu'il est au dessus, ou au dessous, ou à côté, ou autour de quelque autre corps ;

---

(1) ALBERTI DE SAXONIA *Quæstiones super libros de physica auscultatione ;* in lib. IV quæst. VII.

(2) *Logica* ALBERTUCII. *Perutilis logica* excellentissimi sacre theologie professoris magistri ALBERTI DE SAXONIA ordinis eremitarum Divi Augustini : per reverendum sacre pagine doctorem magistrum Petrum Aurelium Sanutum Venetum ejusdem ordinis professum : quam diligentissime castigata : nuperrimeque impressa. — Colophon : Explicit perutilis logica ...impressa Venetiis ere et sollertia Heredum Domini Octaviani Scoti civis Modoetiensis et sociorum. Anno a Christi ortu MDXXII. Die XXII mensis Augusti. Tractatus primi cap. XXV : De predicamento quando et aliis sex predicamentis ; fol. 10, col. d.

(3) ALBERTI DE SAXONIA *Quæstiones super libros de physica auscultatione ;* in lib. IV quæst. VIII.

dans ce sens, on peut dire que la neuvième sphère céleste a un *ubi,* car il est exact qu'elle entoure les autres sphères et qu'elle est au-dessus de ces sphères.

On peut dire encore qu'un corps est en un lieu lorsqu'il existe un terme de comparaison tel que nous puissions reconnaître que ce corps se meut ; c'est en ce sens que le Commentateur a pu dire que la Terre était le lieu du Ciel ; c'est en effet la position du Ciel par rapport à la Terre qui nous fait connaître le mouvement du Ciel. « Mais cette manière de parler est impropre ».

Comment la dernière sphère, qui n'a pas de lieu, peut-elle se mouvoir de mouvement local ? Cela ne saurait être ; aussi « la dernière sphère se meut-elle d'un mouvement qui est de même espèce que le mouvement local, mais qui n'est cependant pas un mouvement local (1) ».

Ce mouvement qui n'est pas le mouvement local, mais qui est de même espèce que le mouvement local, est celui dont l'Univers serait animé si la Cause première lui imprimait une translation (2) ; l'Univers, en effet, n'a pas de lieu, en sorte qu'il est incapable de mouvement local. Il est vrai (3) qu'Aristote et le Commentateur nieraient que l'Univers puisse subir une translation ; mais (4) un des articles décrétés par les théologiens de Paris soutient que Dieu peut le déplacer ainsi.

Pour démontrer toutefois l'impossibilité d'un tel déplacement, n'a-t-on pas cette proposition, formulée au *De motibus animalium,* que tout corps qui se meut requiert un corps fixe extérieur à lui-même ? Avec infiniment de bon sens, Albert de Saxe rejette (5) l'autorité de ce texte que tant de commentateurs avaient invoqué avant lui : « Dans le *De motibus anima-*

---

(1) ALBERTI DE SAXONIA *Quæstiones super libros de physica auscultatione ;* in lib. IV quæst. VII. — *Quæstiones in libros de Cælo et Mundo ;* in lib. I quæst. I ; in lib. II quæst. VIII : Utrum omne cælum sit mobile ?

(2) ALBERTI DE SAXONIA *Quæstiones in libros de physica auscultatione ;* in lib. IV quæst. VII.

(3) ALBERT DE SAXE, *loc. cit.*

(4) ALBERTI DE SAXONIA *Quæstiones in libros de Cælo et Mundo ;* in lib. II quæst. X : Utrum illa consequentia sit bona : Cælum movetur, ergo necesse est Terram quiescere ?

(5) ALBERTI DE SAXONIA *Quæstiones in libros de Cælo et Mundo ;* in lib. IV quæst. X ; cf. : *Ibid.,* quæst. VII.

lium, Aristote parle seulement du mouvement progressif des animaux ; en son mouvement, tout animal a besoin d'un appui fixe... Mais le Ciel n'a nul besoin d'un tel appui. »

Mais ne peut-on démontrer autrement l'impossibilité d'une translation de l'Univers ? « Se mouvoir (1) c'est se comporter à chaque instant d'une manière différente par rapport à un objet fixe. S'il n'existait aucun objet fixe, il paraît bien que le Ciel ne saurait se mouvoir. »

Cet argument, que Walter Burley acceptait, n'est pas convainquant : « Pour qu'un corps se meuve, il n'est pas nécessaire que, d'un instant à l'autre, il se comporte différemment par rapport à un objet extrinsèque ; il suffit qu'il se comporte différemment d'une manière intrinsèque. Si Dieu imposait un mouvement de translation à l'Univers entier, ce qu'un des articles formulés à Paris déclare possible, l'Univers ne changerait pas d'un instant à l'autre par rapport à un objet extrinsèque ; mais il éprouverait un changement intrinsèque ; à chaque instant, en effet, il y aurait en lui une nouvelle partie de mouvement. »

Un à un, nous voyons tomber les arguments par lesquels, du mouvement du Ciel, les Péripatéticiens et les Averroïstes concluaient à la nécessité d'une Terre immobile au centre du Monde.

D'ailleurs, le lien que ces arguments prétendaient établir entre la rotation uniforme d'une orbite céleste et la présence d'un corps immobile au centre de cette orbite n'existe manifestement pas : « Selon les astronomes, l'épicycle tourne autour de son propre centre ; et cependant, en ce centre, il n'existe aucun corps immobile ; la masse sphérique de l'épicycle se meut en son entier. » Les Péripatéticiens et les Averroïstes prétendaient opposer au système de Ptolémée la proposition qu'ils se flattaient d'avoir démontrée ; le système de Ptolémée est invoqué maintenant pour condamner cette proposition.

Il est donc faux de prétendre que la rotation du Ciel exige la présence, au centre du Monde, d'une Terre immobile par rapport à laquelle la position du Ciel puisse changer d'un instant

(1) ALBERTI DE SAXONIA *Quæstiones in libros de Cælo et Mundo ;* in lib. IV quæst. **X.**

à l'autre. « La Terre et le Ciel pourraient se mouvoir tous deux, et cependant, bien que la Terre ne fût pas en repos, la position du Ciel par rapport à la Terre changerait d'instant en instant. C'est seulement dans le cas où la Terre et le Ciel tourneraient dans le même sens et avec la même vitesse angulaire de rotation que la position du Ciel par rapport à la Terre demeurerait invariable. »

Parmi les arguments qui, du mouvement du Ciel, concluent au repos de la Terre, il en reste un auquel Albert de Saxe déclare donner son approbation plutôt qu'à tous les autres ; c'est l'argument proposé par Jean de Jandun : La génération et la corruption des êtres sublunaires exigent que la situation du Ciel par rapport à la Terre change d'instant en instant ; puis donc que le Ciel se meut, il faut que la Terre demeure immobile. « Mais, ajoute Albert, il n'est pas nécessaire pour cela qu'elle demeure immobile d'une manière absolue ; il suffit qu'elle ne tourne pas dans le même sens que le Ciel et avec la même vitesse angulaire de rotation. »

D'aucune manière donc le mouvement du Ciel ne requiert l'immobilité de la Terre ; si la Terre est immobile, son repos doit être prouvé par d'autres raisons.

La théorie péripatéticienne et averroïste qu'Albert vient de rejeter s'était doublée, au Moyen-Age, d'une autre théorie qui lui était fort semblable et qui prétendait la supplanter.

Guidés par certains passages de l'Écriture, bon nombre de théologiens voulaient, au-delà des divers cieux mobiles qu'avaient imaginés les astronomes, poser un dernier Ciel immobile ; Isidore de Séville, Bède le Vénérable, Raban Maur, le Pseudo-Bède, saint Anselme, Pierre Lombard, avaient admis cette supposition. A l'appui de cette opinion théologique, plusieurs avaient cherché des raisons physiques ; Michel Scot, Guillaume d'Auvergne, saint Bonaventure et Vincent de Beauvais avaient ouvert cette voie. Certains physiciens, embarrassés par la « grande question » du lieu de la neuvième sphère, pensèrent en trouver la solution en recourant à cette dixième sphère immobile ; cet « Empyrée », ce « Ciel aqueux », enveloppant la dernière orbite, lui fournissait un lieu ; il était le terme fixe auquel pouvaient être rapportés les mouvements des cieux ; il assurait la fixité aux deux pôles autour desquels tournaient tous les autres orbes.

Il semble que cette théorie eût déjà cours au temps de saint Bonaventure et que quelques paroles de celui-ci (1) fissent allusion au rôle de lieu universel attribué à l'Empyrée ; il en parle, en effet, comme d'un orbe immobile « qui est contenant et non contenu ».

En tous cas, la doctrine dont il s'agit est nettement formulée en la *Théorie des planètes* que Campanus de Novare rédigea à la demande du pape Urbain IV (2). Voici en quels termes s'exprime le savant astronome que ce pape avait pris pour chapelain :

« Au-delà de la surface convexe de ce neuvième orbe, y a-t-il quelque autre chose, une autre sphère par exemple ? Cette conclusion ne s'impose pas par nécessité de raison. Mais, instruits par la foi, acquiesçant avec respect à l'opinion des saints docteurs de l'Église, nous confesserons qu'au-delà de ce neuvième ciel se trouve l'Empyrée, où est la demeure des bons esprits. »

L'Empyrée est-il le dixième ciel, directement contigu à la neuvième orbite ? Entre cette orbite et l'Empyrée, faut-il placer un ciel aqueux, ce qui attribuerait au ciel suprême le onzième rang ? Campanus hésite entre ces deux partis. Mais c'est avec assurance qu'il formule la conclusion suivante :

« Au-delà de la surface convexe de l'Empyrée, il n'y a rien ; elle est la limite suprême de toutes les choses corporelles, la surface la plus éloignée du centre commun de toutes les sphères, c'est-à-dire du centre de la Terre. C'est pourquoi elle est le lieu général et commun de toutes les choses qui sont contenues, car elle contient toutes choses, et rien d'étranger ne la contient. »

---

(1) Celebratissimi Patris Domini BONAVENTURÆ, DOCTORIS SERAPHICI, Ordinis Minorum, *In secundum librum Sententiarum disputata :* Secunda pars ; libri secundi distinctionis XIV pars quarta ; questio III : Utrum conveniat alicui orbi moveri absque stellis ?

(2) Cet écrit porte le titre : *Opus* CAMPANI *de modo adæquandi planetas, sive de quantitatibus motuum cælestium, orbiumque proportionibus, centrorumque distantiis, ipsorumque corporum magnitudinibus,* dans le ms. n° 7298 du fonds latin de la Bibliothèque nationale ; dans le n° 7401 du même fonds, il est simplement désigné par ces mots : *Theorica planetarum* CAMPANI. Le passage qui nous intéresse en ce moment se trouve au deuxième chapitre après le *Procemium.*

Ces derniers mots : « *Omnia continens et a nullo alio contenta* » reproduisent presque textuellement la formule dont avait usé saint Bonaventure.

Déjà Duns Scot, en ses *Quæstiones quodlibetales* (1), avait mis à nu l'inanité d'une telle théorie : « Dire que la dernière sphère ne se meut point, ce serait affirmer qu'elle ne se meut point du mouvement local dont elle est capable ; mais de quel mouvement local serait-elle capable si elle n'est en aucun lieu ? » L'hypothèse d'un Empyrée immobile recule, sans la résoudre, la difficulté relative au lieu de l'orbe suprême ; tel est le corollaire naturel de la remarque que nous venons d'emprunter au Docteur Subti!.

Comme son maître Jean Duns Scot, Jean le Chanoine fait à cette théorie une brève, mais formelle allusion (2) : « La question du lieu du premier mobile donne lieu à des difficultés chez les philosophes, mais non chez les théologiens ; selon les philosophes, en effet, le premier mobile n'est entouré par aucun corps, mais il les contient tous ; selon la foi, au contraire, il est entouré par l'Empyrée. » Fort judicieusement, Jean Marbres ajoute : « Mais la difficulté que rencontrent les philosophes pour donner un lieu au premier mobile, la foi la retrouve lorsqu'il s'agit d'attribuer un lieu à l'Empyrée ; en effet, bien que ce ciel ne se meuve pas, Dieu pourrait le mouvoir ; et cependant, au cours de ce mouvement, il ne serait contenu par aucun corps. »

Albert de Saxe, qui rejette (3) comme Jean le Chanoine l'hypothèse d'un dixième Ciel immobile, nous fait connaître les raisons invoquées par les partisans de cette supposition : « Tout corps qui se meut du mouvement local doit être par lui-même *(per se)* en un lieu ; la dernière sphère étant, par elle-même, en mouvement, doit être en un lieu par elle-même ; or, cela ne serait point s'il n'existait au-dessus d'elle une sphère immobile qui la contînt ; le lieu, en effet, est la partie

---

(1) J. DUNS SCOTI *Quæstiones quodlibetales ;* quæst. XI.

(2) JOANNIS CANONICI *Quæstiones super VIII libros Aristotelis de physica auscultatione ;* in lib. IV quæst. II.

(3) ALBERTI DE SAXONIA *Quæstiones in libros de Cælo et Mundo ;* in lib. II quæst VIII.

ultime du corps contenant, et le lieu doit être immobile ; il
faut donc qu'au-delà de toutes les sphères mobiles, il existe une
sphère fixe.

« Certains physiciens, il est vrai, prétendent résoudre d'une
autre manière la même difficulté ; ils disent que ce qui assure
un lieu à l'orbe suprême, c'est sa position par rapport à la
Terre. Mais cette solution est sans valeur ; par rapport à l'orbe
suprême, la Terre ne possède nullement les propriétés qui
conviennent au lieu ; elle ne contient pas le corps logé, elle ne
lui est pas égale, etc. En outre, le mouvement naturel doit être
ordonné au lieu et à la nature de ce lieu ; or, d'aucune manière,
le mouvement naturel du Ciel n'est déterminé par la Terre.

« Aucun corps qui, par lui-même, soit mobile n'a, en soi, son
appui fixe ; il lui faut, hors de lui, un corps immobile qui lui
fournisse cet appui fixe, comme on le voit au livre *Du mouvement des animaux ;* mais les orbes célestes ne peuvent trouver
en la Terre le principe qui les fixe ; ce serait plutôt l'inverse
qui serait vrai ; il faut donc, au nombre des orbes célestes,
placer un Ciel immobile, d'où tous les autres tirent leur
fixité. »

Telles sont les raisons qu'invoquaient les partisans de l'hypothèse nouvelle pour la substituer à l'hypothèse d'Aristote et
d'Averroès ; mais les arguments par lesquels Albert de Saxe a
ruiné celle-ci sont tout aussi forts pour renverser celle-là. Le
premier mobile se meut sur place, d'un mouvement de rotation,
sans que sa fixité ait besoin d'aucun support extrinsèque, que
ce support soit la Terre ou l'Empyrée ; s'il n'a aucun mouvement de translation, il le doit « à sa nature et à la volonté de
Dieu ».

XIV

L'ÉCOLE DE PARIS : MARSILE D'INGHEN. GEORGES DE BRUXELLES
PIERRE D'AILLY. NICOLAS DE ORBELLIS. PIERRE TATARET

Jean de Jandun avait proposé une théorie du lieu et du mouvement local qui était un retour vers la doctrine averroïste ;

il avait tenté de détourner la philosophie scolastique de la voie où saint Thomas d'Aquin l'avait engagée, où Scotistes et Occamistes l'avaient, à l'envi, fait progresser. Condamnée par Albert de Saxe cette tentative ne semble pas avoir eu de succès dans l'Université de Paris. Sans souci de l'opinion averroïste, les docteurs de la maison de Sorbonne et les maîtres ès arts de la rue du Fouarre partageaient leurs faveurs entre la doctrine scotiste et la doctrine occamiste.

Ces deux doctrines avaient, d'ailleurs, une partie commune de très grande importance.

Sur la nature même du lieu, la pensée des disciples de Duns Scot était en opposition avec celle des Terminalistes.

Pour les premiers, la surface du corps contenant était une réalité distincte de ce corps lui-même ; cette réalité servait de support, de sujet à une certaine entité qui constituait le lieu. Pour les seconds, la surface n'avait aucune réalité indépendante du corps ; le lieu n'était pas une entité surajoutée à cette surface, mais une indication supplémentaire ; en réalité, le corps, la surface et le lieu n'étaient qu'une seule et même chose.

Profondément divisés en ce qui concerne la nature du lieu, les Scotistes et les Occamistes se trouvaient unis en une même doctrine lorsqu'il s'agissait de préciser le rôle que le lieu joue dans le mouvement local ; au sujet de l'immobilité du lieu, de la localisation de l'orbite suprême, du rapport qu'a l'immobilité de la Terre au mouvement du Ciel, ils exprimaient les mêmes pensées dans les mêmes termes. Partis de deux Métaphysiques différentes et, pour ainsi dire, opposées, ils aboutissaient aux mêmes conséquences dans le domaine de la Physique et de l'Astronomie.

Parmi les maîtres de l'Université de Paris, les uns, au sujet de la théorie du lieu, adoptèrent la doctrine occamiste, les autres la doctrine scotiste ; certains d'entre eux, même, et non des moindres, purent hésiter entre ces deux doctrines et donner leur assentiment tantôt à l'une et tantôt à l'autre ; l'un des plus illustres, à la fin du xiv⁰ siècle, Marsile d'Inghen, fut successivement, en cette question, disciple d'Occam, puis de Duns Scot.

De Jean Marsile d'Inghen nous avons deux écrits sur la Physique.

Professeur en vogue, dont les auditeurs étaient trop nombreux pour la salle de cours, Marsile s'est attaché à écrire des livres qui fussent de véritables manuels scolaires. Ces *Abrégés* — c'est ainsi qu'il les intitulait — portaient sur les diverses parties de la philosophie péripatéticienne. De ces *Abrégés,* un seul nous est parvenu ; c'est celui (1) où sont exposés les « livres de Physique tels qu'on a coutume de les enseigner à Paris ». Mais, au début de cet écrit, l'auteur nous apprend qu'il forme le second tome de ses *Abrégés,* dont le premier tome a été, déjà, rendu public ; et, au cours même de l'ouvrage, il cite (2) les *Abrégés* du *De anima* et des *Seconds Analytiques.*

A la Physique d'Aristote, Marsile a consacré un autre ouvrage ; celui-ci se compose d'une série de questions (3) rédigées sur le modèle des questions d'Albert de Saxe, où la Physique est traitée « selon la méthode des Nominalistes ».

Que l'*Abrégé* et les *Questions* soient bien du même auteur,

(1) *Incipiunt subtiles doctrinaque plene Abbreviationes libri Phisicorum* edite a prestantissimo philosopho Marsilio Inguen doctore Parisiensi. (Cet ouvrage ne porte aucune indication typographique ; dans son *Repertorium bibliographicum,* Hain le range au nombre des incunables. Les feuillets ne sont pas paginés.)

(2) Marsile d'Inghen, *Op. cit.,* fol. signé *b,* col. *d.*

(3) *Quæstiones subtilissime* Johannis Marcilii Inguen *super octo libros Physicorum secundum nominalium viam,* cum tabula in fine libri posita ; suum in lucem primum sortiuntur effectum. — Colophon : Expliciunt quæstiones super octo libros Physicorum magistri Johannis Marcilii Inguen secundum nominalium viam. Impressæ Lugduni per honestum virum Johannem Marion. Anno Domini MCCCCCXVIII, die vero XVI mensis Julii. Deo gratias.

Au XVII° siècle, alors qu'elles étaient déjà imprimées depuis près d'un siècle, ces *Questions* que tous les témoignages attribuaient à Marsile d'Inghen furent tout à coup attribuées à Duns Scot dans l'écrit suivant : Jo. Duns Scoti, Doctoris Subtilis, *in VIII lib. Physicorum Aristotelis Quæstiones et Expositio,* in celeberrima et pervetusta Parisiensium Academia ab ipso Authore publice ex cathedra perlectæ, nunc primum ex antiquissimo manuscripto exemplari abstersis omnibus mendis in lucem editæ et accuratis annotationibus illustratæ, a R. Adm. P. F. Francisco de Pitigianis Arretino, Ord. Minorum de Observantia Provinciæ Tusciæ, olim Sereniss. Ferdinandi Gonzagæ Mantuæ et Montisferrati Ducis Theologo, Suæq. Serenissimæ Dominationi ac ipsomet vivente dicatæ. Venetiis, MDCXVII, apud Joannem Guerilium.

L'*Exposition* et les *Questions* sont insérées au tome II des *Opera omnia* de Duns Scot, dont les huit volumes parurent à Lyon, chez Laurent Durand, en 1639 ; elles y portent ce titre :

R. P. F. Joannis Duns Scoti, Doctoris Subtilis, Ordinis Minorum, *dilucidissima expositio et quæstiones in octo libros Physicorum Aristotelis.*

Mais elles y sont précédées d'une *Censura,* due au savant P. Luc Walding, où il est prouvé que ces *Questions* ne sont pas de Duns Scot, qu'elles se rattachent à l'École Nominaliste de Paris, et où Marsile d'Inghen est cité comme un de leurs auteurs probables.

on n'en saurait douter. Sur tous les points essentiels, les mêmes conclusions y sont soutenues par les mêmes arguments et, bien souvent, presque dans les mêmes termes. Certaines nuances, cependant, distinguent ces deux ouvrages l'un de l'autre. En l'un comme en l'autre, Marsile d'Inghen se montre disciple de l'École Terminaliste Parisienne ou, pour parler exactement, d'Albert de Saxe. Mais, dans l'*Abrégé*, la fidélité du disciple va jusqu'à la servilité ; son écrit ressemble bien souvent à un extrait des *Questions* composées par Albert de Saxe. En ses *Questions*, au contraire, Marsile d'Inghen marque une plus grande indépendance ; le plus souvent encore les titres des *Questions*, l'ordre dans lequel chacune d'elles est traitée, sont empruntés à Albertutius ; mais les conclusions soutenues par le disciple ne sont pas toujours celles du maître ; celles-là, quelquefois, s'opposent directement à celles-ci. Il semble que l'*Abrégé* soit l'œuvre d'un commençant trop timide pour oser changer quoi que ce soit à l'enseignement reçu ; les *Questions* nous révèlent un philosophe plus mûr et plus sûr de lui, qui ose proposer des solutions nouvelles ou reprendre celles que ses initiateurs avaient rejetées.

Ce que Marsile d'Inghen dit du lieu, en son *Abrégé de Physique*, n'est rien qu'un résumé fidèle de la doctrine d'Albert de Saxe.

« Le mot : lieu (1) peut être pris de deux manières, au sens propre ou au sens vulgaire. Au sens propre, le lieu est la surface interne du corps contenant, immédiatement contiguë au corps contenu. Au sens vulgaire, le lieu désigne l'objet immobile ou l'objet mû d'un autre mouvement qui sert, à titre de terme de comparaison, à percevoir qu'un certain corps est en mouvement... »

« Le lieu proprement dit n'est pas une surface sans profondeur... Toute surface a profondeur. Il en résulte qu'un corps quelconque a une infinité de lieux proprement dits ; en effet, chaque couche superficielle découpée dans le corps contenant et contiguë au corps contenu constitue un tel lieu proprement dit ; or, il y a une infinité de telles couches superficielles ; on

---

(1) MARCILII INGUEN *Abbreviationes libri Physicorum*, fol. signé *d 3*, coll. c et d.

peut prendre le dernier tiers du corps contenant, celui qui touche immédiatement le contenu, ou le dernier quart, ou le dernier millième, et ainsi sans fin. »

Cette doctrine est bien celle de Guillaume d'Occam et d'Albert de Saxe. Marsile d'Inghen, qui l'adopte en son *Abrégé de Physique,* la rejette en ses *Questions* (1) :

« Au sujet de ce problème, dit-il, il y a deux opinions.

« La première opinion admet que la surface n'est pas une chose réelle, indivisible en profondeur, qui diffère du corps ; que la surface, c'est le corps lui-même que l'on considère et que l'on mesure seulement selon deux dimensions. Ceux qui admettent cette opinion disent que le lieu, c'est le corps contenant considéré en celles de ses parties qui touchent le contenu ; lorsqu'ils définissent le lieu comme étant le terme ultime du contenant, ils entendent par là la dernière partie du contenant du côté du corps contenu. De ce principe, ils concluent qu'un même corps a une infinité de lieux ; pour un même corps contenu, en effet, le dernier tiers du contenant est un lieu, et aussi le dernier quart, et le dernier centième, et ainsi de suite à l'infini...

« La seconde opinion admet que la surface est une chose réelle, indivisible en profondeur, ayant seulement longueur et largeur ; elle admet que la ligne et la surface sont choses distinctes du corps.

« Je crois cette seconde opinion plus vraie que la première, car elle concorde mieux avec les dires des mathématiciens, et aussi avec ce que le Philosophe a écrit au sixième livre des Physiques. Il ne faut donc pas supposer que le lieu soit un corps, mais bien la surface d'un corps. »

Cette conclusion est conforme aux doctrines de Duns Scot et de Walter Burley.

D'ailleurs, Marsile d'Inghen ne suit pas plus avant la voie tracée par les Scotistes ; il ne fait pas du lieu une entité superposée à la surface du corps contenant ; strictement fidèle à l'enseignement d'Albert de Saxe, il admet que le lieu a, avec

---

(1) Johannis Marcilii Inguen *Quæstiones super VIII libros Physicorum :* in lib. IV quæst. III : Utrum locus sit ultima superficies corporis continentis.

la surface, même rapport que la passion avec son sujet ; mais il entend simplement par là que l'expression. : *lieu* désigne quelque chose de plus que l'expression : *surface,* en ce qu'elle implique l'idée de contenance à l'égard du corps logé.

Nous venons de signaler une divergence entre la théorie que les *Questions* exposent et celle que l'*Abrégé* résume ; elle est la seule que l'on puisse relever entre les passages que ces deux ouvrages consacrent au lieu ; elle est aussi la seule qui sépare, à ce sujet, l'enseignement de Marsile d'Inghen de celui d'Albert de Saxe ; hors ce point, l'accord est parfait entre ces deux enseignements, si parfait qu'il serait oiseux d'analyser ici ce que le disciple répète, après le maître, en des questions auxquelles il a précisément donné les titres et imposé l'ordre qu'Albertutius avait adoptés pour ses propres questions.

Contentons-nous d'indiquer une précision ajoutée par Marsile aux propositions formulées par son prédécesseur.

Albert de Saxe a déclaré à plusieurs reprises que le mouvement d'un corps ne supposait aucunement l'existence concrète d'un corps extrinsèque immobile ; pour que le corps soit en mouvement, il suffit que sa manière d'être subisse un changement intrinsèque.

D'autre part, il est bien certain que nous ne pouvons imaginer ce changement, si ce n'est comme un changement de position par rapport à un certain terme de comparaison regardé comme immobile. L'opinion soutenue par Albert de Saxe consiste donc à affirmer que ce terme de comparaison n'a pas besoin d'exister d'une manière actuelle et concrète, qu'une existence abstraite lui suffit. Mais cette opinion ne nie pas que tout mouvement suppose la possibilité de concevoir un terme de comparaison idéal auquel notre raison rapporte les positions du mobile. Albert de Saxe avait négligé de donner, à ce sujet, les indications qu'avaient déjà fournies Guillaume d'Occam et Walter Burley.

Ces indications, Marsile d'Inghen les reprend avec plus d'insistance que ses prédécesseurs : « On dit qu'un corps se meut de mouvement local, écrit-il (1), lorsqu'il change d'instant en

---

(1) Marsile d'Inghen, *Op. cit.,* in lib. IV quæst. III.

instant sa position d'ensemble ou celle de ses parties par rapport à un autre corps immobile ou, du moins, lorsqu'il se comporte de telle sorte qu'il changerait sa position par rapport à un corps immobile, s'il en existait un. »

Marsile, d'ailleurs, a bien compris l'importance de cette restriction, car il la formule une seconde fois (1), presque dans les mêmes termes : « Pour qu'un corps puisse se mouvoir de mouvement local, il n'est pas nécessaire qu'il soit en un lieu ; il suffit qu'il ait, à chaque instant, une position différente de celle qu'il avait auparavant, cette position étant rapportée à un objet immobile ; ou, du moins, ce corps se comporterait différemment, d'un instant à l'autre, par rapport à un objet immobile, s'il existait un tel objet ; je dis cela pour le cas où l'on supposerait que l'Univers entier se meut soit d'un mouvement de translation, soit d'un mouvement de rotation. »

On ne peut donc concevoir le mouvement local d'un corps sans concevoir un repère fixe auquel on rapporte à chaque instant la position de ce corps ; mais, pour que le mouvement en question puisse se réaliser, il n'est pas nécessaire que le terme de comparaison, immobile, existe d'une manière actuelle et concrète. Ce principe fondamental, posé dans l'Antiquité par Simplicius, est repris au xiv° siècle par les Terminalistes parisiens les plus célèbres, par Guillaume d'Occam, par Walter Burley, par Albert de Saxe, par Marsile d'Inghen.

Toutefois, en cette même École de Paris, il se rencontre des philosophes qui ne veulent point renoncer à l'opinion d'Averroès ; ils pensent que tout mouvement local réel requiert un terme de comparaison fixe dont l'existence ne soit pas purement idéale, qui se trouve réalisé d'une manière actuelle et concrète en l'un des corps de l'Univers.

Parmi ceux-ci il en est, comme Jean de Jandun, qui demeurent fidèles jusqu'au bout à la doctrine du Commentateur et qui attribuent à la Terre ce rôle de repère fixe de tous ces mouvements locaux. Il en est d'autres qui placent ce terme immobile dans l'Empyrée qu'ont imaginé certains théologiens. Nous

---

(1) Marsile d'Inghen, *Op. cit.*, in lib. IV quæst. VII : Utr. omne ens sit in loco.

avons vu saint Bonaventure et Campano de Novare formuler cette hypothèse ; nous avons entendu Jean le Chanoine mentionner cette théorie et signaler ce qu'elle a d'illusoire ; nous avons entendu également Albert de Saxe l'exposer en détail et la réfuter.

De cette hypothèse, Marsile d'Inghen fait une brève mention (1) lorsqu'il examine si la dernière sphère céleste est en un lieu : « Il est une opinion selon laquelle il n'y aurait pas de dernière sphère ; au-delà de la huitième sphère, ou de la neuvième si l'on en compte neuf, il y aurait une sphère infinie immobile. » Sans doute, Marsile n'attachait pas grand prix à cette opinion, car après l'avoir mentionnée, il néglige de la discuter et de dire ce qu'il en pense.

Georges de Bruxelles n'est guère connu que par un commentaire au *Summulæ logicales* de Pedro Juliani (*Petrus Hispanus*), commentaire qui eut, au début de l'imprimerie, un assez grand nombre d'éditions. On sait qu'il a enseigné à Paris vers l'an 1420, et ses doctrines se montrent, en général, fort respectueuses de celles qu'Albert de Saxe avait professées. Il semble être le véritable auteur de *Questions sur les Météores d'Aristote* qui, dès le xv⁰ siècle, par une erreur manifeste, étaient souvent attribuées à Jean Buridan (2).

En cet écrit l'auteur, à l'imitation d'Albert de Saxe, étudie à plusieurs reprises les petits mouvements que la Terre peut éprouver et les déplacements lents qui en résultent pour les océans et pour la terre ferme. Pour parler logiquement de ces mouvements, il lui faut bien les rapporter à un repère fixe, et ce repère ne saurait être la Terre dont il se propose précisément d'analyser les déplacements. Il prend donc pour terme fixe un ciel *réel* ou *possible,* qui peut être l'Empyrée ou tout autre ciel ; c'est à ce *cælum quiescens* qu'il rapporte constamment la position de la terre et des mers : « Afin d'éviter toute chicane (3), comme nombre de parties de la terre peuvent se

---

(1) MARSILE D'INGHEN, *Op. cit.*, in lib. IV, quæst. VII.

(2) Nous avons consulté ces *Questions* dans le texte suivant : *Questiones super tres primos libros Metheororum et super majorem partem quarti a* MAGISTRO JO. BURIDAM ; Bibliothèque nationale, fonds latin, ms. nᵒ 14723 (Ancien fonds Saint-Victor, ms. nᵒ 712).

(3) GEORGII DE BRUXELLA *Questiones in libros Metheororum*, in lib. I, quæst. XXI ; ms. cit., fol. 202, col. b.

mouvoir ou être engendrées, je fais cette hypothèse, qui est véritable ou simplement possible (*pono ymaginationem possibilem vel veram*), à savoir qu'il existe un ciel constamment immobile, que ce soit l'Empyrée ou un autre ciel... »

C'est l'emploi de ce ciel immobile, réel ou fictif, qui permet à Georges de Bruxelles de formuler des énoncés tels que celui-ci (1) : « Si l'on admet que l'Océan recule constamment d'un côté tandis qu'il avance de l'autre, il faut changer sans cesse la position du méridien moyen de la terre habitable par rapport au ciel que l'on a supposé immobile (*in ordine ad cælum ymaginatum quiescens*). »

Un tel emploi d'un ciel immobile, réel ou simplement conçu, auquel se peuvent rapporter même les mouvements de la terre est très exactement conforme aux principes posés par les docteurs les plus éminents de l'École nominaliste, par Guillaume d'Occam, par Albert de Saxe, par Marsile d'Inghen. Il ne saurait être confondu avec l'opinion qui a été professée par Campano de Novare, combattue par Duns Scot et Jean le Chanoine, traitée avec dédain par Albert et par Marsile.

Cette opinion, qui semble avoir été repoussée, au xive siècle, par les maîtres les plus autorisés de l'Université de Paris, trouva, au voisinage de l'an 1400, un puissant défenseur; ce défenseur était l'*Aigle de France*, l'évêque de Cambrai, le cardinal Pierre d'Ailly.

En une (2) de ses *Quatorze questions sur la Sphère de Sacro-Bosco*, qui ont eu une si grande vogue et, sur l'enseignement de l'Astronomie, une si puissante influence, Pierre d'Ailly se demande combien on doit compter d'orbes célestes :

« Au-delà des sphères mobiles, il faut probablement poser une sphère immobile. Plusieurs raisons nous en peuvent persuader. Voici la première : On suppose, tout d'abord, qu'un corps qui se meut de mouvement local change de lieu soit dans son ensemble, soit par ses parties..... Il en résulte que tout corps qui se meut de mouvement local est en un lieu, faute de

---

(1) Georges de Bruxelles, *loc. cit.*, fol. 204, col. a.

(2) Reverendissimi Domini Petri de Aliaco, Cardinalis et Episcopi Cameracensis, Doctorisque celebratissimi, *Quatuordecim quæstiones in Sphæram Johannis de Sacro-Bosco* : quæst. II : Utrum sint præcise 9 sphæræ cælestes et non plures nec pauciores.

quoi il n'en pourrait changer. Ces principes posés, on raisonne de la manière suivante : Par hypothèse, toute sphère mobile se meut de mouvement local ; donc, selon le premier principe, elle change de lieu soit dans son ensemble, soit par ses parties ; donc aussi, selon le second principe, elle est en un lieu ; partant, chacune des sphères mobiles doit être en un lieu ; elle ne saurait y être par la sphère qui lui est inférieure, car le lieu doit entourer le corps logé ; chaque sphère mobile doit donc être logée par une sphère qui lui soit supérieure, en sorte qu'au-delà des sphères mobiles, il doit exister une autre sphère qui demeure en repos. »

Cette théorie, qui assignait pour lieu à tous les corps du Monde une enceinte absolument fixe et les contenant tous, semblait être, d'ailleurs, l'aboutissant naturel des tendances aristotéliciennes ; dans l'exposé que le Stagirite nous a laissé de ses opinions sur le mouvement et le lieu, on perçoit à chaque instant une sorte de gêne, d'où naissent des obscurités et des illogismes ; et cet embarras du Philosophe provient de l'impossibilité où il se trouve, par l'effet même de ses doctrines astronomiques, de rencontrer aux bornes du Monde une sphère rigide et absolument fixe.

En dépit des critiques formulées par Jean le Chanoine et par Albert de Saxe contre l'hypothèse d'un Empyrée immobile servant de lieu à l'orbite suprême, la grande autorité de Pierre d'Ailly et la vogue des *Quatorze questions* allaient donner un regain de crédit à cette hypothèse théologique, que l'on prenait le plus souvent pour un article de foi.

Nicolas *de Orbellis* ou *Dorbellus* était franciscain ; né à Angers, il enseigna à l'Université de Poitiers ; il mourut en 1455.

On lui doit un manuel très concis où sont brièvement exposés et commentés les divers écrits philosophiques d'Aristote (1).

Les commentaires de Nicolas de Orbellis sont composés

(1) *Cursus librorum philosophie naturalis venerabilis magistri* NICOLAI DE ORBELLIS, *ordinis minorum, secundum viam Doctoris Subtilis Scoti.* Colophon : Expliciunt libri Ethicorum Basilee impressi : Anno incarnationis domini MCCCCCIII. — Cet écrit comprend huit parties qui portent les titres suivants : *Mathematica ; Phisica ; De Celo et Mundo ; De generatione et corruptione ; Metheora ; De anima ; Metaphisica ; Ethica.*

secundum viam Doctoris Subtilis Scoti. On ne s'étonnera donc pas que la théorie du lieu (1) qui s'y trouve développée ne soit qu'un résumé des idées éparses dans les ouvrages de Duns Scot. Le professeur de Poitiers insiste, en particulier, sur cette proposition : Un corps immobile, plongé dans un milieu mobile, change sans cesse de lieu ; mais tous ces lieux successifs sont équivalents.

Relativement au lieu de la huitième sphère, bien qu'il cite seulement l'opinion d'Aristote, c'est à celle d'Averroès qu'il s'arrête, car il formule ainsi sa conclusion : « On doit assigner un lieu à la sphère en tant qu'elle est autour de quelque chose, autour du milieu ou du centre. On dit donc bien en déclarant que le ciel est en lieu parce que son centre est en un lieu. »

Cette conclusion ne contredit pas aux opinions de Duns Scot ; cependant, elle ne les reflète pas d'une manière particulièrement nette.

Nicolas de Orbellis y joint cette proposition : « Il faut noter, toutefois, que, selon la foi, le premier mobile est en lieu *per se*, car, au delà, se trouve le ciel Empyrée, dont les philosophes n'ont point eu connaissance : quant au ciel Empyrée, il n'est point en un lieu, car, au delà, il n'y a rien. »

Ce passage, trop concis pour être clair, paraît contenir une adhésion à la théorie de Campano de Novare et de Pierre d'Ailly ; l'Empyrée n'est en aucun lieu, mais l'auteur semble admettre que ce ciel n'a pas besoin d'être logé, car il est immobile. Si telle est bien sa pensée, elle tombe sous les coups de la très perspicace critique de Duns Scot, dont Nicolas de Orbellis se montre ici disciple fort infidèle.

Pierre d'Ailly inaugurait le xve siècle, en la première moitié duquel professait Nicolas de Orbellis ; c'est vers la fin de ce même siècle que le Parisien Pierre Tataret compose ses commentaires aux divers écrits d'Aristote (2) ; la Scolastique est

---

(1) Nicolas de Orbellis, *Op. cit., Physicorum* lib. IV, cap. I.

(2) *Commentarii* Magistri Petri Tatareti *in libros Philosophie naturalis et Metaphysice Aristotelis* — ou bien : Petri Tatareti *clarissima singularisque totius Philosophie necnon Metaphisice Aristotelis expositio* — ou bien encore : *Commentationes* Petri Tatareti *in libros Aristotelis secundum Subtilissimi Doctoris Scoti*

alors à son déclin; les manuels qui prétendent condenser en un seul volume toute la sagesse humaine vont se multipliant; mais ces manuels ne contiennent plus que de médiocres copies, que des abrégés desséchés des livres produits, aux siècles précédents, par les grands penseurs de l'École; c'est en vain que l'on y cherche les idées originales et fécondes.

Encore que Pierre Tataret, en maint chapitre de son œuvre, subisse l'influence des doctrines terminalistes, il est avant tout Scotiste; il l'est, en particulier, lorsqu'il développe la théorie du lieu (1); ce qu'il en dit n'est guère qu'un résumé des *Questions* de Jean le Chanoine.

Inspiré par Jean le Chanoine, il distingue (2) deux sens du mot : lieu. Au sens matériel (*pro per se denominato*), le lieu est la surface extrême du corps contenant; au sens formel (*pro per se significato*), le lieu est identique à l'*ubi* actif; c'est un certain rapport qu'a, au corps logé, la surface interne du corps ambiant.

Il s'écarte toutefois, et sans doute par inadvertance, de son modèle, lorsqu'il déclare que cet *ubi* actif est ce qui s'acquiert par le mouvement local; Jean Marbres, au contraire, fidèle disciple de Duns Scot, a enseigné que les termes du mouvement local appartenaient à la catégorie de l'*ubi* passif, attribut du corps logé et non point de la matière ambiante.

Au sens matériel (3), le lieu, surface du corps contenant, est assurément mobile par accident. Mais le lieu formel, la *ratio loci*, est incapable de mouvement local, tant par soi que par accident; en revanche, ce lieu formel est susceptible de génération et de corruption; en outre, ce lieu formel possède l'immobilité par équivalence. Ces propositions, au moyen desquelles Pierre Tataret résume son opinion sur l'immobilité du lieu, sont également le résumé de ce que Jean le Chanoine enseignait à ce sujet.

---

sententiam. Selon le *Repertorium bibliographicum* de Hain, sept éditions de ce manuel existaient avant l'an 1500 ; elles continuèrent à se multiplier pendant le premier tiers du xvie siècle.

(1) *Commentarii* Magistri PETRI TATARETI *in libros Philosophie naturalis et Metaphysice Aristotelis:* in lib. IV Physicorum quæstio prima.

(2) PIERRE TATARET, *loc. cit.,* quæst. I et quæst. III.

(3) PIERRE TATARET, *loc. cit.,* quæst. IV.

Comme Duns Scot et tous ses disciples, Tataret distingue (1) deux sortes de mouvements locaux : le mouvement *ad locari*, qui est celui de la plupart des corps, et le mouvement *ad locare*, qui est celui de l'orbe suprême. Une des propositions qu'il énonce est digne de remarque : « Nous ne disons pas qu'un corps se meut, à proprement parler, de mouvement local, à moins qu'il ne s'approche ou ne s'éloigne d'un objet immobile que nous imaginons ou que nous supposons. » Tataret n'admet donc pas que ce terme de comparaison doive jouir d'une existence réelle et concrète. En cela, sa pensée s'accorde avec la commune tradition des Scotistes et des Occamistes.

Lorsqu'il vient à parler du lieu de l'orbe suprême (2), il ne subit plus seulement l'influence de cette tradition ; il semble aussi éprouver certaines tendances émanées de Pierre d'Ailly. « Autre chose est de parler de la sphère suprême selon l'esprit d'Aristote, autre chose est d'en parler selon la vérité et la foi. Aristote enseignait que la huitième sphère était la dernière ; mais cela n'est point exact, car au-delà de cette sphère, les théologiens en placent trois autres ; c'est la onzième qu'ils nomment la dernière sphère et la sphère immobile, et qu'ils déclarent être le Paradis. Selon la vérité, la dernière sphère n'est en aucun lieu et elle est immobile ; mais si l'on entend parler de l'orbite ultime dans le sens où Aristote parlait de la huitième sphère, on peut dire qu'elle est en un lieu, car elle est apte à loger d'autres corps, bien qu'elle ne puisse elle-même être logée. »

Transmise à Pierre Tataret par saint Bonaventure, par Campano de Novare, par Pierre d'Ailly, l'hypothèse qui fait d'une sphère suprême immobile le lieu de tous les corps sera reprise par Copernic.

(1) Pierre Tataret, *loc. cit.*, dub. primum.
(2) Pierre Tataret, *loc. cit.*, dub. III.

XV

LA THÉORIE DU LIEU DANS LES UNIVERSITÉS ALLEMANDES. CONRAD SUMMENHARD. GRÉGOIRE REISCH. FRÉDÉRIC SUNCZEL

A la fin du xvᵉ siècle, on voit paraître, en assez grand nombre, les traités de Philosophie nés au sein des Universités Allemandes ; mais, en général, l'enseignement de ces Universités n'a pas pris encore de forme originale. Les maîtres qui ont présidé à la création de ces écoles étaient, bien souvent, d'anciens élèves de l'Université de Paris ; ils ont apporté avec eux, en terre germanique, les doctrines et les formes d'exposition qui avaient vogue à Paris ; et pendant de longues années, les leçons données à Heidelberg, à Tubingue ou à Ingolstadt ont reproduit à très peu près celles que l'on pouvait entendre à la Sorbonne ou rue du Fouarre.

Les maîtres parisiens qui traitaient de la théorie du lieu partageaient leurs faveurs entre la doctrine scotiste et la doctrine terminaliste. Nous ne nous étonnerons donc pas de voir les maîtres allemands se ranger, au sujet de cette même question, les uns parmi les disciples de Duns Scot, les autres parmi les disciples de Guillaume d'Occam et d'Albert de Saxe.

Conrad Summenhard, né à Calw dans le Würtemberg, avait secondé le comte de Würtemberg, Éberhard V le Barbu, dans la fondation de l'Université de Tubingue ; cette fondation fut faite en 1477. Recteur de cette Université en 1483 et en 1487, Summenhard mourut en 1501 au couvent de Schuttern.

Afin de mieux marquer, sans doute, son attachement au parti des *Anciens* qui, dans la plupart des Universités germaniques (1), et particulièrement à Tubingue, luttait contre les *Modernes,* c'est-à-dire contre les Terminalistes, Summenhard donne à son traité de Physique la forme d'un commentaire aux écrits d'Albert le Grand (2).

(1) Cf. CARL PRANTL, *Geschichte der Logik im Abendlande.* Bd. IV, 1870 ; SS. 187-192.

(2) CONRADI SUMMENHART *Commentaria in summam Physice Alberti Magni.* Colophon : Habes nunc candidissime lector Conradi Summenhard theologi eruditas

Lorsqu'il expose la théorie du lieu (1), Summenhard se montre nettement Scotiste ; il exagère même la tendance du Maître à multiplier les entités

En analysant le lieu, il y trouve quatre réalités absolues et quatre relations. Les quatre réalités absolues sont le corps contenu et sa surface terminale, le corps contenant et sa surface terminale. La surface terminale du contenant est le sujet de deux relations ; la première est l'aptitude de cette surface à loger le corps contenu, la *locativitas ;* la seconde, la *locatio,* consiste en ce qu'elle le loge d'une manière actuelle. La surface terminale du contenu est le siège de deux relations analogues. Comme Pierre Tataret, Summenhard distingue le lieu *pro per se denominato,* qui est une des quatre réalités absolues énumérées ci-dessus, à savoir la surface terminale du contenant; et le lieu *pro per se significato,* qui est une des quatre relations, celle par laquelle la surface du contenant loge actuellement le contenu ; il donne à cette relation le nom d'*ubi* actif et réserve le nom d'*ubi* passif à la relation analogue qui a pour sujet la surface du corps contenu. Il a soin de s'autoriser, au cours de cette analyse, des opinions de Gilbert de la Porrée et de Duns Scot.

Il se dispense (2), d'ailleurs, de traiter la difficile question de l'immobilité du lieu ; il se borne à renvoyer son lecteur à ce qu'en a dit le Docteur Subtil.

Summenhard affecte, en général, de ne citer que de très vieux auteurs. A cette règle nous n'avons noté que deux exceptions ; l'une concerne la dissertation *Contra astrologos* composée par Jean Pic de la Mirandole ; l'autre (3) est en faveur de la *Margarita philosophica* de Grégoire Reisch.

Grégoire Reisch était, à la fin du xv° siècle et au commencement du xvi° siècle, prieur d'une Chartreuse près de Fribourg ; sous ce titre : *Margarita philosophica, totius Philosophiæ ratio-*

commentationes in Albertum recognitas quam plenissime ex corrupto exemplari recognosci potuere. Que miro ingenio literis sunt excuse *(sic)* a solerti Henrico Gran calcographo in Hagenaw..... Vale ex Hage. cursim anno 1507 septimo Kal. maias.

(1) Conrad Summenhard, *Op. cit.,* tractatus primi cap. X, prima difficultas.

(2) Conrad Summenhard, *loc. cit.,* tertia difficultas.

(3) Conrad Summenhard, *Op. cit.,* tract. V, cap. V.

nalis, naturalis et moralis principia dialogice duodecim libris doctissime complectens, il composa une sorte de petite encyclopédie scientifique et philosophique, rédigée sous forme de dialogues. Cet ouvrage est daté *ex Heidelbergo, III Kal. Januarii 1496* en une première édition qui parut sans indication typographique d'aucune sorte (1).

Ce petit traité, comme la plupart des manuels qui condensaient sous un faible volume une grande quantité de connaissances diverses, eut une vogue extrême ; de 1496 à 1583, il fut imprimé un très grand nombre de fois ; en 1599, Jean-Paul Galluci en donnait encore une traduction italienne.

Bien qu'exprimées avec une concision extrême, les opinions de Grégoire Reisch au sujet du lieu se rapprochent beaucoup de celles de Summenhard ; plus exactement, elles sont un très court résumé de ce que l'on peut lire aux *Questions* de Jean le Chanoine.

A l'*ubi*, qu'il définit (2) comme Gilbert de la Porrée, et qu'il qualifie d'*ubi* passif, il adjoint l'*ubi* actif, tel que Jean Marbres l'a caractérisé.

Il distingue (3) le lieu matériel, qui est la surface extrême du corps contenant, et le lieu formel, qui est un rapport dont le corps contenant est le fondement, et qui a pour terme le corps contenu.

Il enseigne que le lieu ne peut ni par soi, ni par accident, se mouvoir de mouvement local, tandis qu'il est susceptible de génération et de corruption, par suite du mouvement de son sujet. « Lorsqu'un lieu se corrompt, le lieu qui lui succède lui

---

(1) Un libraire très érudit, M. Joseph Baer, de Francfort-sur-le-Mein (*Catalog* D, zweiter Teil, n° 1109), assure que cette indication, donnée par Hain dans son *Repertorium bibliographicum*, est erronée et que la première édition de la *Margarita philosophica* est celle dont le colophon est ainsi conçu : Chalcographatum primiciali hac pressura Friburgi Joanne Schottum Argen. citra festum Margarete anno gratiae MCCCCIII. — Summenhard étant mort deux ans avant la publication de cette édition, il faudrait en conclure que le renvoi à la *Margarita philosophica* que nous trouvons en ses *Commentaria* résulte d'une interpolation ; la forme sous laquelle cette mention est donnée n'est pas, d'ailleurs, incompatible avec cette hypothèse.

(2) Gregorii Reischii *Margarita philosophica :* lib. II : De principiis logicis : tract. II : De prædicamentis ; Cap. XII : De ubi.

(3) Grégoire Reisch, *Op. cit..* lib. VIII : De principiis rerum naturalium ; cap. XL : De loco et ejus speciebus.....

est identique, non pas en réalité, mais par équivalence. »

Telle était bien, en ses traits essentiels, l'opinion de Jean le Chanoine.

Avec Summenhard, nous avions entendu un partisan convaincu des Anciens; écoutons maintenant un disciple des Modernes.

Fondée en 1472, l'Université d'Ingolstadt était de cinq ans l'aînée de l'Université de Tubingue; comme à Tubingue, deux professeurs de philosophie enseignaient simultanément à Ingolstadt, l'un les doctrines de l'ancienne Scolastique, l'autre les doctrines plus nouvelles du Terminalisme (1). Summenhard, à Tubingue, gardait la tradition des vieux maîtres avec un respect tellement superstitieux qu'au nombre des autorités constamment invoquées en son livre, on chercherait en vain le nom d'un Nominaliste. A la même époque, Frédéric Sunczel exposait la Physique à Ingolstadt. En ses *Questions* (2), dont les titres et la disposition sont bien souvent empruntés à Albert de Saxe, c'est la pure doctrine des Nominalistes parisiens qui se trouve le plus souvent proposée au lecteur. Fréquemment, l'auteur cite Marsile d'Inghen, dont il avait peut-être été l'élève et qui fut assurément, en Allemagne, le plus puissant promoteur de la Philosophie terminaliste.

Comme Albert de Saxe et, sans doute, comme la plupart des maîtres qui enseignaient rue du Fouarre au xive siècle, Sunczel est plus soucieux de Physique que de Métaphysique; les innombrables entités que multiplie le trop subtil Scotisme lui semblent quelque peu chimériques.

« Il y a des philosophes, dit-il (3), qui amplifient à plaisir le matériel des rapports et des formes; ils posent six entités

(1) Carl Prantl, *loc. cit.*, p. 190.

(2) *Collecta et exercitata* Friderici Sunczel Mosellani liberalium studiorum magistri *in octo libros Physicorum Arestotelis* : in almo studio Ingolstadiensi. Cum adjectione textus nove translationis Johannis Argiropoli Bizatii (sic) circa questiones. Colophon : Laus Deo : finiunt collecta et exercitata Friderici Sunczell..... Impressa sub hemisperio Veneto impensis Leonardi Alantse bibliopole Viennensis arte vero et ingenio Petri Liechtenstein Coloniensi anno MCVI die XXVIII mensis madii Maximiliano primo Romanorum rege faustissime imperante, etc.

(3) Frédéric Sunczel, *Op. cit.* : in lib. IV quaest. II : Utrum locus sit terminus sive ultimum corporis continentis.

distinctes les unes des autres, trois dans le lieu et trois dans le corps logé. Dans le lieu, il y a d'abord la surface ou l'entité de la surface ; puis la *locativitas* par laquelle le lieu peut recevoir et contenir le corps ; enfin la *locatio* active, par laquelle le lieu contient actuellement le corps logé. Dans le corps logé, il y a d'abord l'entité du corps logé, c'est-à-dire le contenu; puis la *locabilitas* qui est l'aptitude de ce corps à être contenu ou logé; enfin la *locatio* passive, par laquelle le corps est actuellement contenu et logé..... Mais tous ces rapports n'existent pas dans la réalité ; ils sont seulement dans l'esprit de ceux qui les imaginent. Le lieu est-il ou non un rapport? Un rapport est-il quelque chose ou n'est-il rien ? Aristote a-t-il ou non fait mention des rapports? Ces questions sont objets de querelle entre métaphysiciens, mais non point entre naturalistes ni entre physiciens. »

Métaphysicien, Sunczel l'est peu ; il l'est même trop peu. La plupart des Scolastiques ont, avant lui, distingué deux éléments combinés entre eux pour constituer le lieu, un élément formel et un élément matériel ; le professeur d'Ingolstadt veut, lui aussi, considérer un lieu matériel et un lieu formel ; mais combien grossière est l'opposition qu'il établit (1) entre eux ! Le lieu matériel, c'est le corps contenant lui-même ; le lieu formel, c'est la surface par laquelle le corps contenant confine au corps contenu. « La surface concave de l'orbe de la Lune est le lieu formel du feu; le lieu matériel de ce même feu, c'est l'orbe de la Lune pris en son entier. »

Après cela, on ne s'étonnera pas que Sunczel n'ait enrichi d'aucune solution originale ce que les Scolastiques avaient dit des problèmes difficiles que pose la théorie du lieu. Le lieu est-il mobile ou immobile (2)? L'orbite suprême a-t-elle un lieu, et quel est-il (3)? Ces questions sont simplement l'occasion, pour le nominaliste d'Ingolstadt, de résumer sous une forme sèche et vide de pensée les théories d'Albert de Saxe.

(1) Frédéric Sunczel. *Op. cit.* ; in lib. IV quæst. I : Utrum quilibet locus sit equalis suo locato. — Quæst. IV : Utrum diffinitio loci Aristotelis sit sufficiens.

(2) Frédéric Sunczel. *Op. cit.* ; in lib. IV quæst. III : Utrum locus sit immobilis.

(3) Frédéric Sunczel, *Op. cit.* ; in lib. IV quæst. VI : Utrum ultima sphera sit in loco.

Écho affaibli de l'enseignement des Terminalistes parisiens, l'écrit de Sunczel ne s'en écarte guère qu'en un point, et d'une façon bien malencontreuse; encore les idées grossières de cet auteur sur le lieu matériel et le lieu formel ne lui sont-elles pas personnelles, car nous allons les lire dans la *Summa totius philosophiæ* de Paul de Venise.

XVI

L'INFLUENCE PARISIENNE A L'ÉCOLE DE PADOUE : PAUL NICOLETTI DE VENISE; GAÉTAN DE TIÈNE

« Le mouvement intellectuel du nord-est de l'Italie, Bologne, Ferrare, Venise, se rattache tout entier à celui de Padoue. Les universités de Padoue et de Bologne n'en font réellement qu'une, au moins pour l'enseignement philosophique et médical. C'étaient les mêmes professeurs qui, presque tous les ans, émigraient de l'une à l'autre pour obtenir une augmentation de salaire. Padoue, d'un autre côté, n'est que le quartier latin de Venise; tout ce qui s'enseignait à Padoue s'imprimait à Venise. Il est donc bien entendu que, par *École de Padoue*, on entend ici tout le développement philosophique du nord-est de l'Italie (1). »

Au xvᵉ siècle, et même pendant une bonne partie du xvıᵉ siècle, l'écrit philosophique le plus lu, le plus souvent copié et, plus tard, le plus souvent imprimé (2) est, sans doute, l'encyclopédie intitulée *Summa totius philosophiæ* qu'avait composée le moine augustin Paul Nicoletti d'Udine, surnommé Paul de Venise.

En la Philosophie de Paul de Venise, les tendances aver-

---

(1) ERNEST RENAN, *Averroès et l'Averroïsme : essai historique*. Paris, 1852; p. 258.

2. On cite les éditions suivantes : Venetiis (1475); — Venetiis 1476 : — Mediolani (1476); — Sans indication de lieu (1477) : — Venetiis (1491); — Paduæ 1493); — Venetiis (1502); — Venetiis 1504 : — Parisiis 1512 ; — Parisiis 1513) : — Parisiis 1521. Cf. : HAIN, *Repertorium bibliographicum*, vol. II, 1831, nᵒˢ 12515, 12516 et 12523. — BARTHÉLEMY HAURÉAU, Art. *Paul de Venise* du *Dictionnaire des Sciences philosophiques* d'AD. FRANCK. — HOUZEAU et LANCASTER, *Bibliographie générale de l'Astronomie*, tome I, Bruxelles, 1887, nᵒ 2271. — Nos citations sont prises sur un manuscrit du xvᵉ siècle.

roïstes se mélangent, d'étrange façon parfois, à l'influence exercée par l'École terminaliste de Paris ; de cette union entre éléments aussi radicalement hétérogènes sort une doctrine difficile à caractériser ; elle ne se signale, trop souvent, que par sa médiocrité et son absence de logique.

Ces défauts sont bien apparents dans la théorie du lieu qu'expose Paul Nicoletti ; elle est faite de morceaux rapportés qui ont été fournis par Simplicius, par Averroès, par saint Thomas d'Aquin, par les Terminalistes ; son incohérence laisse supposer que l'auteur avait fort mal compris les opinions diverses qu'il soudait ainsi les unes aux autres.

Paul de Venise distingue (1) le lieu matériel et le lieu formel ; le lieu matériel d'un corps, c'est le corps contenant ; le lieu formel, c'est la surface extrême du contenant, surface par laquelle celui-ci touche le contenu ; nous avons signalé la grossièreté d'une telle conception, en parlant de Frédéric Sunczel, qui l'a adoptée.

Dans le lieu, d'ailleurs, Paul Nicoletti ne distingue pas seulement le lieu matériel et le lieu formel ; il considère encore (2) le lieu efficient et le lieu final.

« Le lieu efficient, c'est une vertu conservatrice du contenu qui réside en la surface du contenant ; c'est cette vertu dont parle Gilbert de la Porrée lorsqu'il dit : Le lieu est principe de génération. » C'est aussi de cette vertu qu'il était question en l'opuscule *De natura loci* attribué à Thomas d'Aquin.

Quant au lieu final, ce n'est autre chose que le lieu naturel.

Toutes ces distinctions ont trait au lieu proprement dit ; mais, pour Paul de Venise, il existe aussi un lieu improprement dit, et ce dernier peut être également matériel, formel, efficient ou final.

Ces diverses sortes de lieux improprement dits sont rapprochés les unes des autres, d'ailleurs, d'une manière qui est parfois bien imprévue ; voici, par exemple, les définitions des lieux improprement dits matériel, formel et final : « Le lieu matériel improprement dit est un certain volume attribué à

---

(1) PAULI VENETI *Summa totius philosophiæ* ; pars prima, cap. XIX.
(2) PAUL DE VENISE, *Op. cit.*, prima pars, cap. XXI.

une entité qui n'occupe pas d'espace ; c'est d'un tel lieu que parle le Philosophe au premier livre du *De Cælo*, lorsqu'il dit que le Ciel est le lieu de Dieu. Le lieu formel [improprement dit] est la situation qui ordonne les parties par rapport au lieu ; c'est de ce lieu dont parle Simplicius, dans son commentaire aux Catégories, lorsqu'il dit que le lieu, par son caractère propre, se range dans la catégorie de la situation ; par caractère du lieu, il entend la forme de ce lieu ou l'ordre des parties les unes à l'égard des autres... Le lieu final est la situation qui s'acquiert par le mouvement local ; en d'autres termes, c'est ce rapport d'*ubi* dont parle fréquemment le Philosophe lorsqu'il dit que le mouvement se fait en vue du lieu et que le lieu est le terme du mouvement. »

En cet étrange rapprochement de notions disparates, nous reconnaissons, mêlées et confondues, toutes les influences, celle de saint Thomas comme celle de Duns Scot, celle d'Occam comme celles de Burley et d'Albert de Saxe.

L'opinion de Paul de Venise au sujet du lieu de l'orbite suprème n'est guère moins confuse (1). L'orbite suprème se trouve en un lieu d'une manière accidentelle et par son centre. Cette proposition, que notre auteur formule, résume l'enseignement d'Averroès. Mais, par centre, Averroès entendait un corps central immobile, de dimensions finies, capable de servir de terme de comparaison dans l'étude des mouvements du Ciel. Ce qu'une telle théorie contenait de logique disparaît dans le résumé de Paul de Venise ; celui-ci, en effet, entend par centre un point géométrique indivisible. « Bien que le Ciel soit divisible, il est en un lieu indivisible. De même que les êtres permanents sont en un instant, car leur durée est mesurée par cet instant, de même le Ciel est en un point indivisible, parce que son mouvement est connu par ce point. »

L'opuscule *De natura loci* attribué à saint Thomas admettait que les sphères célestes intérieures à l'orbe suprème étaient logées de deux manières ; chacune d'elles était, comme l'orbe suprème, en un lieu par son centre ; d'autre part, accidentellement, chacune d'elles se trouvait logée par l'orbe supérieur

(1) Paul de Venise, *loc. cit.*

qui la contenait. Paul de Venise veut sans doute reproduire cette théorie ; mais il la déforme au point de la rendre méconnaissable. Au lieu de l'appliquer seulement aux sphères inférieures, il l'applique à tout l'ensemble des sphères célestes ; il enseigne alors que cet ensemble se trouve logé, d'une part, par son centre et, d'autre part, parce que l'orbite de Saturne, qui en fait partie, est contenu à l'intérieur de l'orbite des étoiles fixes.

Paul de Venise, à l'imitation d'Albert de Saxe, rejette (1) l'autorité du texte que l'on emprunte au *De motibus animalium* pour soutenir que tout corps mobile requiert l'existence d'un corps fixe ; Aristote, dit-il, parlait seulement du mouvement de progression qui, en effet, exige un appui. D'ailleurs, s'il repousse cette autorité, ce n'est point pour réfuter l'argument qui, du mouvement du Ciel, conclut à l'immobilité de la Terre. L'argument qu'il se propose de combattre, c'est celui par lequel Campanus et Pierre d'Ailly prétendaient démontrer l'existence d'un Ciel suprême immobile, lieu de tous les orbes mobiles.

Le mouvement du Ciel exige l'immobilité de la Terre ; Paul Nicoletti adopte cette conclusion et, pour l'établir, il invoque la raison proposée par Jean de Jandun : la perpétuité de la génération et de la corruption des êtres vivants, qui suppose des influences célestes constamment variables. Albert de Saxe avait montré que cette raison, à supposer qu'on la regardât comme fondée, exigeait seulement un mouvement relatif du Ciel à l'égard de la Terre, sans rien apprendre au sujet du mouvement ou du repos de cette dernière ; de cette remarque si visiblement vraie, Paul Nicoletti n'a cure.

La *Summa totius philosophiæ* de Paul de Venise est un manuel scolaire ; ses défauts sont bien ceux qui caractérisent une foule de manuels, en tous temps et en tous pays ; des formules de provenances diverses y sont juxtaposées dans un ordre artificiel qui n'en dissimule nullement le disparate et l'incohérence ; afin d'être plus concises et plus résumées, ces formules ont été vidées des pensées qui les faisaient vivre ; rigides,

---

(1) Pauli Veneti *Summa totius philosophiæ* : pars II, cap. XIV.

sèches et plates, elles s'entassent aisément dans l'esprit de ceux qui pensent avoir acquis des idées lorsqu'ils ont appris des mots ; et comme ceux-là sont légion, les livres qui leur conviennent sont toujours assurés d'avoir grande vogue.

La *Summa totius philosophiæ* n'est pas le seul écrit où Paul de Venise ait traité de la Physique d'Aristote et, particulièrement, de la notion de lieu. Sur les huit livres des *Physiques* et sur les commentaires dont Averroès les avaient enrichis, il a composé une *Exposition* détaillée (1).

Cette exposition est, sans contredit, le plus volumineux des commentaires auxquels la *Physica auscultatio* eût donné lieu jusqu'alors ; elle remplit un énorme volume in-folio de 392 feuillets non chiffrés ; ceux-ci sont couverts, sur deux colonnes, de caractères gothiques fins et serrés dont de nombreuses ligatures accroissent encore la condensation.

Par une heureuse et trop rare circonstance, l'*Exposition* de Paul de Venise est datée ; au colophon de l'ouvrage, l'auteur nous apprend qu'il l'a terminé en 1409, le 30 juin, jour de la commémoration de l'apôtre saint Paul. Malheureusement, la *Summa totius philosophiæ* n'est pas datée, en sorte que nous ne savons si elle est antérieure ou postérieure à l'*Expositio* ; lorsque nous constatons des disparates (et ils sont nombreux) entre les doctrines que professent ces deux ouvrages, nous ne pouvons dire quelle est celle des deux opinions contraires qui, dans l'esprit de Paul Nicoletti, avait triomphé de l'autre.

D'ailleurs, Paul de Venise eut-il jamais, sur aucun sujet, une opinion nette et arrêtée dont on pût affirmer proprement qu'elle fût la sienne ? Nous avons dit, en étudiant la *Summa totius philosophiæ,* qu'elle semblait être un ramas des opinions les

(1) *Expositio* Pauli Veneti *super octo libros Phisicorum Aristotelis necnon super comento Averrois cum dubiis ejusdem.* Colophon : Explicit liber Phisicorum Aristotelis : expositum per me fratrem Paulum de Venetiis : artium liberalium et sacre theologie doctorem : ordinis fratrum heremitarum beatissimi Augustini. Anno domini. MCCCCIX die ultima mensis Junii : qua festum celebratur commemorationis doctoris gentium et christianorum Apostoli Pauli. Impressum Venetiis per providum virum dominum Gregorium de Gregoriis. Anno nativitatis domini MCCCCXCIX. die XXIII. mensis Aprilis. — L'*Expositio in octo Phisicorum Aristotelis libros* de Paulus de Venetiis est conservée en un manuscrit du XVᵉ siècle à la Bibliothèque Nationale (fonds latin, nᵒ 6530). Nos citations se rapportent à l'édition de 1499, la seule, croyons-nous, qui ait été donnée.

plus divergentes, où l'on ne pouvait guère découvrir l'expression d'une doctrine propre à l'auteur. Il nous fai dra répéter ce jugement après que nous aurons lu l'*Expositio*. On y démêle les influences les plus diverses, sans qu'il soit toujours possible de dire quelle est celle qui entraîne l'assentiment du moine augustin.

Parmi ces influences, celle d'Averroès semble la plus puissante (1) ; elle se marque dès le titre de l'ouvrage, où Paul de Venise nous annonce qu'il va exposer non seulement l'écrit d'Aristote sur la Physique, mais encore celui d'Averroès ; le Commentateur se trouve ainsi placé au même rang que le Philosophe.

Le nom le plus fréquemment cité, après celui d'Averroès, dans l'*Exposition* de Paul Nicoletti, c'est le nom de Gilles de Rome ; ce n'est point pour surprendre qui connait la vénération en laquelle les Augustins tenaient leur bienheureux frère. Mais les thèses égidiennes sont constamment sollicitées par Paul de Venise dans le sens de la pensée d'Averroès ; lorsqu'elles contredisent trop manifestement cette pensée pour qu'il soit possible de les mettre d'accord avec elle, notre auteur n'hésite pas à les répudier en faveur de la doctrine averroïste.

Walter Burley n'est guère moins souvent cité que Gilles Colonna, mais, presque toujours, il n'est cité que pour être réfuté ; il en est de même de Guillaume d'Occam et de Marsile d'Inghen ; quant à Albert de Saxe, Paul de Venise en connait les doctrines, qu'en général il tente de réfuter ; mais, comme la plupart des scolastiques, il se garde d'en nommer l'auteur.

L'*Exposition* de Paul de Venise est un précieux document touchant l'état des esprits, à l'École de Padoue, au début du xv° siècle. Elle nous apprend que les écrits des Terminalistes parisiens étaient fort lus dans les universités italiennes de ce temps, mais qu'on les y étudiait surtout en vue de fondre leurs doctrines en celles du Commentateur, quitte à combattre leur philosophie lorsqu'elle se montrait rebelle à cette absorption.

Il suffirait, pour justifier ces diverses remarques, de suivre

---

(1) Au sujet de l'Averroïsme de Paul de Venise, cf. : Ernest Renan, *Averroès et l'Averroïsme*, pp. 273-275.

attentivement ce que Paul de Venise dit au sujet du lieu.

Comme en sa *Summa totius philosophiæ,* il distingue (1) huit acceptions du mot *lieu ;* mais ces acceptions ne sont pas, ici et là, classées et définies de la même manière.

Le mot lieu s'entend :

1° Du corps logeant ;

2° De la surface ultime du corps logeant ;

3° De l'origine du lieu ; ainsi, selon le Commentateur, le centre du monde est le lieu du Ciel ; au même sens, Gilbert de la Porrée dit que le *lieu simple* est l'origine du *lieu composé,* entendant par *lieu simple* la position par rapport au centre du Monde, et par *lieu composé* l'ultime surface du corps ambiant (2) :

4° De l'*ubi* qui provient du lieu composé ;

5° De l'*ubi* qui provient du lieu simple ;

6° De la vertu conservatrice du lieu ;

7° De l'espace qui attire et garde un certain nombre d'objets ; ainsi la place est le lieu du marché ;

8° D'un espace soumis à un être qui par lui-même n'occupe aucun lieu ; ainsi dit-on que le Ciel est le lieu de Dieu.

Paul de Venise n'ignore pas que d'autres auteurs ont tenté de classer les divers sens du mot lieu d'une manière qui soit à la fois plus simple et plus rationnelle. Burley, par exemple, distingue (3) ce que *dénomme* ce mot et ce qu'il *signifie ;* ce qui est *dénommé,* c'est simplement l'ultime surface du corps ambiant ; ce qui est *signifié,* c'est la réunion de cette surface et de l'action de contenir (*continentia*), qui est un rapport entre le corps logeant et le corps logé.

Nicoletti rejette cette théorie ; elle est contraire à la pensée qu'Aristote exprime en ses *Catégories ;* il lui oppose cette autre solution : Le lieu implique deux choses ; la première, qu'il implique directement et qui en est le sujet et la matière, c'est la surface : la seconde, qu'il implique indirectement, et qui en est l'acte et la forme, c'est le fait de contenir.

Ici Paul de Venise paraît se souvenir à la fois des enseigne-

---

1) Pauli Veneti *Expositio super libros Physicorum :* libri quarti tractatus primus, capituli tertii pars secunda, sextum notandum.

(2) Cette interprétation du sens qu'il convient de donner aux mots *lieu simple, lieu composé,* ne s'accorde nullement avec ce qu'en dit l'Auteur des *Six principes.*

3 Paul de Venise, *loc. cit.,* septimum notandum.

ments de Gilles de Rome et de ceux de Duns Scot ; à ceux-là,
il emprunte la distinction, au sein du lieu, d'une matière et
d'une forme ; à ceux-ci, il doit de considérer la surface du contenant et l'action de contenir comme deux réalités, dont la
seconde est à la première comme la forme à la matière.

Nous retrouvons un peu plus loin (1), au sujet de l'immobilité du lieu, la théorie de Gilles de Rome.

« Gilles déclare que le lieu présente deux choses à considérer, le lieu matériel et le lieu formel. Le lieu matériel est la
surface du corps contenant ; le lieu formel est l'ordre relatif à
l'ensemble de l'Univers ou, en d'autres termes, la distance aux
pôles et au centre du Monde. Le lieu matériel est mobile par
accident ; le lieu formel n'est mobile ni de soi, ni par accident. »

A l'encontre de cette théorie, Burley a élevé divers arguments, que Nicoletti reproduit, entr'autres celui-ci : Que par
la puissance divine ou par la pensée, le Monde entier soit
déplacé en ligne droite, sauf un corps contenu dans l'air, qui
serait maintenu immobile ; l'immobilité de ce corps devrait
entraîner la permanence de son lieu formel ; or la distance de
ce corps aux pôles et au centre du Monde, sa position par rapport à l'ensemble de l'Univers, ont changé.

Paul de Venise pense (2) que l'on peut retourner contre Burley l'argument que celui-ci oppose à Gilles Colonna : Ce corps
immobile devrait garder un lieu invariable ; cependant le
milieu ambiant et, partant, sa surface ultime changeraient.

Cette riposte aurait pu embarrasser Aristote et le Commentateur, mais on ne voit pas en quoi elle pourrait gêner Burley
ni aucun des Terminalistes parisiens ; pour eux, l'immobilité
d'un corps n'exige point la persistance du lieu de ce corps,
mais seulement l'*équivalence* des lieux qui se succèdent ; Paul
de Venise oublie sans doute, en ce moment, leur doctrine, dont
cependant il nous donnera bientôt l'exposé.

Quoi qu'il en soit, Paul Nicoletti cherche à perfectionner la
théorie de Gilles de Rome. Ce n'est pas à tout lieu qu'il faut

1) PAULI VENETI *Expositio in libros Physicorum* : libri quarti tractatus primus,
capituli tertii pars secunda, sub prima rub. : Contra.
2) PAUL DE VENISE, *loc. cit.*, sub secunda rub. : Contra.

appliquer la définition du lieu formel proposée par celui-ci, mais seulement à une certaine sorte de lieu.

Gilbert de la Porrée, en son *Traité des six principes,* a distingué deux sortes de lieux : le *lieu simple,* qui est le centre du Monde, et le *lieu composé,* qui est la surface ultime du corps ambiant (1) ; de même on doit distinguer deux *ubi,* l'*ubi* qui découle du lieu simple, et l'*ubi* qui découle du lieu composé ; le premier « est la situation du Monde entier, coétendue au Monde », tandis que le second « a pour sujet la chose logée ; il n'a, en elle, aucune extension ; il y réside d'une manière invisible ».

Il nous est difficile de croire que les deux *ubi* considérés ici par Paul de Venise soient sans affinité en son esprit avec les deux sortes de θέσις considérées par Simplicius, l'une correspondant à la *situation* du corps dans l'ensemble du Monde, l'autre à la *disposition* des diverses parties de ce corps.

Le mouvement, non pas le mouvement *per accidens,* mais le mouvement par soi, n'a pas pour objet l'acquisition de n'importe quel *ubi ;* le seul *ubi* auquel il se rapporte, c'est l'*ubi* qui découle du lieu simple, c'est la situation par rapport aux pôles et au centre du Monde ; celui-là seul ne peut advenir à un objet sans qu'un certain changement se produise en cet objet même. L'autre *ubi,* celui qui tire son origine de la surface ambiante du corps logeant, n'est point l'objet du mouvement propre ; il peut changer sans aucun changement dans le corps logé, et par le seul mouvement du corps logeant, car c'est une relation du corps logeant au corps logé.

On ne voit pas comment cette distinction peut mettre la doctrine de Gilles de Rome à couvert des attaques que Burley et les Terminalistes parisiens ont dirigées contre elle. Si Dieu déplaçait le Monde d'un mouvement de translation en laissant un seul corps immobile, il y aurait, pour ce corps, changement de l'*ubi* qui découle du lieu simple ; et cependant ce corps serait sans mouvement. Paul de Venise ne trouve à cela rien à répondre, si ce n'est que ce serait un effet miraculeux de la

---

(1) Comme nous l'avons fait observer ci-dessus, Paul de Venise prête à Gilbert de la Porrée une opinion toute différente de celle qu'il a professée.

puissance divine. Malgré la faiblesse de cette réponse, il tient la distinction du *locus situalis* et du *locus superficialis* pour très propre à résoudre les difficultés, et nous l'y verrons bientôt revenir.

« Occam, dit Nicoletti (1), exposant la définition du lieu donnée par le Philosophe, dit que le lieu n'est autre chose que le corps logeant en tant que l'on y considère les couches, contiguës au corps logé, que l'on y peut imaginer en nombre infini. » Notre auteur objecte au *Venerabilis inceptor* que cette définition contredit de tous points à la théorie d'Aristote ; Occam le savait, parbleu, fort bien, et j'imagine que ce n'était pas pour l'engager à changer d'idée !

En particulier, Paul de Venise fait cette observation, peu nouvelle, qu'aux termes de cette définition, le lieu serait mobile. « A cela, Burley répond qu'une maison immobile au sein d'un air en mouvement peut être, d'instant en instant, en des lieux numériquement distincts, mais qu'elle est toujours au même lieu *par équivalence.* » Notre auteur ne se range pas à cet avis. Il revient à sa distinction de deux sortes de lieux : le lieu provenant de la situation par rapport à l'Univers entier, qu'il nommait *locus situalis* et qu'il nomme maintenant lieu *relatif* ; et, d'autre part, le lieu qui consiste en la surface du corps ambiant, le *locus superficialis,* qu'il nomme maintenant lieu *absolu.* D'instant en instant, la maison immobile considérée par Burley est en des lieux *superficiels* différents, mais son lieu *relatif* demeure numériquement un.

Mais la doctrine de Paul de Venise vient toujours se heurter à la même objection ; la définition du lieu *relatif*, du *locus situalis*, ne peut avoir de sens que s'il existe un repère absolument fixe ; dans la doctrine averroïste, un corps central immobile par essence constitue ce repère ; du moment que l'on regarde la Terre comme susceptible d'être déplacée, le Monde entier comme capable d'un mouvement de translation, la notion de *lieu relatif,* telle qu'elle a été définie, perd tout sens. Les Terminalistes parisiens ont admirablement reconnu la nécessité de débarrasser la notion de mouvement local de l'exigence d'un repère

---

(1) Paul de Venise, *loc. cit.*, notandum sextum.

immobile doué d'une existence concrète. Paul de Venise est trop fidèle averroïste pour suivre une opinion si radicalement opposée à l'enseignement du Commentateur ; aussi se débat-il sans cesse en d'inextricables difficultés.

« Selon Burley, dit-il, puisqu'il est certain que le Monde entier et toutes ses parties se meuvent sans cesse ; qu'il n'y a, d'autre part, aucun corps immobile en dehors du Monde ; il faut en conclure qu'un corps qui se meut de mouvement local n'est pas nécessairement tenu de se comporter différemment d'un instant à l'autre, par rapport à un certain terme immobile. »

A cela, notre auteur répond que tout mouvement local correspond à un changement de lieu, mais que le mouvement qui produit un certain changement de lieu n'est pas nécessairement le mouvement du corps logé ; ce peut être un mouvement du corps logeant. Il est difficile d'apercevoir un lien quelconque entre cette réponse et l'observation formulée par Walter Burley.

Il est impossible de tenir pour la théorie averroïste du lieu si l'on renonce à cette proposition : Il existe au centre du Monde un corps dont l'immobilité est certaine et nécessaire. Pour avoir méconnu cette vérité, Paul de Venise s'est déjà vu, à plusieurs reprises, entravé par des illogismes ; ces contradictions vont devenir plus flagrantes lorsqu'il abordera la grande question du lieu de l'orbe suprême.

Pour définir le lieu de la sphère ultime, Paul Nicoletti s'exprime d'abord (1) à peu près comme le ferait un Scotiste :

« La sphère ultime est en un certain *ubi*, et cet *ubi* est engendré par le fait qu'elle entoure son lieu ; elle est en l'*ubi* qui provient du lieu simple et non point en l'*ubi* qui provient du lieu composé. »

Cette théorie, qui se revêt de formes de langage empruntées soit à Gilbert de la Porrée, soit aux Scotistes, soit enfin à Walter Burley, notre auteur la regarde comme pleinement conforme à la doctrine averroïste, qu'il formule un peu plus haut en ces termes (2) :

(1) PAULI VENETI *Expositio in libros Physicorum* : libri quarti tractatus primus, capitulum quartum, notandum sextum.
(2) PAUL DE VENISE, *loc. cit.*, notandum quartum.

« La sphère ultime est en un lieu d'une certaine manière, le Ciel entier l'est d'une autre manière, enfin le ciel des planètes l'est d'une troisième manière. La sphère suprême est seulement en un lieu par accident, et cela en raison de son centre ; elle n'est pas en un lieu par soi ; elle n'est pas non plus en un lieu par l'intermédiaire de ses parties. Le Ciel entier est en un lieu par accident, et cela en raison de son centre ; il l'est aussi par l'intermédiaire de ses parties, car il a des parties diverses qui se logent les unes les autres. Enfin, le ciel des planètes est logé de trois façons distinctes ; il a un lieu par accident, en raison de son centre ; il a un lieu propre, car il est contenu en la concavité de la sphère suprême ; enfin, il est logé par l'intermédiaire de ses parties, car il a des parties qui se logent les unes les autres. »

Non seulement Paul de Venise regarde sa doctrine comme conforme à celle d'Averroès, mais il va plus loin. Grâce à l'identité qu'il admet, à la suite de Gilles de Rome, d'une part, entre le *locus superficialis* et le lieu matériel, d'autre part, entre le *locus situalis* et le lieu formel ; grâce à la confusion qu'il établit entre le *locus situalis* tel qu'il l'a défini et la *situation* telle que la considère Avicenne ; grâce à une autre confusion où il prend le *lieu matériel* et le *lieu formel* entendus au sens de Gilles de Rome comme respectivement identiques au lieu *per se* et au lieu *per accidens*, considérés par Averroès ; grâce, disons-nous, à cette suite de jeux de mots, Paul Nicoletti se croit en état de rétablir l'accord entre la théorie d'Avicenne et la théorie d'Averroès :

« Avicenne, dit-il (1), prétend que le Ciel se meut non pas autour d'un lieu, mais en un lieu, ce lieu étant, d'ailleurs, un *locus situalis* et non point un *locus superficialis*... Le Commentateur, au contraire, prétend que le Ciel se meut de mouvement local, mais qu'il se meut autour de son lieu ; par là, il entend la Terre ; il distingue, dans ce but, entre le lieu par accident ou lieu *formel* et le lieu par soi ou *lieu matériel*.

« Pour moi, il me semble que le Ciel se meut de mouvement

<hr>

(1) PAULI VENETI *Expositio super libros Physicorum*, libri sexti tractatus secundus, capituli tertii secunda pars, in fine.

local de la façon que définit le Commentateur et aussi de la manière qu'indique Avicenne. »

A cet accord, Averroès n'eût assurément pas souscrit, lui qui a si vivement combattu la théorie d'Avicenne. Eût-il davantage confirmé les concessions que Paul de Venise va accorder en son nom? Cela nous paraît fort douteux. Écoutons, en tous cas, le passage suivant (1); visiblement, celui qui l'a rédigé avait lu Albert de Saxe et, surtout, Simplicius.

« Selon le Commentateur, si l'élément terrestre et les autres éléments se mouvaient circulairement comme le Ciel, le Ciel même n'aurait plus aucun mouvement local. Son mouvement ne pourrait plus être ni un mouvement de translation, ni un mouvement de rotation. Selon le Commentateur, en effet, tout corps qui se meut d'un mouvement de translation change à la fois son lieu *per se* et son lieu *per accidens,* son lieu matériel aussi bien que son lieu formel ; un corps qui se meut d'un mouvement de rotation éprouve un changement formel, encore qu'il ne se meuve point *secundum materiam ;* mais si la Terre tournait d'un mouvement de rotation, en même temps que les autres éléments, le Ciel n'aurait plus ni lieu formel, ni lieu matériel ; en effet, il ne se mouvrait point à l'intérieur d'une surface capable de l'envelopper ; il ne se mouvrait plus, non plus, au-dessus d'une surface immobile sur laquelle il soit possible de tracer des cercles qui permettent de repérer son mouvement.

« Toutefois, dans le cas où la Terre tournerait en sens contraire du Ciel, ou bien encore dans le cas où elle tournerait dans le même sens que le Ciel, mais plus lentement, le Commentateur admettrait que le Ciel se meut de mouvement local. Il l'accorderait encore si la Terre accompagnait le Ciel dans son mouvement, pourvu que quelqu'un des autres éléments demeurât immobile, ou qu'il tournât en sens contraire, ou encore dans le même sens, mais plus lentement ; dans ce cas, en effet, le Ciel pourrait encore décrire ses divers cercles au-dessus de cet élément. »

Sans doute, le Commentateur a insisté sur cette vérité qu'aucun mouvement ne serait connaissable à notre expérience si le

_____

(1) Paul de Venise, *loc. cit.,* sub rub. : *Quarto sequitur.*

terme auquel tend le mobile se mouvait dans le même sens et avec la même vitesse que ce mobile ; mais il avait trop profondément réfléchi au caractère tout relatif du mouvement que nos sens nous révèlent pour affirmer que le Ciel est ou non en mouvement, pour dire quel est ce mouvement, avant de s'être assuré d'un terme de comparaison absolument fixe ; et il voulait — c'était le principe fondamental de sa doctrine — que ce terme absolument fixe fût un corps réel et concret. Il eût donc rejeté les propositions que Paul de Venise vient de formuler.

En revanche, sans se mettre en contradiction avec ses axiomes, il eût pu accepter celle-ci :

« Lors même que tous les éléments se mouvraient avec le Ciel, pourvu que l'on accordât que le Ciel [suprême] n'a aucun mouvement local, les sphères célestes auraient un mouvement local ; en effet, comme elles ne se meuvent pas toutes du même mouvement, chaque sphère inférieure décrirait un cercle par rapport à la concavité de la sphère supérieure, et la sphère supérieure en décrirait un par rapport à la convexité de la sphère inférieure. Toutefois, si la Terre était en mouvement, il serait moins aisé de connaître le mouvement local du Ciel qu'il ne l'est alors que la Terre demeure immobile : voilà pourquoi le Philosophe dit, au second livre *Du Ciel*, que si le Ciel est en mouvement, il faut que la Terre soit en repos. »

Le Philosophe, croyons-nous, entendait dire plus que cela. Quoi qu'il en soit, la théorie averroïste du lieu ne serait pas contredite par l'hypothèse que Paul de Venise vient d'examiner, car, en cette hypothèse, le Ciel suprême, privé de tout mouvement local, fournirait ce terme absolument fixe que requiert tout mouvement local, au dire d'Averroès. Chose bien digne de remarque : Cette hypothèse, qui prend l'orbite suprême comme lieu immobile auquel sont rapportés tous les mouvements célestes et terrestres, est précisément celle qu'adoptera Copernic.

Paul de Venise, poussant plus avant ses hypothèses, aborde (1) la question que Duns Scot avait formulée et à la suite de laquelle il avait prononcé ses mots : « Cherchez la réponse — *quære responsum.* »

____

(1) Paul de Venise, *loc. cit.*

« Lors même, dit-il, que Dieu anéantirait le Monde entier à l'exception de la sphère suprême, cette sphère se mouvrait encore de mouvement local ; non pas, sans doute, de mouvement relatif au *locus superficialis,* mais de mouvement relatif au *locus situalis ;* la partie du Ciel qui était à droite viendrait à gauche, celle qui est à l'orient ou au midi viendrait à l'occident ou au nord, ou inversement ; tout'cela ne pourrait arriver si le Ciel n'était animé d'un mouvement consistant en un changement de situation. »

Dire que la partie du Ciel qui était à droite vient à gauche, cela suppose que le mouvement du Ciel est contemplé par un être qui a une droite et une gauche, et qui demeure immobile ; la proposition formulée par Paul Nicoletti n'a donc de sens que s'il existe quelque part un terme fixe et étendu, où se puissent marquer une droite et une gauche, un orient et un occident, une extrémité septentrionale et une extrémité méridionale. Où notre auteur va-t-il prendre ce terme fixe et étendu ? Aristote et Averroès voulaient que ce fût la Terre ; mais, par hypothèse, la Terre est anéantie. Damascius, Simplicius et les Terminalistes parisiens prétendent que c'est un corps abstrait, un pur être de raison ; il semble que Paul de Venise ne puisse éviter de se ranger à leur avis. Cependant, il n'en fait rien. Par une étrange aberration, dont nous avons déjà relevé la trace en analysant les théories de la *Summa totius philosophiæ,* ce terme immobile, au moyen duquel on doit pouvoir distinguer la gauche du Ciel de la droite, la zone boréale de la zone australe, il la réduit à un simple point indivisible, au centre mathématique de l'Univers ! Burley, par inadvertance sans doute, avait incidemment énoncé cette erreur ; Paul de Venise la professe nettement et avec insistance ; écoutons-le plutôt (1) :

« La sphère suprême est en un lieu accidentel, et cela en raison de son centre... A cette proposition, on peut faire l'objection suivante : Si le centre était, comme le Ciel, animé d'un mouvement de rotation, la sphère suprême n'en serait pas moins en un lieu, puisqu'elle se mouvrait de mouvement local ; mais, dans ce cas, elle ne serait pas logée par son centre ; donc elle

(1) Pauli Veneti *Expositio super libros Physicorum :* libri quarti tractatus primus, capituli quarti notandum octavum

ne l'est pas actuellement ; la majeure et la conséquence sont évidentes ; quant à la mineure, elle résulte de ce que la sphère ultime se meut nécessairement, selon le Commentateur, autour d'un centre immobile.

« ... A cette objection, voici la réponse qu'il convient de faire : ... Le Monde a deux centres ; il a un centre mathématique simple et indivisible, et un centre naturel, qui est l'élément terrestre ; lors même que l'on supposerait que le centre naturel se meut d'un mouvement de rotation, le centre mathématique ne se mouvrait pas pour cela ; le mouvement de la sphère suprème serait donc encore un mouvement local ; cette sphère serait encore logée par son centre, non par son centre naturel sans doute, mais par son centre mathématique... Toutefois, le Philosophe prétendrait que le centre naturel ne peut se mouvoir d'aucun mouvement, car, dans le livre *Du mouvement des animaux,* il déclare que les dieux tous ensemble ne pourraient mouvoir la Terre.

« Si le Monde était homogène, ou bien encore si la Terre était animée d'un mouvement de rotation, la Terre ne pourrait être le lieu ni du Ciel entier, ni de l'orbe suprème ; c'est le centre mathématique indivisible qui, seul, constituerait ce lieu ; si l'on dit, en effet, que la Terre est le lieu des éléments et des corps célestes, c'est à cause de son immobilité, immobilité qu'elle reçoit du centre indivisible du Monde. »

Quære responsum, avait dit Duns Scot ; piètre réponse, à coup sûr, que celle de Nicoletti !

Au moins Paul de Venise a-t-il eu soin, dans le passage que nous venons de citer, de signaler le désaccord qui existe entre son opinion et celle d'Aristote. En un autre endroit (1), il va plus loin et prétend faire endosser au Philosophe même la responsabilité de son inacceptable doctrine.

« Le Commentateur, dit-il, fait cette distinction : il y a deux centres du Monde, le centre naturel et le centre mathématique... Par *centre,* Aristote peut entendre indifféremment l'un ou l'autre de ces deux centres. Si par *centre* il entend le centre naturel, le

---

(1) PAULI VENETI *Exposilio super libros Physicorum,* libri octavi tractatus, capituli primi quarta propositio, notandum tertium.

Ciel entier se meut constamment *secundum formam* en décrivant sans cesse un cercle nouveau autour du centre du Monde ; s'il entend par centre le centre mathématique, on peut admettre encore que le Ciel se meut de mouvement formel ; de même, en effet, qu'il décrit sans cesse une nouvelle ligne droite menée de la circonférence au centre, de même il décrit sans cesse un nouveau cercle autour du centre du Monde. » Ici, Nicoletti sollicite d'étrange façon, en faveur de sa théorie du lieu du Ciel, un commentaire d'Averroès (1) relatif à un passage d'Aristote. Le centre dont Aristote exigeait l'immobilité pour que le mouvement du Ciel fût concevable, c'est, à n'en pas douter, le centre naturel, la Terre.

En la raison de Paul de Venise, une lutte incessante se livre, avec des alternatives diverses, entre les tendances averroïstes et les tendances plus modernes de l'École de Paris ; tantôt celles-ci l'emportent, tantôt les premières triomphent à leur tour.

Sous l'influence des doctrines terminalistes, Nicoletti renonce à cet axiome posé sans conteste par Aristote et par Averroès : Il existe, au centre du Monde, un corps d'étendue finie, dont l'immobilité absolue est nécessaire de nécessité logique, et ce corps est la Terre. Notre auteur ne regarde comme absurde, ni que la Terre puisse être animée d'un mouvement de rotation, ni que l'Univers entier puisse éprouver une translation.

Dès là que l'on renonce à poser dans le Monde un corps concret, immobile par essence, qui serve de terme de comparaison aux mouvements locaux des cieux et des éléments, la Logique ne laisse plus ouverte qu'une seule voie, où il est nécessaire de s'engager ; il faut admettre que tous les mouvements locaux sont définis par comparaison à un certain corps abstrait, corps que les sens ne sauraient percevoir, mais au sujet duquel les théories de la Physique nous peuvent renseigner ; c'est la voie qu'a suivie Damascius avec son disciple Simplicius, qu'ont suivie après eux les Terminalistes parisiens.

Paul de Venise ne veut pas marcher jusqu'au bout dans le

(1) ARISTOTELIS *De physico auditu libri octo cum* AVERROIS CORDUBENSIS *Commentariis :* lib. VIII, comm. 76.

chemin tracé par les adversaires d'Averroès ; entre ceux-ci et le Commentateur, il prétend suivre une direction intermédiaire ; il aboutit ainsi à un illogisme flagrant ; il propose de rapporter les mouvements locaux à un simple point mathématique, au centre indivisible du Monde.

La lutte entre le Péripatétisme d'Averroès et le Terminalisme parisien ne se poursuit pas seulement en l'entendement de Paul de Venise ; pendant tout le xv° siècle, pendant une bonne partie du xvɪ° siècle, elle engendre les discussions, elle suscite les querelles qui se débattent au sein des Universités de Padoue et de Bologne. Parmi les docteurs qui joutent en cette lutte, il en est un grand nombre qui tiennent avec acharnement pour l'Averroïsme le plus intransigeant ; mais il en est aussi qui savent, lorsqu'il le faut, faire leur part aux doctrines de l'Université de Paris.

De ce nombre est Gaétan de Tiène. Sa pensée, bien souvent inspirée par celle de Paul de Venise, sait éviter cependant la théorie illogique à laquelle le moine augustin avait été conduit par son éclectisme peu clairvoyant ; elle sent la nécessité de se ranger à l'opinion sur le lieu et le mouvement local qu'ont soutenue les Scotistes et les Terminalistes, et elle s'y range nettement.

Gaétan de Tiène, né à Vicence en 1387, enseigna à Padoue, avec un très grand éclat, à partir de l'an 1436 ; il mourut en cette ville en 1465.

Gaétan de Tiène a composé des commentaires à plusieurs écrits physiques d'Aristote. Son commentaire au *De Cælo et Mundo* ne retiendra pas notre attention ; il expose la pensée du Stagirite sans rien y ajouter qui vaille d'être noté, du moins au sujet des questions qui nous occupent en ce moment. En revanche, nous étudierons de près son commentaire à la *Physique;* sans doute, les doctrines qui y sont exposées sont, la plupart du temps, les doctrines des Terminalistes parisiens, d'Albert de Saxe et de Marsile d'Inghen, qui ne sont jamais cités, tandis qu'on y relève à chaque instant le nom de Walter Burley, dont l'auteur combat volontiers les opinions ; mais si les théories exposées par Gaétan de Tiène ne lui sont guère personnelles, du moins en a-t-il saisi, beaucoup mieux que

Paul de Venise, les principes essentiels ; et, parfois, il éclaire une idée plus vivement que ne l'avait fait l'inventeur même de cette idée.

C'est ce que nous aurons occasion de noter en étudiant sa théorie du lieu.

Comme Paul de Venise, Gaétan énumère (1) un grand nombre de sens qui peuvent être attribués au mot lieu, sans se décider, d'ailleurs, à choisir un de ces sens pour en faire la définition du lieu. Parmi ces sens divers, il signale celui-ci : « Le mot lieu est pris au sens composé que voici : il signifie la situation (*situs*) comptée à partir du centre du Monde et causée dans le corps logé ; cette situation consiste en ceci que le corps est à telle distance du centre du Monde ; elle se range dans la catégorie *ubi* ; c'est cette situation qui est le terme du mouvement local. » Ces lignes résument l'opinion de Walter Burley.

Occam avait déjà remarqué que l'on ne peut prendre le centre du Monde comme repère propre à définir le lieu si l'on ne suppose au préalable que le Monde est privé de tout mouvement de translation ; cette remarque s'étend naturellement à l'*ubi,* et Gaétan la lui applique :

« On peut dire que l'*ubi* qui a pour principe le centre du Monde n'est pas le terme propre et intrinsèque du mouvement local. Si quelque chose peut advenir à un corps sans que ce corps éprouve en lui-même aucun changement, ce quelque chose ne saurait, selon l'avis exprimé par Aristote au VIIᵉ livre de la Physique, être le terme d'un mouvement propre. Or, l'*ubi* émané du centre dans le Monde peut advenir à un objet sans que cet objet éprouve aucun changement ; supposons, en effet, qu'un corps demeurât immobile tandis que l'Univers éprouverait un mouvement de translation ; le centre du Monde se rapprocherait ou s'éloignerait de ce corps, en sorte que celui-ci, tout en demeurant en repos, changerait d'*ubi*.

« A cela, on répondra que la supposition dont il s'agit ne

1 *Recollecte* GAIETANI *super octo libros Physicorum cum annotationibus tex-tuum.* Colophon : Impressum est hoc opus Venetiis per Bonetum Locatellum jussu et expensis nobilis viri domini Octeviani Scoti Modoetiensis Anno Salutis 1496 Nonis sextilibus Augustino Barbadico Serenissimo Venetiarum Duce, Lib. IV, quæst. I, fol. 29.

saurait être réalisée d'une manière purement naturelle ; et ce qu'on a dit de l'*ubi* a été dit dans l'esprit d'Aristote, en admettant donc que le cours de la Nature ne fût pas troublé. »

Encore qu'une translation de l'Univers soit, en ce passage, regardée comme miraculeuse, Gaétan croit-il, conformément au décret d'Étienne Tempier, qu'un tel miracle soit possible, ou bien pense-t-il, avec les Averroïstes, qu'il ne saurait être réalisé sans absurdité ? Sur ce point, son opinion, nous n'en saurions douter, concorde avec celle des théologiens de la Sorbonne et des Terminalistes de Paris ; écoutons l'exposé de cette opinion (1) :

« Burley prétend que si le Monde était continu, Dieu ne pourrait lui imprimer un mouvement de translation à moins de créer un lieu nouveau qui serve de terme à ce mouvement. Dieu ne pourrait même donner à ce Monde un mouvement de révolution, car tout mouvement local réclame un lieu, et ce Monde-là ne serait en un lieu ni dans son ensemble, ni par ses parties. Nous ne pourrions donc lui attribuer un mouvement de rotation, à moins de prétendre que le mouvement de rotation n'est pas un mouvement local, mais un mouvement de situation (*situs*)...

« Aucune de ces affirmations n'est nécessaire. Nous pouvons fort bien admettre que Dieu impose au Monde un mouvement de translation sans créer aucun lieu nouveau ; ce mouvement ne serait ni vers le haut, ni vers le bas ; il serait d'une autre espèce. Il n'est pas vrai, non plus, que le mouvement de rotation ne soit pas un mouvement local, mais seulement un mouvement de situation... Pour qu'un corps se meuve de mouvement local, il n'est pas nécessaire qu'il change de lieu dans son ensemble ou par ses parties ; il suffit que sa situation varie ; or, le Monde change constamment de situation. »

Cette réponse, c'est visible, est inspirée d'Albert de Saxe ; Gaétan de Tiène, cependant, atténue quelque peu la rigueur des propositions formulées par Albert ; il n'ose pas reconnaître nettement, comme celui-ci, qu'un mouvement de translation imposé à l'Univers entier ne serait pas un mouvement local, mais

1. Gaétan de Tiène, *Op. cit.*, lib. IV, fol. 28, col. d.

seulement un mouvement de même espèce que le mouvement
local ; il se borne à l'insinuer :

« Il résulte (1) de ce qui précède qu'on donne une définition
sans valeur du mouvement local de translation lorsqu'on dit,
comme on le fait communément, que le mouvement rectiligne
de translation consiste en ceci que le mobile se comporte en
cet instant, par rapport à un certain objet fixe, autrement qu'il
ne se comportait auparavant ; dans le cas, en effet, où le Monde
entier éprouverait un mouvement local de translation, la définition ne conviendrait plus au défini. »

Gaétan rejette donc la définition du mouvement local que
donnent communément les Péripatéticiens averroïstes.

Il ne veut point se contenter, d'ailleurs, de la modification
que Marsile d'Inghen a apportée à cette définition ; il est vrai
que la critique adressée à la définition du recteur de Heidelberg paraît bien vétilleuse, et qu'il eût été fort aisé, semble-
t-il, de l'éviter :

« On ne donne pas, non plus, une bonne définition du mouvement en disant qu'il consiste, pour le mobile, à se comporter différemment, à des époques différentes, par rapport à un
objet fixe réel ou imaginaire. » Qu'un corps, en effet, se meuve
pendant un certain temps, puis s'arrête en équilibre ; il se
comporte maintenant autrement qu'il ne se comportait auparavant, et cependant il ne se meut pas.

« Pour définir le mouvement local de translation, on dira
donc qu'il consiste en ceci : Le mobile éprouve, d'un instant à
l'autre, un changement formel intrinsèque par rapport à un
repère fixe réel ou imaginaire — *Dicendum est igitur quod
moveri localiter motu recto est rem aliter se habere intrinsece
formaliter quam prius respectu alicujus fixi, veri vel imagina-
rii.* »

Cette définition, un peu obscure peut-être en sa concision,
réunit les caractères attribués au mouvement local, d'une part,
par Duns Scot et par Albert de Saxe, d'autre part, par Guillaume d'Occam et par Marsile d'Inghen ; les premiers, en effet,
ont affirmé que le mouvement local était un certain change-

---

(1) GAÉTAN DE TIÈNE, *Op. cit.*, lib. IV, quæst. I, fol. 29, col. d.

ment absolu et intrinsèque au mobile; une *forma fluens,* selon l'expression du Docteur Subtil; les seconds ont déclaré qu'il se traduisait par un changement de disposition à l'égard d'un certain terme immobile, que ce terme soit doué d'existence concrète ou qu'il soit purement idéal.

« Le Commentateur prétend que toute sphère céleste... détermine (1), par sa nature même, l'existence d'un certain corps fixe qui se trouve en son centre, afin qu'elle se meuve alentour ; ce corps est le lieu par accident de cette sphère ; il est le centre naturel du Monde, ou la Terre.

« Mais, au contraire, lors même que la Terre serait supprimée, les sphères célestes continueraient leur mouvement de rotation. On voit donc que les révolutions des sphères célestes ne requièrent nullement l'existence d'un tel corps fixe.

« Aristote et le Commentateur, il est vrai, n'admettraient point la supposition qui vient d'être formulée. Au premier livre *Du Ciel,* Aristote dit que si le Ciel se meut, il faut que la Terre soit immobile.

« D'autres observent que le Ciel ne se trouve pas logé seulement par son centre, mais aussi par les pôles du Monde, car il garde une situation invariable par rapport à ces trois points immobiles. Si donc on supprimait le centre, le Ciel aurait encore un lieu par accident, les pôles du Monde, qui le maintiendraient dans la situation où il se trouvait auparavant. Mais le Ciel ne peut se mouvoir qu'il ne se meuve autour d'un objet fixe ; si l'on anéantissait les pôles, le Ciel cesserait de se mouvoir.

« Mais cette réponse n'est pas naturelle. »

Quel est donc l'avis qu'il convient de soutenir ? Gaétan ne le dit pas ; sans doute parce que cela va de soi. C'est l'avis qui découle des principes posés il y a un instant, l'avis formulé par Duns Scot, par Guillaume d'Occam, par Albert de Saxe : Le mouvement de rotation des sphères célestes est quelque chose d'intrinsèque, d'absolu, qui subsisterait lors même qu'aucun corps central immobile ne lui servirait de repère ; ces sphères se comporteraient alors de telle sorte que si l'on concevait

(1) GAÉTAN DE TIÈNE, *Op. cit.,* lib. IV, fol. 30, col. a.

un corps central immobile purement idéal, leur situation par
rapport à ce corps changerait d'instant en instant.

En Gaétan de Tiène, les doctrines des Scotistes et des Terminalistes ont trouvé un interprète avisé ; cet interprète a su
fort bien saisir certaines idées essentielles communes aux uns
et aux autres, et les exprimer avec netteté.

XVII

LA PHILOSOPHIE RÉACTIONNAIRE DE L'ÉCOLE DE PADOUE.
LES HUMANISTES. GIORGIO VALLA

Gaétan de Tiène était, sans doute, de ces esprits qui savent
discerner la direction générale selon laquelle s'oriente le progrès scientifique et s'attacher fermement aux propositions qui
jalonnent, en quelque sorte, cette direction. D'autres esprits,
lorsqu'ils ont à prendre parti en des questions débattues, se
laissent volontiers guider par l'horreur des nouveautés et par
une confiance exagérée en l'opinion des anciens ; ce sont des
esprits réactionnaires.

Ces esprits là étaient nombreux, à Padoue, vers la fin du
xvᵉ siècle et au début du xviᵉ siècle ; alors, en effet, florissait ce
culte superstitieux des anciens auquel on a donné le nom de
Renaissance.

Tandis que les Humanistes s'éloignaient avec horreur d'Aristote et de ses commentateurs pour réserver leurs faveurs à la
philosophie de Platon ou des Stoïciens, les Péripatéticiens répu-
diaient toute alliance avec la Scolastique des derniers siècles ;
ils ne citaient guère les *Terminalistes*, les *Parisiens*, les *Moder-
niores*, les *Juniores* que pour les combattre. Les uns réputaient
nuls et non avenus tous les commentaires de la pensée du Stagirite qui avaient succédé à celui d'Averroès ; d'autres, plus
exigeants encore, rejetaient toute interprétation de la doctrine
du Philosophe si elle avait été produite après Alexandre
d'Aphrodisie.

Les Humanistes ne se sentaient guère attirés vers les doctri-

nes des Terminalistes ; ils ne pouvaient souffrir le langage
technique dont ceux-ci faisaient usage au cours des discussions
compliquées où se complaisaient leur dialectique subtile et
leur logique minutieuse ; ces beaux esprits souffraient de l'iné-
légance du « style de Paris (1) ». Toutefois, c'est aux Averroïstes que s'adressaient surtout leurs attaques. Dans une langue
que des mots arabes rendaient plus barbare encore que celle
des Parisiens, les Averroïstes affirmaient leur intolérance sec-
taire et l'étroitesse de leur intelligence, esclave de la lettre du
Commentateur bien plus que de l'esprit d'Aristote. Le nom
d'Averroès devint ainsi comme le symbole de tout ce qui offus-
quait les Humanistes, de tout ce qui scandalisait leur dilettan-
tisme, leur culte de la beauté grecque et leur recherche d'élé-
gante latinité.

Voici, par exemple, Georgio Valla de Plaisance ; c'est un
lettré qui a enseigné l'éloquence à Milan, à Pavie en 1470, à
Venise en 1481 ; c'est un helléniste qui a traduit plusieurs des
ouvrages d'Aristote ; c'est un latiniste raffiné qui a annoté et
édité les *Tusculanes ;* de plus, c'est un chrétien orthodoxe ; il
est fidèle aux enseignements des grands docteurs, d'Albert, de
saint Thomas d'Aquin, de Duns Scot, de Gilles de Rome, qu'il
nomme avec vénération ; nous ne nous étonnerons pas de voir
en lui un fougueux adversaire de l'École averroïste. Écoutons
le parler d'Aristote et du Commentateur (2) :

« Ceux qui considèrent les choses d'un regard pénétrant ne
doivent guère s'étonner qu'Aristote, halluciné en cette circonstance, ait professé de semblables erreurs ; il a donné bon nombre de doctrines fort inférieures encore à celle-là ; et, à ce sujet,
les Platoniciens lui reprochent son ignorance et son manque de
rectitude dans le jugement. C'est pourquoi on le laissa longtemps de côté, gisant sous la rouille ; on ne célébrait alors que
le seul Platon et que la doctrine platonicienne. Mais bientôt on
vit émerger de la vase un barbare, un goinfre absolument stu-

---

(1) LUDOVICI VIVIS *In pseudodialecticos : Operum* tomus I, pp. 272 seqq.

(2) GEORGII VALLAE PLACENTINI viri clariss. *De expetendis, et fugiendis rebus
opus, in quo haec continentur...* In fine tomi secundi : Venetiis in aedibus Aldi
Romani impensa ac studio Joannis Petri Vallae filii pientiss. Mense Decembri
MDI. — Totius operis liber XXIII et Physiologiae quartus ac ultimus : De Coelo,
quodque Mundus non sit aeternus, et Aristotelis argumentorum confutatio ; c. I

pide, cet Averroès au cerveau puant (*Aliquanto post Barbarus quidam ineptissimus lurcho, putidique cerebri e luto effossus Averroes*) ; se complaisant aux discussions captieuses, à l'aide de sophistiques chicanes, il parvint à présenter un Aristote à ce point Platonicien que l'on ne connaît aucun philosophe qui le fût autant. »

On devine sans peine que Valla, alors qu'il traitera de la nature du lieu, se gardera bien d'accepter la solution peu satisfaisante qu'Aristote et son Commentateur ont proposé de donner à ce difficile problème ; on ne s'étonne point que la solution imaginée par Damascius et par Simplicius ait, pour lui, plus d'attrait ; et en effet, après avoir exposé sommairement la théorie d'Aristote, il ajoute (1) :

« Mais si vous considérez le problème avec plus de pénétration, vous voyez que le lieu est la mesure de la situation (*situs*) des corps qui sont placés, de même que le temps est la mesure du mouvement des choses qui se meuvent. Mais il y a deux sortes de situations, la situation essentielle et la situation adventice, auxquelles correspondent deux sortes de lieux, le lieu naturel et le lieu accidentel. D'ailleurs, la situation essentielle est, elle-même, de deux espèces. L'une consiste, pour chaque chose, dans l'ordre et l'arrangement convenable de chacune de ses parties, cette chose étant regardée comme un tout... L'autre consiste en la position de ce tout, regardé comme une partie en vue d'une relation plus générale. En effet, chaque partie est un tout en elle-même ; mais on la nomme partie lorsqu'on la considère par rapport au tout... ; de même ce tout devient à son tour une partie lorsqu'on le rapporte à quelque chose de plus universel ; ainsi la Terre est, par elle-même, un tout ; mais on la nomme partie lorsqu'on la rapporte au Monde entier. Il y a donc aussi, pour un corps, deux sortes de lieux naturels. L'un consiste dans la disposition relative des diverses parties de ce corps. L'autre, le lieu naturel *séparé*, est celui que le sort a attribué à chaque corps dans la structure du Monde. Ainsi l'on dit que le lieu de

<hr>

(1) Giorgio Valla, *Op. cit.* Totius operis liber XXII, Physiologiae vero tertius De naturalibus principiis et causis ; c. X.

la Terre est le centre de l'Univers ; si on la chassait de la place
qui entoure le centre de l'Univers, la Terre, considérée comme
partie de l'Univers, n'occuperait plus son lieu naturel ; cependant, en son intégrité, elle garderait la disposition mutuelle de ses diverses parties ; si on l'abandonnait à elle-même,
elle se porterait vers le centre du Monde, bien que les parties
qui la composent gardassent entre elles une relation immuable...

« Quant aux corps animés de mouvement local, en quel sens
peut-on dire qu'ils sont en un lieu, en quel sens peut-on dire
qu'ils n'y sont pas ? Le lieu séparé qui leur convient en tant
que parties de l'Univers, ils n'y sont pas, car ils n'occupent ce
lieu qu'au cas où ils sont en repos. Mais ils se trouvent au lieu
qui est assigné à d'autres corps, par exemple à l'air ou à
l'eau : c'est ce lieu qu'au sens large on nomme le lieu du corps
mû ; le lieu échu en partage à d'autres corps devient le lieu
du corps qui se meut ; dans le mouvement local d'un corps,
en effet, il arrive que la situation d'autres corps est changée ;
l'air ou l'eau qui forme le milieu est divisé par la venue d'un
mobile plus puissant ; la situation que prend le corps mû, c'est
la situation naturelle des parties de l'air ou des parties de l'eau.
Ainsi, le mobile reçoit un lieu adventice ; ce qui mesure la
situation, en tant qu'elle est situation du corps mû, constitue
le lieu accidentel de ce corps. Un corps qui se meut de mouvement local n'a donc pas de lieu proprement dit, si ce n'est celui
qui résulte de la disposition mutuelle de ses parties ; le lieu
dont il change sans cesse n'est pas le lieu qui lui est assigné,
mais le lieu assigné à l'air ambiant ou à l'eau ambiante... Ils
ont donc raison ceux qui définissent le lieu : la mesure de la
position des corps mus. »

Nous reconnaissons sans peine en ce passage une brève
exposition de la théorie de Damascius et de Simplicius. Il semble même que Valla ait mis en évidence, mieux que tout autre
commentateur, certaines idées essentielles de cette théorie ; il
montre clairement, en particulier, comment le lieu des corps
en mouvements est l'ensemble des mesures géométriques qui
déterminent, en quelque sorte, le dérangement introduit par
ce mouvement dans la situation naturelle des diverses parties

du Monde ; en sorte que cette disposition idéale de l'Univers, où chaque corps occuperait la position qui lui est naturellement assignée, constitue le repère fixe auquel sont comparés les lieux successifs de tout corps en mouvement.

Valla ne discute pas la question si débattue du lieu de la sphère ultime. Pour lui, cette question ne saurait même être posée, car on doit révoquer en doute tout ce que les Péripatéticiens ont dit au sujet des bornes du Monde. Aristote veut que le temps n'ait ni commencement ni fin, tandis que le lieu universel doit, selon lui, être borné par une certaine sphère. Valla fait ressortir l'étrange opposition de ces deux doctrines. Reprenant mot pour mot le raisonnement par lequel Aristote a voulu prouver que le temps ne pouvait admettre de borne, il démontre (1) que le Monde n'en saurait admettre davantage. « Si nous admettons ce que tu dis pour prouver que le temps n'a pu commencer à tel instant dans l'avenir, nous prouverons de même qu'il existe un corps de grandeur infinie. Supposons, en effet, qu'un corps soit borné ; hors de son volume, il n'y aura rien ; mais, hors de ce corps, il y a des différences de lieu ; point de différence de lieu là où il n'existe pas de lieu, et point de lieu sans corps ; donc, hors du tout, il y a un autre corps, et, hors de ce corps, de nouveau un autre corps, et ainsi de suite à l'infini... De tels arguments abondent chez Aristote et chez ceux qui le suivent ; on peut, de la sorte, répondre une fois pour toutes à ces arguments. »

Les Péripatéticiens, il est vrai, arrêteraient Giorgio Valla dès le début de son raisonnement ; hors des limites du Monde, ils n'admettent l'existence d'aucun lieu. Mais notre humaniste n'accepte point leur enseignement à ce sujet. « Aristote, dit-il (2), suppose qu'en dehors du Monde il n'y a ni vide, ni temps, ni quoi que ce soit... D'ailleurs, Cléomède (3) plaisante Aristote au sujet du raisonnement suivant, par lequel il prouve qu'il

---

(1) Giorgio Valla, *Op. cit.* : Totius operis liber XXIII et Physiologiae quartus ac ultimus : De Coelo, quodque Mundus non sit aeternus, et Aristotelis argumentorum confutatio, c. 1.

(2) Giorgio Valla, *loc. cit.*

(3) ΚΛΕΟΜΗΔΟΥΣ Κυκλικῆς θεωρίας μετεώρων τὸ Α, α — Cleomedis *De motu circulari corporum caelestium*, lib. I, c. 1. Ed. Hermann Ziegler, Leipzig (Teubner), 1891 ; p. 11.

n'existe rien hors du Monde : Le vide étant l'espace qu'un corps peut occuper, comme il n'y a aucun corps hors du Monde, le vide ne saurait non plus s'y trouver. De telle sorte, dit Cléomède, que là où il n'y a aucun liquide, il ne saurait non plus y avoir aucun vase. »

Après avoir rapporté cette boutade de Cléomède, Valla poursuit en ces termes :

« On me dira : Que se trouve-t-il donc, selon vous, au-delà du Monde ? J'avoue, répondrai-je, que je n'en sais rien. Si Aristote a souvenir d'y être allé, d'avoir contemplé ce qui s'y peut rencontrer, et d'avoir passé ensuite dans ce Monde-ci, qu'il nous en fasse le récit, à nous qui sommes doués d'une plus débile mémoire. Voici cependant ce que nous oserons affirmer : Notre esprit aspire à occuper un certain infini ; il tend toujours à un au-delà ; l'intelligence humaine ne saurait être contrainte à demeurer renfermée dans les bornes du Monde. Mais qu'en est-il de tout cela ? Seul le sait Celui qui a fait toutes choses.

« C'est pourquoi la doctrine en laquelle ceux-là (les sectateurs d'Aristote) sommeillent n'est pas une philosophie, mais une confiance téméraire et opiniâtre en son propre avis ; celui qui ne le voit pas ne voit pas clair ; il est aveugle ; pis qu'aveugle, il est paralysé en ses sens tant externes qu'internes et gît au fond d'un tombeau. »

Ces invectives résument l'opinion que les Humanistes professaient touchant la Philosophie d'Aristote.

XVIII

LA PHILOSOPHIE RÉACTIONNAIRE A L'ÉCOLE DE PADOUE (*suite*).
LES AVERROÏSTES, AGOSTINO NIFO.

Avec le Commentateur, leur maitre, les Averroïstes répondaient (1) : « Aristote a inventé les trois sciences, la Logique, la

(1) MARCI ANTONII ZIMARÆ philosophi consummatissimi *Tabula dilucidationum in dictis Aristotelis et Averrois.* Venetiis, apud Hieronymum Scotum, MDLVI ; p. 14. — Zimara résume fidèlement, en cet aphorisme, l'enseignement donné par Averroès en maint passage de ses commentaires.

Physique et la Théologie. Aucune erreur n'a pu être découverte en son œuvre jusqu'à nos jours, c'est-à-dire pendant quinze cents ans. Qu'une pareille disposition se soit rencontrée en un seul individu, c'est chose miraculeuse plutôt que naturelle à l'homme. »

Averroès était, d'ailleurs, pour ses sectateurs padouans, le dépositaire fidèle et l'interprète sagace de la pensée du Philosophe ; la méditation des enseignements du Commentateur était donc la seule attitude que pût prendre le penseur moderne, réduit, selon un mot que Jean de Jandun s'appliquait à lui-même, à n'être que le singe d'Aristote et d'Averroès.

Les dires échappés au psittacisme de l'École averroïste ne mériteraient guère de nous arrêter s'il ne se trouvait, même en cette École, certains esprits assez libres pour secouer parfois le joug.

Au nombre de ces Averroïstes indépendants, — indépendants parfois jusqu'au scepticisme cynique, — nous placerons Agostino Nifo. Nifo connaît fort bien les opinions des Terminalistes et, en particulier, d'Albert de Saxe qu'il nomme assez irrévérencieusement *Albertilla ;* ces opinions, il les adopte quelquefois, mais, le plus souvent, il les combat au profit de doctrines plus anciennes. D'ailleurs, sa grande érudition lui sert surtout à changer d'une année à l'autre l'École dont il se fait l'adepte. Dans sa jeunesse, élève de Niccolo Vernias de Chieti, il est Averroïste plus fervent encore que son maître. Puis, devenu Thomiste, il lutte avec âpreté contre les opinions du Commentateur, quitte à embrasser de nouveau, parfois, quelques-unes d'entre elles. Son scepticisme, qu'il étale avec impudence, lui permet de tirer vanité de ces perpétuelles variations.

Ces variations, nous aurons à les constater en suivant les opinions que Nifo a émises au sujet du lieu et du mouvement local.

Deux sources existent où nous devons puiser la connaissance de ces opinions ; l'une est un commentaire à la *Physique* d'Aristote, l'autre un commentaire au *De Cælo* du même auteur.

En terminant son commentaire (1) à la *Physique* d'Aristote, Nifo nous apprend qu'il l'a achevé en sa campagne d'Aviano,

---

(1) AUGUSTINI NIPHI PHILOSOPHI SUESSANI *Super octo Aristotelis Stagiritæ libros de physico auditu,* cum duplici textus translatione, antiqua videlicet, et nova

le 15 mai 1506. Mais ce livre est, en réalité, formé de deux ouvrages. Chaque texte du Stagirite donne lieu à des *Commentaria,* que suivent des *Recognitiones ;* celles-ci ont été rédigées un certain temps après ceux-là ; l'auteur y reprend, y corrige et, parfois, y change du tout au tout les opinions qu'il avait exposées en ses commentaires plus anciens.

Quant à l'exposition (1) sur le *De Caelo et Mundo,* elle est plus récente ; l'auteur nous apprend, en la terminant, qu'il y a mis la dernière main le 15 octobre 1514.

En son commentaire à la *Physique,* Nifo distingue (2), comme Paul Nicoletti, le lieu matériel, le lieu formel, le lieu efficient, le lieu final ; mais de ces quatre lieux il donne des définitions plus subtiles et plus raffinées :

« La matière du lieu, c'est le corps contenant. La forme du lieu, c'est la relation de ce lieu à l'ensemble de l'Univers ou bien encore, comme le veut Jean de Jandun, une certaine vertu céleste. »

Nifo ne cite pas l'auteur auquel il a emprunté la première de ces deux définitions du lieu formel ; mais nous le reconnaissons sans peine; cet auteur est Gilles de Rome.

C'est encore Gilles de Rome qu'il suit au sujet de l'immobilité du lieu :

« Les commentateurs disent que le lieu est immobile en tant que lieu formel. Ce lieu formel, c'est l'ordre même de l'Univers ; or cet ordre est stable ; il est donc raisonnable de dire que le lieu est absolument et simplement immobile. »

Nifo n'ignore pas que les *Juniores* formulent diverses objections à l'encontre de cette opinion de Gilles de Rome ; ces objections, il les réduit à deux chefs principaux :

ejus, ad Græcorum exemplarium veritatem ab eodem Augustino quam fidissime castigatis : Averrois Cordubensis in eosdem libros procemium, ac commentaria, cum ipsius Augustini Suessani refertissima expositione, annotationibus, ac postremo in omnes libros recognitionibus, castigatissima conspiciuntur... Venetiis. Apud Hieronymum Scotum, MDLIX.

(1) ARISTOTELIS STAGIRITÆ *de Cælo et Mundo libri quatuor, e græco in latinum ab* AUGUSTINO NIPHO PHILOSOPHO SUESSANO *conversi, et ab* EODEM *etiam præclara, neque non longe omnibus aliis in hac scientia resolutiore aucti expositione...* Venetiis, apud Hieronymum Scotum, MDXLIX.

(2) AUGUSTINI NIPHI *Expositio in libros de physica auscultatione,* comment. in lib. IV ; éd. cit., fol. 294.

« En premier lieu, il est possible ou tout au moins concevable que le Ciel entier subisse une translation dans la direction d'une de ses parties, sans que la Terre éprouve aucun changement ; l'ordre de la Terre dans l'Univers serait changé, bien que son lieu ne le fût pas.

« En outre, le lieu n'est pas une substance, mais un accident attribué à la surface terminale du contenant ; or, cette surface peut changer d'instant en instant ; l'ordre de cette surface par rapport à l'ensemble de l'Univers change en même temps, car l'attribut change nécessairement lorsque le sujet est remplacé par un autre sujet. »

Les objections sont puissantes ; elles ont conduit les Scotistes et les Occamistes à rejeter l'opinion de Gilles Colonna. Les arguments par lesquels Nifo prétend les réfuter semblent peu convaincants.

A la seconde, il répond que certains attributs peuvent passer, sans changement, d'un sujet à l'autre ; la lumière, à son avis, en est un exemple ; par là, il contredit à l'enseignement à peu près unanime de la Scolastique ; selon cet enseignement, la propagation de lumière consiste en la génération d'un éclairement au sein d'un corps qui était primitivement obscur et en la destruction d'une qualité semblable au sein du corps qui était primitivement éclairé.

La première objection contraint Nifo d'entendre de deux manières différentes la relation d'un corps à l'ensemble de l'Univers. On peut, d'une part, considérer la relation de ce corps à l'Univers naturel ; cette relation-là changera si l'on déplace l'ensemble de l'Univers tout en maintenant le corps immobile. On peut, d'autre part, considérer la relation de ce même corps à certains repères mathématiquement définis, à certains pôles imaginaires par exemple ; alors, si l'Univers se meut, les pôles réels sont changés, mais les repères définis mathématiquement, mais les pôles imaginaires demeurent invariables.

Pour rétorquer une des objections formulées, à l'encontre de la théorie de Gilles de Rome, par l'École de Paris, Nifo se voit forcé d'invoquer l'un des principes essentiels de cette École, savoir, que les termes fixes par rapport auxquels on juge du repos et du mouvement des corps ne sont pas des corps existant réellement et d'une manière concrète, mais des êtres géométriques purement conçus.

L'influence de l'École de Paris se fait d'ailleurs sentir à plusieurs reprises au cours du commentaire que nous analysons. Tout en rejetant la théorie de Burley, qui confère l'immobilité à l'*ubi* et non point au lieu, tout en admettant avec Gilles de Rome que, pour le corps *naturel* en mouvement, c'est le lieu formel qui est immobile, Nifo s'exprimait de la manière suivante au sujet du corps en mouvement *pris d'une manière absolue :* « En ce sens, le lieu est immobile selon la raison, car chaque fois qu'on le considère, on trouve qu'il est le même, bien qu'il soit autre en réalité. » Par là, il attribuait à la *ratio loci* non l'immobilité réelle, mais l'immobilité *par équivalence,* si bien définie par les Scotistes et les Occamistes.

En la *recognitio* qui suit le commentaire que nous avons étudié, Nifo regrette cette concession faite aux *Juniores.* « Dans les commentaires, dit-il, nous admettions cette opinion. Le lieu, en effet, peut être considéré de deux points de vue : ou bien comme lieu d'un corps mû d'un mouvement absolument quelconque, ou bien comme lieu d'un corps mû d'un mouvement naturel. Nous disions alors que le lieu considéré du premier point de vue était immobile par équivalence. Considéré au second point de vue, le lieu était pour nous simplement immobile, car il consistait en un rapport qui demeurait numériquement toujours le même. »

Mais en sa *recognitio,* Nifo ne se contente plus de ces opinions ; un principe lui semble maintenant incontestable ; c'est que toute considération sur l'immobilité du lieu est subordonnée à la possession d'un certain objet fixe : « Quel que soit le mouvement dont nous voulions parler, quel que soit le mobile dont le lieu nous préoccupe, il ne semble pas que l'on puisse attribuer l'immobilité à ce lieu si ce n'est par rapport à quelque chose de fixe. » Et ce quelque chose, ce n'est plus, sans doute, un terme géométrique, doué d'une pure existence conceptuelle ; bien que Nifo ne le dise pas formellement, ce doit être quelque corps concret. Un peu plus loin, d'ailleurs, il enseignera que ce repère fixe est formé par le centre et par

les pôles du Monde ; il déclarera que le lieu est la réunion de
la surface contenante et d'un rapport, de soi immobile, au
centre et aux pôles immuables ; ce rapport est le lieu formel,
qui est donc immobile, tandis que le lieu matériel se meut
sans cesse.

Rejetant ainsi ce qu'il avait autrefois emprunté aux Scotistes
et aux Occamistes, Nifo reprend dans toute sa pureté la doctrine de Gilles de Rome et, avec elle, le postulat averroïste sur
lequel elle est fondée, la nécessité de corps concrets absolument
fixes auxquels tout mouvement local est rapporté.

L'orbite suprême a un lieu accidentel, et ce lieu est le centre
du Monde. « C'est là, dit Nifo en son commentaire (1), ce
qu'Averroès, d'une manière absolument claire, a eu l'intention
d'enseigner. Et moi, dans ma jeunesse, je défendais sans relâ-
che l'opinion d'Averroès, et j'assurais qu'elle exprimait d'une
manière non douteuse la pensée d'Aristote. Mais aujourd'hui,
après avoir lu le texte grec d'Aristote et l'avoir examiné avec
attention, j'affirme plutôt que cette opinion est folie et qu'elle
n'atteint nullement le but proposé. » C'est donc à la théorie de
Thémistius que se range le philosophe de Sessa, non sans tenir
compte, en son commentaire, de l'exposition de saint Thomas
d'Aquin et de la discussion de Jean de Jandun.

Il est moins sévère pour Averroès dans la *recognitio* qui suit
son commentaire ; à cette proposition : Le Ciel est logé par son
centre, il cherche à donner un sens qui lui paraisse acceptable ;
il y parvient en entendant par *Ciel* non pas l'orbe suprême, mais
l'ensemble de toutes les sphères célestes, par *centre* non point
le globe terrestre central, mais la masse de tous les éléments.
Ainsi interprétée, en effet, cette proposition s'accorde parfaitement avec la doctrine de Thémistius ; mais, à coup sûr, elle
n'exprime plus la pensée du Commentateur.

En 1506, Nifo plaisantait au sujet de l'enthousiasme junévile
avec lequel il avait accueilli la théorie d'Averroès qu'il devait
bientôt traiter de folie ; en 1514, il se range de nouveau au
nombre des partisans de cette doctrine.

Il admet pleinement avec Aristote que le mouvement du Ciel

(1) Agostino Nifo, *loc. cit.*, fol. 301.

requiert l'immobilité de la Terre, et il se pose cette question (1) : A quel titre ce mouvement exige-t-il cette immobilité ? Voici la réponse :

« Le Ciel qui se meut requiert l'existence d'un corps immobile, et cela de trois manières différentes, comme lieu, comme matière, comme forme.

« Comme lieu, d'abord, car le centre immobile est le lieu du Ciel, comme le dit Averroès aux commentaires 43 et 45 du quatrième livre des *Physiques*.

« Comme matière, non comme matière en laquelle il soit contenu, ni comme matière de laquelle il soit formé, mais comme matière autour de laquelle il soit disposé.

« Comme forme, enfin, car en la définition de tout mobile est impliquée l'existence d'un objet fixe. En effet, un corps quelconque est dit se mouvoir lorsqu'il se comporte différemment d'instant en instant par rapport à une chose qui demeure en repos ; ce terme fixe est supposé, est conçu en la définition même du mouvement. Partant, les animaux mortels ont besoin, pour se mouvoir, d'un corps fixe, et le Ciel aussi, bien que d'une autre manière. Les animaux mortels ont besoin d'un corps fixe à la fois à titre de soutien, afin d'y appuyer leurs instruments de locomotion, et à titre de repère immobile, requis par la définition même du mouvement ; le Ciel n'a besoin d'un corps fixe que parce que la définition du mouvement le requiert...

« Albertilla s'élève contre cette exposition. Averroès a déclaré que la force de la conclusion qu'il s'agit de prouver est tirée de la proposition formulée au *De motibus animalium*, selon laquelle tout corps qui se meut requiert un corps immobile... Albertilla prétend que cette autorité n'a rien à voir à la question, car Aristote y parle seulement du mouvement des animaux mortels... Il dit, en outre, que les épicycles se meuvent, bien qu'ils ne possèdent en eux aucun corps autour duquel s'accomplisse leur révolution.

« Mais ce sont là de frivoles répliques. Aristote affirme d'une manière entièrement générale que tout mouvement requiert un

(1) AUGUSTINI NIPHI *Expositio in libros de Cœlo et Mundo*; lib. II; éd. cit., fol. 81.

objet fixe ; il l'affirme aussi bien des mouvements du Ciel que des mouvements des animaux mortels ; la preuve en est qu'après avoir formulé cette proposition, il ajoute : Tous les dieux et toutes les déesses, réunissant leurs forces, ne pourraient mouvoir l'ensemble de la Terre... Quant à ce petit orbe, à cette sorte d'œil que l'on nomme épicycle, ce n'est pas un corps réel ; nous dirons ailleurs comment on peut, sans y avoir recours, expliquer les phénomènes. »

Discussion aigre, et même empreinte de mauvaise foi, des théories d'Albert de Saxe, déclaration contre le système de Ptolémée, rien ne manque à ce commentaire de ce qui peut rendre plus évident le retour de Nifo aux doctrines averroïstes.

XIX

Nicolas Copernic et Joachim Rhaeticus.

Prise dans son intégrité, la théorie averroïste du lieu et du mouvement local n'était compatible avec aucun système astronomique autre que le système des sphères homocentriques. Le système de Ptolémée ne pouvait s'accorder avec une doctrine qui requérait l'existence concrète d'un corps immobile au centre de toute sphère céleste animée d'un mouvement de rotation, et qui voulait que ce corps fût la Terre. Pour les partisans d'une telle doctrine, les excentriques et les épicycles ne pouvaient être que les productions insensées d'une folle imagination.

Mais les raisons qui leur faisaient concevoir une telle opinion des hypothèses astronomiques admises par les successeurs de Ptolémée n'étaient pas moins hostiles aux suppositions de Copernic ; que le Soleil fût entraîné par une orbite excentrique à la Terre, ou que la Terre décrivit autour du Soleil un cercle dont le Soleil n'occupait pas le centre, les principes soutenus par Averroès se trouvaient également condamnés.

Il fallait donc, pour que Copernic pût proposer sa nouvelle doctrine astronomique, qu'il rejetât la théorie du lieu et du mouvement soutenue par le Commentateur et par ses disciples

En luttant avec persistance contre cette théorie, en discutant
et ruinant les arguments par lesquels elle prétendait s'imposer,
les Scotistes et les Occamistes se trouvaient avoir favorisé
l'avènement de l'Astronomie nouvelle.

En dépit donc de la faveur que la Physique averroïste retrou-
vait dans les Universités italiennes au moment où il les visita,
Copernic devait nécessairement s'attacher aux propositions que
les Parisiens avaient formulées au sujet du lieu et du mouvement.

Mais jusqu'où le réformateur de l'Astronomie allait-il suivre
la voie tracée par les disciples de Jean Duns Scot, de Guillaume
d'Occam et d'Albert de Saxe ?

Cette voie, il eût assurément pu la suivre jusqu'au bout.

Il eût nié, alors, que le repère immobile auquel le physicien
rapporte tous les mouvements des astres fût un corps concret,
réelle aent présent dans la nature ; il eût attribué à ce terme
fixe une existence purement conceptuelle et abstraite ; puis,
une fois son système astronomique construit, par la comparaison
de sa théorie avec les faits, il se fût efforcé de découvrir dans
la Nature des corps, doués d'existence actuelle, qu'il fût permis de regarder comme à peu près immobiles à l'égard de ce
repère, fixe par définition ; des corps qui fussent susceptibles
de fournir un terme *pratiquement* invariable auquel l'observateur rapporterait les mouvements sidéraux que le théoricien
regarderait comme peu différents des mouvements absolus,
seuls objets véritables de ses raisonnements.

Cette méthode est celle qu'avaient indiquée les plus profonds
penseurs de l'École ; elle devait sembler bien difficile à comprendre et à suivre aux contemporains de Copernic, à ces hommes de la Renaissance, en qui la faculté de concevoir les choses abstraites s'était étrangement affaiblie. Des siècles allaient
s'écouler avant que les physiciens retrouvassent les principes
qu'avaient posés, au début du xive siècle, les Scotistes et les
Occamistes, reprenant eux-mêmes la tradition de Damascius et
de Simplicius.

Copernic ne suivit donc pas entièrement les indications données par la plupart des maîtres parisiens. Quelques-uns d'entre
eux avaient marqué une route moins éloignée de la méthode

averroïste et qui n'exigeait pas, de ceux qui la voulaient parcourir, un sens de l'abstraction aussi aiguisé. C'est cette dernière route qui fut adoptée par le grand réformateur.

Pierre d'Ailly avait formulé d'une façon nette une opinion que Campanus de Novare et saint Bonaventure avaient conçue avant lui, que Jean le Chanoine et Albert de Saxe avaient combattue : Le corps absolument fixe qui sert de lieu à tous les corps de la Nature, auquel sont rapportés tous les mouvements locaux, est un corps concret ; c'est une sphère céleste qui enveloppe en son sein tous les autres orbes ; c'est l'Empyrée dont beaucoup de théologiens croyaient devoir admettre l'existence afin d'interpréter certains passages de l'Écriture.

Le parti adopté par Pierre d'Ailly est aussi celui auquel va se ranger Copernic ; mais il lui sera possible de concrétiser encore davantage le principe admis par l'Évêque de Cambrai. Il ne lui sera pas nécessaire d'attribuer l'immobilité à un orbe dont les raisonnements du théologien et du philosophe affirment seuls l'existence sans qu'il soit possible à nos sens de s'en assurer. La sphère ultime qu'il va prendre pour lieu de tous les corps célestes ou élémentaires, pour repère de tous les mouvements, c'est la sphère des étoiles fixes. En attribuant aux mouvements de la Terre tous les phénomènes que ses prédécesseurs expliquaient par les mouvements de cette huitième orbite et des deux orbites non constellées dont ils l'entouraient, il a conquis le droit d'immobiliser l'orbe des étoiles fixes aux bornes du Monde.

Si d'ailleurs quelque lecteur de Jean le Chanoine ou d'Albert de Saxe demandait à Copernic quel est le lieu de cette sphère étoilée, lieu des autres corps, le chanoine de Thorn lui répondrait qu'elle est à elle-même son propre lieu, qu'elle se contient elle-même.

Cette doctrine du réformateur de l'Astronomie transparaît déjà dans le passage suivant (1), inséré parmi les raisons que l'on a d'attribuer le mouvement diurne à la Terre plutôt qu'au Ciel :

(1) NICOLAI COPERNICI TORINENSIS *De revolutionibus orbium cœlestium libri sex* lib. I, cap. VIII.

« J'ajoute qu'il semble assez absurde d'attribuer le mouvement au corps qui contient et qui loge, et non point au corps contenu et logé, qui est la Terre. »

Mais l'opinion de Copernic s'affirme surtout, avec autant de concision que de netteté, en ces quelques phrases (1) :

« La première de toutes les sphères célestes, la sphère suprême, est la sphère des étoiles fixes ; elle se contient elle-même et contient toutes choses ; partant elle est immobile ; c'est-à-dire qu'elle est le lieu de l'Univers, le lieu auquel doivent être rapportés le mouvement et la position de tous les autres astres. — *Prima et suprema omnium est stellarum fixarum sphæra, seipsam et omnia continens; ideoque immobilis; nempe Universi locus, ad quem motus et positio cæterorum omnium syderum conferatur.* »

Les termes mêmes qu'en ce passage Copernic applique à l'orbe des étoiles fixes diffèrent à peine de ceux que saint Bonaventure et Campanus ont employés pour parler de l'Empyrée (2). Selon le Docteur Séraphique, en effet, l'Empyrée « est contenant et non contenu ». Selon le chapelain d'Urbain IV, « il est le lieu général et commun de toutes les choses qui sont contenues, car il contient toutes choses, et rien d'étranger ne le contient ».

Parmi les idées philosophiques qui ont présidé à la formation des théories astronomiques de Copernic, plusieurs n'apparaissent, au livre *Des révolutions,* que sous une forme extrêmement concise ; cette concision, quelquefois, laisserait le lecteur hésiter sur la véritable pensée de l'auteur. Presque toujours, en ce cas, les propositions que Copernic a voulu formuler se retrouvent, plus claires et plus explicites, en l'exposé de sa doctrine qui a été donné par son disciple Joachim Rhæticus.

Dès 1540, en effet, Joachim Rhæticus faisait imprimer la *Narratio prima de libris revolutionum Nicolai Copernici* qu'il avait adressée à Jean Schoner (3).

---

(1) Nicolas Copernic, *Op. cit.,* lib. I, cap. X : De ordine cœlestium orbium.

(2) Vide supra, § XIV.

(3) *Ad clarissimum virum D. Joannem Schonerum, De libris revolutionum eruditissimi viri, et Mathematici excellentissimi, Reverendi D. Doctoris Nicolai Copernici Torunnæi, Canonici Varmiensis, per* QUENDAM JUVENEM, MATHEMATICÆ STU-

Or, lorsque Rhæticus expose la distribution de l'Univers selon la doctrine de son maître, il s'exprime en ces termes (1), qui méritent d'être textuellement reproduits :

« Principio non mediocribus laboribus superatis per hypothesim constituit orbem stellarum, quem octavum vulgo appellamus, ideo a Deo conditum, ut esset domicilium illud, quod suo complexu totam rerum naturam complecteretur, quare ut Universi locum fixum immobilemque condidisse. Et quoniam non percipitur motus, nisi per collationem ad aliquod fixum, sicut navigantes in mari, « quibus nec amplius ullæ apparent terræ, « cœlum undique et urdiquo pontus », tranquille a ventis mari nullum navis motum sentiunt, tametsi tanta ferantur celeritate, ut in hora etiam aliquot miliaria magna emetiantur : ideo Deum tot eum orbem, nostra quippe causa, insignivisse globulis stellantibus, ut penes eos, loco nimirum fixos, aliorum orbium et planetarum contentorum animadverteremus positus ac motus. »

Il est impossible d'exprimer d'une manière plus claire et plus formelle que l'orbe des étoiles fixes est le lieu immobile de l'Univers entier, qu'il est le terme auquel tous les mouvements sont rapportés ; en un mot, qu'il joue exactement le rôle attribué à l'Empyrée par Campanus de Novare, par saint Bonaventure, par Pierre d'Ailly et peut-être par Nicolas de Orbellis et par Pierre Tataret.

XX

COUP D'ŒIL SUR LES TEMPS MODERNES

D'Aristote à Copernic, nous avons suivi l'évolution des théories qui ont été proposées au sujet du lieu et du mouve-

---

DIOSUM *Narratio prima*. In fine : Excusum Gedani per Franciscum Rhodum. MDXL. — Cet ouvrage a été réimprimé à Bâle en 1541, puis, à l'occasion du quatrième centenaire de la naissance de Copernic, en l'édition suivante : NICOLAI COPERNICI THORUNENSIS *De revolutionibus orbium caelestium libri VI. Ex auctoris autographo recudi curavit Societas Copernicana Thorunensis. Accedit* GEORGII IOACHIMI RHETICI *De libris revolutionum narratio prima.* Thoruni, sumptibus Societatis Copernicanae, MDCCCLXXIII. Nos citations se réfèrent à cette dernière édition.

(1) J. RHETICI *Narratio prima;* Universi distributio ; éd. cit., p. 465.

ment local ; après que l'Antiquité eut produit à ce sujet des doctrines nombreuses et variées, nous avons vu ces doctrines se partager peu à peu en deux groupes.

L'un de ces groupes de doctrines est dominé par le système averroïste ; ce système impose aux philosophes qui l'admettent une étroite et rigide contrainte ; l'immobilité de la Terre au centre d'un ensemble de sphères homocentriques, dont les révolutions uniformes doivent expliquer toutes les apparences célestes, se présente ici comme un dogme logique que l'on ne saurait nier sans tomber dans l'absurdité et la contradiction.

L'autre groupe de doctrines est l'œuvre, longuement reprise et perfectionnée, des Scotistes et des Occamistes ; un de ses buts avoués est de rendre à la toute-puissance de Dieu le droit de déplacer l'Univers entier, droit que l'Averroïsme lui refuse ; un autre de ses objets est de défendre l'Astronomie de l'Almageste de l'accusation d'illogisme que le Commentateur a soulevée contre elle. Or, en mettant les enseignements de la Théologie hors des prises d'une Physique trop ambitieuse, en revendiquant pour la théorie de Ptolémée le droit de se développer librement, les Parisiens qui ont formulé et soutenu ces doctrines ont rendu possible la formation de la théorie copernicaine.

L'évolution dont nous avons retracé les diverses phases jusqu'au jour où parurent *Les six livres des révolutions des orbes célestes* ne fut pas achevée ce jour-là. Sans doute, l'adoption de l'Astronomie de Copernic condamna à tout jamais certaines doctrines relatives au lieu et au mouvement local ; le système averroïste, qui tenait le mouvement de la Terre pour une hypothèse logiquement contradictoire, disparut sans retour. Mais la plupart des autres suppositions qui avaient été émises dans l'Antiquité, qui avaient été reprises au Moyen-Age, reparurent une troisième fois au cours des temps modernes, et les philosophes les discutèrent à nouveau, s'efforçant d'apporter toujours plus de clarté et plus de précision en ces difficiles problèmes.

L'histoire de ces débats serait du plus vif intérêt ; mais, pour la retracer, il nous faudrait nous écarter, et fort loin, des limites que nous avons assignées à cette recherche. Et cependant, il nous semble que celle-ci serait incomplète si nous n'énumérions pas rapidement les systèmes que les derniers siècles ont vu éclore au sujet du lieu et du mouvement local, si nous ne signalions pas brièvement les analogies qui rapprochent ces systèmes de ceux que nous avons décrits, et les disparates qui les en éloignent.

Voici d'abord Descartes.

Sa théorie du lieu et du mouvement n'est, on le reconnaît sans peine, qu'un essai pour accommoder la théorie d'Aristote au principe fondamental de sa Physique, à savoir que la matière est identique à l'étendue en longueur, largeur et profondeur.

Tout ce qu'il y a d'insoutenable en cette doctrine, qui fait du mouvement local quelque chose d'absolument inconcevable, apparaît clairement dans l'article (1) où Descartes essaye de définir *Ce que c'est que l'espace ou le lieu intérieur.*

« L'espace, ou le lieu intérieur, et le corps qui est compris en cet espace ne sont différens aussi que par notre pensée. Car, en effet, la même étendue en longueur, largeur et profondeur qui constitue l'espace, constitue le corps ; et la différence qui est entre eux ne consiste qu'en ce que nous attribuons au corps une étendue particulière, que nous concevons changer de place avec lui toutes fois et quantes qu'il est transporté, et que nous en attribuons à l'espace une si générale et si vague, qu'après avoir ôté d'un certain espace le corps qui l'occupait nous ne pensons pas avoir aussi transporté l'étendue de cet espace, à cause qu'il nous semble que la même étendue y demeure toujours pendant qu'il est de même grandeur et de même figure, et qu'il n'a point changé de situation au regard des corps du dehors par lesquels nous le déterminons. »

Pour que le mouvement local soit concevable, il faut qu'un corps puisse demeurer *le même* corps, tout en occupant successivement des parties *différentes* de l'étendue, et qu'une partie de l'étendue puisse demeurer *la même,* tout en étant occupée successivement par des corps *différents.* Cela, Descartes l'admet et l'exprime comme tout le monde. Comment donc peut-il sou-

____

(1) Descartes : *Les principes de la Philosophie ;* Seconde partie, art. 10.

tenir que le corps ne diffère pas réellement de l'espace qu'il occupe ?

Cette proposition, s'il voulait s'y tenir avec rigueur, arrêterait d'emblée toute sa Physique ; mais il semble qu'il l'oublie presqu'aussitôt qu'il l'a énoncée, de telle sorte qu'il parle des corps à peu près comme en ont parlé les philosophes qui ne les confondaient pas avec l'étendue.

En particulier, ce qu'il dit du lieu et du mouvement ressemble fort à ce qu'en a dit Aristote :

« Les mots de lieu et d'espace ne signifient rien (1) qui diffère véritablement du corps que nous disons être en quelque lieu, et nous marquent seulement sa grandeur, sa figure, et comment il est situé entre les autres corps. Car il faut, pour déterminer cette situation, en remarquer quelques autres que nous considérions comme immobiles ; mais selon que ceux que nous considérons ainsi sont divers, nous pouvons dire qu'une même chose en même temps change de lieu et n'en change point. Par exemple, si nous considérons un homme assis à la poupe d'un vaisseau que le vent emporte hors du port, et ne prenons garde qu'à ce vaisseau, il nous semblera que cet homme ne change pas de lieu, parce que nous voyons qu'il demeure toujours en une même situation à l'égard des parties du vaisseau sur lequel il est ; et si nous prenons garde aux terres voisines, il nous semblera aussi que cet homme change incessamment de lieu, parce qu'il s'éloigne de celles-ci, et qu'il approche de quelques autres ; si, outre cela, nous supposons que la terre tourne sur son essieu, et qu'elle fait précisément autant de chemin du couchant au levant comme ce vaisseau en fait du levant au couchant, il nous semblera derechef que celui qui est à la poupe ne change point de lieu, parce que nous déterminerons ce lieu par quelques points immobiles que nous imaginerons être au ciel. »

C'est à la suite d'une analyse semblable qu'Aristote définissait le lieu d'un corps : « La première enceinte immobile que l'on rencontre au voisinage de ce corps. — Τὸ τοῦ περιέχοντος πέρας ἀκίνητον πρῶτον, τοῦτ' ἐστιν ὁ τόπος. »

---

(1) Descartes : *Les principes de la Philosophie* ; Seconde partie, art. 13.

« Mais, ajoute Descartes, si nous pensons qu'on ne saurait rencontrer en tout l'Univers aucun point qui soit véritablement immobile, comme on connaîtra par ce qui suit que cela peut être démontré, nous conclurons qu'il n'y a point de lieu d'aucune chose au monde qui soit ferme et arrêté sinon que nous l'arrêtons en notre esprit. »

Descartes conçoit du lieu une notion très analogue à celle qu'Aristote a définie ; comme Aristote, il ne peut attribuer de lieu à un corps sans chercher dans l'Univers un terme immobile ; mais à la différence du Stagirite qui croit à l'existence de ce terme immobile et pense l'avoir désigné, le Philosophe français affirme que ce terme n'existe pas ; pour lui donc, un corps n'a pas de lieu absolu ; il n'a jamais qu'un lieu relatif, dépendant d'une convention par laquelle il nous plaît de déclarer que la fixité sera attribuée à tel corps ; mais cette convention, purement arbitraire, peut être changée par un simple décret de notre bon plaisir ; un même corps peut donc avoir autant de lieux différents qu'il nous plaira de lui en attribuer.

Dire qu'il n'y a, pour un corps, aucun lieu absolu, c'est dire qu'il n'y a point de mouvement qui ne soit relatif. Descartes n'y manque point (1) :

« Le mouvement, selon qu'on le prend d'ordinaire, n'est autre chose que l'*action par laquelle un corps passe d'un lieu en un autre*. Et partant, comme nous avons remarqué ci-dessus qu'une même chose en même temps change de lieu et n'en change point, de même aussi nous pouvons dire qu'en même temps elle se meut et ne se meut point. Car, par exemple, celui qui est assis à la poupe d'un vaisseau que le vent fait aller croit se mouvoir quand il ne prend garde qu'au rivage duquel il est parti, et le considère comme immobile ; et ne croit pas se mouvoir quand il ne prend garde qu'au vaisseau sur lequel il est, parce qu'il ne change point de situation au regard de ses parties... »

« Mais si... nous désirons savoir ce que c'est que le mouvement selon la vérité, nous dirons, afin de lui attribuer une nature qui soit déterminée : qu'il est le transport d'une partie

---

(1) DESCARTES : *Les principes de la Philosophie ;* Seconde partie, art. 24 et 25.

de la matière ou d'un corps du voisinage de ceux qui le touchent immédiatement, et que nous considérons comme en repos, dans le voisinage de quelques autres. » Nous pourrons donc attribuer à un même corps, en même temps, autant de mouvements différents qu'il nous plaira ; il nous suffira de changer autant de fois le corps « que nous considérons comme un repos ».

Il nous est aisé de caractériser brièvement cette théorie du lieu et du mouvement proposée par Descartes ; c'est la théorie d'Aristote et d'Averroès, mais à laquelle la révolution Copernicaine a soustrait le terme immobile, le $\tau\grave{o}\ \dot{\alpha}\kappa\acute{\iota}\nu\eta\tau o\nu\ \pi\rho\tilde{\omega}\tau o\nu$ que cette dernière théorie requérait.

Nous ne nous attarderons pas à exposer ici les discussions provoquées par la relativité absolue du lieu et du mouvement ; ces discussions occupent une place importante en l'histoire du Cartésianisme. Nous nous bornerons à citer quelques passages du dernier partisan qu'ait eu la théorie cartésienne du lieu et du mouvement ; pour formuler cette théorie, Étienne Simon de Gamaches (1) a su mettre en son discours une précision et une netteté qui surpassent celles même que Descartes avait atteintes.

« Les corps qu'on dit en mouvement, et ceux qu'on dit en repos, ont toujours la même relation au *lieu intérieur* qu'ils occupent ; car ce lieu, c'est l'étendue même qui constitue leur nature. Un corps ne peut donc avoir d'état déterminé que relativement aux autres corps qui l'environnent, et qui lui servent de *lieu extérieur*, ou si l'on veut de lieu physique... Je n'ai donc plus qu'à montrer que de là se tire nécessairement le mouvement relatif et réciproque ; mais rien n'est plus facile.

(1) *Système du mouvement*, par M. de Gamaches, chanoine régulier de Sainte-Croix de la Bretonnerie ; imprimé dans : *Essay sur le mouvement où il est traité de sa nature, de son origine, de sa communication, des chocs des corps qu'on suppose parfaitement solides, du plein et du vuide, et de la nature de la réaction*, par Monsieur de Crousaz, de l'Académie Royale des Sciences de Paris, et Professeur de Mathématiques et de Philosophie dans l'Université de Groningue. A la Haye, chez Alberts et Van der Kloot, MDCCXXVIII. — Réimprimé dans : *Astronomie physique ou Principes généraux de la nature appliqués au mécanisme astronomique et comparés aux Principes de la Philosophie de M. Newton*, par M. de Gamaches, chanoine régulier de Sainte-Croix de la Bretonnerie, de l'Académie Royale des Sciences ; à Paris, chez Charles-Antoine Jombert, MDCCXL. Première dissertation.

On voit d'abord que la masse totale de la matière ne peut être ni en mouvement, ni en repos ; car qui dit repos ou mouvement dit, comme on en convient, rapport à quelque chose d'extérieur ; or que pourrait-on supposer au-delà de l'étendue? Mais si l'état de la masse de la matière n'est point déterminé, celui de ses parties ne peut l'être non plus : l'un est une suite nécessaire de l'autre. Il est vrai que chaque corps particulier, comparé à chacun de ceux qui l'environnent et qui lui servent de lieu physique, a nécessairement différents états physiques, et cela tout à la fois ; il n'y en a point que l'on ne puisse dire être en même temps et en repos, et en mouvement, et avoir toutes les directions et tous les différens degrés de vitesse déterminés dans l'ordre de la nature. Ce n'est pas tout; car les corps se servant mutuellement de lieu extérieur, la détermination de leur état doit être aussi mutuelle ; ainsi quand ils changent entre eux de rapports de distance, le mouvement est nécessairement réciproque, et ne peut être attribué aux uns plutôt qu'aux autres que par supposition... »

« On ne peut donc, sans se tromper, juger de l'état des choses par rapport à quelque lieu physique que ce soit. En effet, qu'un boulet de canon en obéissant à l'impression de la poudre cessât de suivre celle du mouvement de la Terre ; il est certain que le boulet dans cet état nous paraîtrait se mouvoir, et cela parce que nous le verrions répondre successivement à différentes parties d'un espace que nous jugerions ne point changer de place ; mais un astronome penseroit autrement que nous ; accoutumé à former son lieu physique de l'assemblage des étoiles fixes, il jugeroit le boulet arrêté, et supposeroit qu'au dessous se déroberoit la surface de la terre. Or, je dis que sa méprise seroit égale à la nôtre ; car ce qu'il regarderoit comme fixe n'a nul caractère de stabilité qui le distingue du lieu que nous occupons. Nous ne sommes pas sûrs que toutes les étoiles soient toujours dans la même situation les unes à l'égard des autres ; mais quand elles conserveraient toujours entre elles les mêmes rapports de distance, je ne vois pas qu'on en pût conclure autre chose, sinon qu'elles se trouveraient dans le cas où se trouvent les parties de tout corps solide ; leur repos seroit relatif. On aura donc beau prendre leur assemblage pour le lieu physique de tous les corps qui sont à la portée de nos sens, nous serons toujours en droit de regarder ce lieu comme un corps particulier, capable lui-même de changer d'état par rapport à quelque autre espace plus étendu, dans lequel, si bon nous semble, nous le supposerons renfermé ; car quelles bornes peut-on donner à l'Univers ? Ajoutons à cela que, quelque supposition que l'on fasse, l'état d'aucun lieu physique ne peut jamais être déterminé ; car s'il est vrai, comme je l'ai déjà fait voir, que la masse totale de la matière ne soit ni absolument en repos, ni absolument en mouvement, on doit convenir que quand toutes ses parties se trouveroient dans un parfait repos relatif, le tout n'en deviendroit pas plus propre à former un lieu physique sur l'état duquel on pût rien statuer... »

« Pour ne nous point tromper, il faudroit que nous ne regardassions les différentes parties de la matière que comme feroit une pure intelligence spectatrice de l'Univers entier, et qui ne seroit attachée à aucun lieu physique ; c'est qu'alors, comme rien ne nous serviroit de point fixe, nous n'aurions nulle peine à concevoir que tout est respectif dans le mouvement ; je veux dire que nous jugerions, par exemple, qu'on pourrait également penser que c'est la terre qui se meut, ou que ce sont les cieux qui tournent autour de la terre ; toute supposition, toute hypothèse nous paraîtroit également fondée... »

« Au reste, les suppositions qu'on ne donne que pour ce qu'elles sont ont toujours leur utilité ; elles soulagent notre imagination en fixant nos idées. Les opérations physiques demandent souvent qu'on en fasse, et alors c'est aux plus simples qu'on doit s'attacher. Ainsi que je voulusse faire des expériences pour justifier les lois du mouvement, je commencerois par supposer la terre en repos ; car autrement je ne pourrois avoir que des mouvements compliqués, dont l'examen fatigueroit plutôt l'esprit qu'il ne l'éclaireroit. Mais si je voulais établir le système du monde, je ferois le contraire ; je supposerois la Terre en mouvement ; c'est que le jeu méchanique des parties de l'Univers en deviendroit plus facile à suivre, et puis cette supposition fourniroit même plus d'uniformité. Car dès qu'on fait mouvoir les planètes, pourquoi une seule se trouveroit-elle exceptée ? Mais avec tout cela je ne ferois que des suppositions, et si je prenois les plus simples, ce ne seroit que parce que je les trouverois plus commodes ; c'est que rien ne m'obligeroit absolument à leur donner la préférence. »

Lorsqu'en 1277, les théologiens que présidait Étienne Tempier eurent décrété que le centre du Monde pouvait, sans absurdité, être mû, celui qui eût voulu concilier avec cette décision les principes de la théorie averroïste du lieu eût abouti au système que Gamaches vient d'exposer avec tant de rigueur logique.

Mais il ne suffit pas qu'une théorie du mouvement se déduise d'une manière parfaitement exacte des principes dont elle se réclame ; il faut encore qu'elle permette la construction d'une Mécanique dont les corollaires s'accordent avec les lois révélées par l'observation.

Gamaches avait fort bien aperçu ce point ; il avait fort bien vu que le système de Descartes ne pouvait subsister si l'on ne construisait une Mécanique exclusivement fondée sur la considération du mouvement relatif, une Mécanique dont les lois gardassent la même forme quel que fût le corps que le physicien voulût prendre comme lieu immobile ; cette Mécanique, il s'est efforcé de la formuler ; mais sa tentative était condamnée d'avance, et par les propres principes de la Physique Cartésienne.

L'un des principaux titres de Descartes est d'avoir clairement énoncé la loi première et fondamentale de toute la Dynamique moderne, la loi de l'inertie :

« Premièrement, dit-il (1), je suppose que le mouvement qui est une fois imprimé en quelque corps y demeure perpétuellement, s'il n'en est ôté par quelque autre cause, c'est-à-dire que *quod in vacuo semel incoepit moveri, semper et aequali celeritate movetur.* » En particulier, et la proposition est expressément formulée aux *Principes de Philosophie,* un corps en repos ne commencera jamais à se mouvoir de lui-même.

Or, comment pourrait-on adopter, ou seulement énoncer, une pareille loi si l'on tenait pour exacte la théorie cartésienne

____

(1) DESCARTES à *Mersenne,* d'Amsterdam, le 13 novembre 1639 (*Œuvres de Descartes,* publiées par Adam et Tannery, *Correspondance,* t. 1, art. XIV, p. 69). — Cf. DESCARTES, *Les principes de la Philosophie,* seconde partie, art. XXXVII.

du mouvement, que Gamaches a exposée avec une si entière rigueur? Comment affirmer qu'un corps qui se trouve dans le vide demeure en repos ou se meut d'un mouvement rectiligne uniforme, puisqu'un choix convenable du lieu physique nous permet de lui attribuer indifféremment tous les mouvements qu'il nous plaira de concevoir? La loi de l'inertie ne peut être adoptée que par des physiciens résolus à rejeter la théorie cartésienne du lieu et du mouvement, et à recevoir une théorie toute différente.

La théorie cartésienne était une sorte de transposition de la théorie d'Aristote et d'Averroès ; celle que Newton lui substitue, celle au moyen de laquelle il expose la nouvelle Dynamique et la nouvelle Mécanique céleste, n'est autre que l'antique doctrine de Jean Philopon.

« L'espace absolu, dit-il (1), est, par nature, exempt de toute relation à quelque objet extérieur que ce soit ; il demeure toujours semblable à lui-même et immobile. L'espace relatif est une certaine mesure, une certaine dimension mobile de cet espace absolu ; il est défini d'une manière sensible au moyen de sa situation par rapport à certains corps ; on le prend habituellement pour l'espace immobile ; c'est ainsi qu'on détermine la mesure de l'espace souterrain, aérien ou céleste, au moyen de la situation par rapport à la Terre. L'espace absolu et l'espace relatif ont même figure et même grandeur, mais ils ne restent pas toujours numériquement identiques. Que la Terre, par exemple, se meuve ; l'espace relatif que notre air occupe, espace déterminé par comparaison à la Terre, demeurera sans cesse le même ; mais la partie de l'espace absolu par laquelle passe cet air changera d'un instant à l'autre.

« Le lieu est la partie de l'espace que le corps occupe ; il est absolu ou relatif comme l'espace dont il fait partie... Le mouvement absolu est le transport d'un corps d'un lieu absolu en un autre lieu absolu ; le mouvement relatif est le passage d'un lieu relatif à un autre lieu relatif. »

Ce que Newton a écrit jusqu'ici n'exprime rien de plus que la

______

(1) *Philosophiæ naturalis principia mathematica* auctore ISAACO NEWTON ; Definitiones, scholium.

doctrine de Jean Philopon. Voici maintenant qu'il aborde une question nouvelle et que nul, avant lui, ne s'était efforcé de résoudre.

L'espace absolu ne tombe pas sous les sens ; comment donc pourrons-nous reconnaître si un corps occupe toujours la même partie de cet espace, ou s'il en occupe une partie qui change d'instant en instant ? En d'autres termes, comment pourronsnous discerner si ce corps est en repos absolu ou en mouvement absolu ? Et comment pourrons-nous décider que son mouvement absolu est tel mouvement et non point tel autre ?

« C'est chose fort difficile, dit Newton (1), de reconnaître le mouvement véritable de chaque corps et de le discerner de son mouvement apparent ; en effet, les diverses parties de cet espace immobile en lequel se produisent les mouvements véritables des corps, ne tombent pas sous les sens. La cause, cependant, n'est pas entièrement désespérée. On peut, pour la juger, tirer argument d'une part des mouvements apparents des divers corps, qui sont les différences des mouvements vrais, et d'autre part, des forces qui produisent les mouvements vrais ou qui sont produits par eux. »

Supposons, par exemple, que deux sphères, reliées l'une à l'autre par un fil, tournent d'un mouvement uniforme autour d'un axe perpendiculaire à ce fil ; le lien qui unit ces deux sphères éprouvera une tension d'autant plus grande que le mouvement de rotation sera plus rapide. Cette tension, engendrée par un mouvement absolu de rotation, n'existerait pas si la rotation des deux sphères était purement relative et si l'état absolu de ces corps était un état de repos.

Ainsi, pour reconnaître si le mouvement absolu d'un groupe de corps est bien tel mouvement que l'on a imaginé, on calculera d'abord les effets qu'un tel mouvement, s'il est absolu, doit produire dans ce groupe de corps ; puis, par les procédés divers dont dispose l'expérimentateur, on mesurera les actions qui s'y exercent en réalité et on examinera si elles concordent ou non avec celles dont on a prévu l'existence et la grandeur.

Cette méthode suppose évidemment que l'on possède une

(1) NEWTON, *loc. cit.*

théorie mécanique propre à calculer les effets qui doivent se produire dans un système animé d'un mouvement donné et des instruments aptes à déceler et à étudier ces effets ; elle est donc subordonnée aux postulats dont découle cette théorie et aux hypothèses qui justifient l'emploi de ces instruments ; la confiance que l'on accorde à ces postulats et à ces hypothèses est la mesure de la certitude que l'on est en droit d'attribuer aux renseignements obtenus par cette méthode.

Cette méthode, dont la légitimité a pour unique fondement la certitude que l'on attribue à la Dynamique newtonienne, rencontre, dans les principes mêmes de cette Dynamique, une borne infranchissable qui en limite la portée. En vertu de ces principes, les actions mécaniques qui se manifestent au sein d'un système dont toutes les parties se transportent suivant une même direction invariable avec une même vitesse constante sont identiquement les mêmes que si ce système demeurait immobile ; il sera donc impossible de décider si le système est animé d'une translation uniforme ou s'il est en repos absolu. Plus généralement, les effets mécaniques ne changent nullement au sein d'un système si, au mouvement qui anime ce système, on substitue un second mouvement, obtenu en composant le premier avec une translation uniforme quelconque ; la Mécanique de Newton ne permettra donc jamais de décider si le mouvement absolu du système est le premier mouvement ou le second.

Newton n'a pas eu occasion de formuler explicitement cette vérité ; elle intervient, cependant, en certaines considérations qu'il développe et dont nous allons dire un mot.

Supposons qu'un système matériel soit formé de corps dont les diverses parties s'attirent ou se repoussent mutuellement suivant des lois quelconques, tandis qu'elles sont soustraites à toute action extérieure. Le centre de gravité d'un semblable système demeure immobile, ou bien il se meut d'un mouvement rectiligne et uniforme (1).

Mais ce centre de gravité est-il immobile ou se meut-il ? S'il

---

(1) Isaac Newton, *Philosophiæ naturalis principia mathematica ;* Axiomata sive leges motus ; corollarium IV.

se meut, dans quelle direction marche-t-il, et avec quelle vitesse ? Si nous ne pouvons comparer la position du système à aucun repère considéré comme fixe, il ne nous sera pas possible d'obtenir une réponse à ces questions en interrogeant la seule étude des actions mécaniques qui s'exercent au sein de ce système ; en effet, selon la Dynamique newtonienne, les lois de ces actions ne dépendent aucunement de la solution qu'il nous plairait de donner au problème posé.

Si donc nous négligeons les actions que les étoiles exercent sur les astres plus voisins de nous, nous pourrons affirmer que le centre de gravité du système solaire est ou bien un point immobile ou bien un point qui se meut en ligne droite avec une vitesse constante (1). Mais il n'existera aucune raison qui, entre ces deux propositions, nous impose tel choix plutôt que tel autre ; et si nous choisissons la seconde, nous n'aurons aucun moyen de la préciser davantage.

Newton choisit, cependant, et voici les motifs qui guident son choix :

Tous les physiciens, remarque-t-il (2), se sont accordés à affirmer que le centre du Monde était immobile. Ils se sont partagés lorsqu'il s'est agi de désigner ce centre ; les uns ont voulu que ce fût le centre de la Terre, les autres que ce fût le centre du Soleil. De ces suppositions contradictoires, ni l'une ni l'autre ne peut être adoptée ; ni le centre de la Terre, ni le centre du Soleil ne peut être tenu pour immobile par qui possède les véritables principes mathématiques de la Philosophie naturelle. Mais rien n'empêche de tenir pour vraie la proposition en laquelle concordaient tous les anciens physiciens et de formuler cette hypothèse (3) : Le Monde a un centre, et ce centre est immobile.

D'ailleurs, comme rien n'empêche d'admettre l'immobilité du centre de gravité du système solaire, Newton supposera, en effet, que ce point est le centre immobile de l'Univers (4).

---

(1) Isaac Newton, *Philosophiæ naturalis principia mathematica*; Liber tertius : De Mundi systemate, Propositiones ; propositio XI, theorema XI.

(2) Isaac Newton, *loc. cit.*, propositio XII, theorema XII.

(3) Isaac Newton, *loc. cit.*, hypothesis I.

(4) Isaac Newton, *loc. cit.*, propositio XI, theorema XI.

Cette hypothèse lève l'indétermination que laissait subsister la Dynamique newtonienne en l'étude du mouvement absolu d'un corps ou d'un ensemble de corps.

La supposition que l'Univers admet un centre immobile complète l'analogie, déjà bien saisissante, entre la théorie enseignée par Newton au sujet du lieu et du mouvement et celle qu'avait professée Jean Philopon.

Cette théorie de Jean Philopon est celle qu'ont adoptée, d'une manière plus ou moins explicite, la plupart des grands mécaniciens de l'École newtonienne ; nul ne l'a formulée plus nettement que Léonhard Euler (1).

« L'inertie d'un corps, dit Euler (2), ne se règle point sur les corps voisins ; mais il est bien sûr qu'elle se règle sur l'idée du lieu, que les mathématiciens regardent comme réelle et les métaphysiciens comme imaginaire. »

Selon la Mécanique, un corps qui se trouve en repos à un certain moment et qu'aucune force ne sollicite demeure indéfiniment au même lieu. « On ne saurait dire que ce principe de Mécanique ne soit fondé que sur une chose qui ne subsiste que dans notre imagination ; et de là il faut conclure absolument que l'idée mathématique du lieu n'est pas imaginaire, mais qu'il y a quelque chose de réel au monde qui réponde à cette idée. Il y a donc au monde, outre les corps qui le constituent, quelque réalité que nous nous représentons par l'idée du lieu... »

« La réalité de l'espace se trouvera encore établie par l'autre principe de la Mécanique, qui renferme la conservation du mouvement uniforme selon la même direction. Car si l'espace et le lieu n'étaient que le rapport des corps coexistans, qu'est-ce que ce serait que la même direction ? On sera bien embarrassé d'en donner une idée par la seule relation mutuelle des corps coexistans, sans y faire entrer celle de l'espace immobile. Car de quelque manière que les corps se meuvent et changent de situation entre eux, cela n'empêche pas qu'on conserve une idée assez claire d'une direction fixe que les corps tâchent de

---

(1) Euler, *Réflexions sur l'espace et le temps* (*Histoire de l'Académie royale des Sciences et Belles-lettres de Berlin :* tome IV, 1750, pp. 324-333).

(2) Euler, *loc. cit.,* pp. 328-330.

suivre dans leur mouvement, malgré tous les changements que les autres corps subissent. D'où il est évident que l'identité de direction, qui est une circonstance fort essentielle dans les principes généraux du mouvement, ne saurait absolument être expliquée par la relation des corps coexistans. Donc, il faut qu'il y ait encore quelque autre chose de réel, outre les corps, à laquelle se rapporte l'idée d'une même direction ; et il n'y a aucun doute que ce ne soit l'espace, dont nous venons d'établir la réalité (1). »

Malgré la grande autorité de Newton et d'Euler, bien des esprits ne pouvaient souscrire à la théorie de Jean Philopon ; il leur répugnait d'attribuer une réalité à cet espace immobile qui, cependant, n'était pas un corps ; alors, à l'exemple d'Averroès, ils cherchaient dans la nature un corps concret absolument immobile, auquel on pût rapporter les mouvements de tous les autres corps ; avec Copernic, ils demandaient à l'ensemble des étoiles de leur fournir ce repère fixe.

Déjà Euler s'élevait (2) contre cette manière de définir le lieu : « S'ils disaient que c'était par rapport aux étoiles fixes qu'il fallait expliquer le principe de l'inertie, il serait bien difficile de les réfuter... Mais... ce serait une proposition bien étrange et contraire à quantité d'autres dogmes de la Métaphysique, de dire que les étoiles fixes dirigent les corps dans leur inertie. »

Cette proposition qu'Euler déclare « bien étrange et contraire à quantité d'autres dogmes de la Métaphysique » a cependant été formulée, de nos jours, par M. Ernst Mach. « Quelle est, dit-il (3), l'influence que chaque masse exerce, en la loi d'inertie, sur la direction et la vitesse du mobile ? Nos expériences ne nous fournissent aucune réponse à cette question. Nous savons seulement qu'en ce qui concerne cette influence, les masses les plus rapprochées sont négligeables en comparaison des masses éloignées. Nous pourrions rendre entière-

---

(1) La pensée d'Euler est moins nette et plus incertaine en sa *Theoria motus corporum solidorum seu rigidorum*, 1765. Voir, à ce sujet : HEINRICH STREINTZ *Die physikalischen Grundlagen der Mechanik*, Leipzig. 1883 ; pp. 40-51.

(2) EULER, *Réflexions sur l'espace et le temps*. p. 328.

(3) ERNST MACH, *Die Geschichte und die Wurzel des Satzes von der Erhaltung der Arbeit :* Prag. 1872, p. 50.

ment compte de tous les faits qui nous sont connus en faisant l'hypothèse simple que les divers corps exercent cette action avec une intensité proportionnelle à leur masse et indépendante de leur distance, ou bien proportionnelle à leur distance. Nous pourrions encore adopter cette autre formule : Aussitôt que des corps sont assez éloignés les uns des autres pour ne plus exercer d'influence appréciable sur leurs accélérations respectives, leurs distances mutuelles varient de manière à garder un rapport invariable. »

Cette curieuse hypothèse formulée par M. Ernst Mach ne résout pas le problème du lieu et du mouvement absolu ; elle parle de vitesses et d'accélérations ; elle nous oblige donc à nous demander quel est le terme, immobile par définition, auquel ces mouvements sont rapportés.

Dire que ce repère fixe, que ce lieu de tous les corps est constitué par l'ensemble des étoiles, cela se pouvait faire à l'époque de Copernic, alors que l'on regardait les étoiles comme formant un système de figure invariable, une configuration solide. Du jour où l'on abandonnait cette hypothèse, on n'avait plus le droit de prendre pour lieu immobile le groupement des étoiles, dont la forme était susceptible de varier incessamment. Or, dès 1718, Bradley montrait que les changements de position des étoiles que l'on avait appelées fixes étaient accessibles à nos moyens d'observation ; et avant que ces mouvements propres des étoiles eussent pu être constatés, la théorie de la gravité universelle avait affirmé leur réalité. Perceptibles ou non, ces mouvements privent le système des étoiles de l'absolue rigidité ; selon la remarque déjà faite par Gamaches, prendre ce système comme lieu physique des corps, comme masse absolument fixe par définition, ce serait commettre une absurdité.

Pour fuir cette absurdité, les physiciens qui réclament, comme Averroès, un corps concret capable de servir de terme de comparaison absolument fixe, ne chercheront plus ce terme dans le système des étoiles fixes ; d'ailleurs, aucun des corps qui tombent sous nos sens n'est, plus que le système des étoiles fixes, absolument invariable de forme ; il leur faudra donc admettre que le corps rigoureusement indéformable qu'ils conviendront de traiter en repère rigoureusement fixe, est un corps inaccessible à l'observation directe, dont l'existence ne se constate pas mais se conclut, car, sans elle, on ne pourrait constituer la théorie du lieu et du mouvement ; ils reprendront un raisonnement tout semblable à celui par lequel un Pierre d'Ailly prouvait l'existence d'un Empyrée rigide et immobile.

Dans les temps modernes, nul n'a suivi cette méthode avec plus de rigueur, nul n'en a donné un exposé plus clair et plus précis que M. Carl Neumann (1).

« Cette proposition de Galilée, dit M. Carl Neumann (2) : Un point matériel abandonné à lui-même se meut en ligne droite, nous apparaît comme un théorème dénué de contenu, comme un théorème qui reste en l'air et qui, pour devenir intelligible, requiert un certain fondement. Il faut qu'en l'Univers un corps particulier nous soit donné, qui puisse servir de base à notre jugement, qui soit l'objet par rapport auquel tous les mouvements doivent être évalués... Nous reconnaissons aisément que tous les mouvements qui se produisent dans l'Univers, et même que tous les mouvements concevables, doivent être rapportés à *un seul et même* corps. Où ce corps se trouve-t-il ? Quelles raisons avons-nous d'attribuer à un corps particulier un rôle à ce point extraordinaire et dominateur ? Ce sont questions qui, jusqu'ici, n'ont reçu aucune réponse.

« Nous devons donc, à titre de premier principe de la théorie de Galilée et de Newton, formuler cette proposition : En une région inconnue de l'Univers, il existe un corps également inconnu, qui est un corps absolument rigide, un corps dont la figure et les dimensions demeurent invariables au cours du temps.

« Qu'il me soit permis, en vue de la brièveté du discours, de nommer ce corps le *corps Alpha*. Il sera désormais admis que lorsqu'on parle du mouvement d'un point, on n'entend pas parler de son changement de position par rapport à la Terre ou

---

(1) C. NEUMANN, *Ueber die Principien der Galilei-Newton'schen Theorie*, Academische Antrittsvorlesung gehalten in der Aula der Universität Lepzig am 3 November 1869 ; Leipzig, 1870.
(2) C. NEUMANN, *loc. cit.*, pp. 14-21.

par rapport au Soleil, mais de son changement de position par rapport au corps Alpha.

« Considéré à ce point de vue, la loi de Galilée devient clairement intelligible ; elle se présente à nous comme un second principe qui consiste en ceci : Un point matériel abandonné à lui-même se meut en ligne droite, c'est-à-dire qu'il décrit une trajectoire qui est rectiligne par rapport au corps Alpha...

« En règle générale, on a grand soin d'ignorer ce corps Alpha. On parle d'espace *absolu,* de mouvement *absolu ;* mais on ne saurait voir en ces expressions que d'autres mots qui expriment la même chose. En effet le caractère, l'essence propre du mouvement absolu consiste — personne n'oserait le contester — en ceci : Tous les changements de position doivent être rapportés à un seul et même objet ; cet objet est un objet doué d'étendue et invariable, qui ne peut, d'ailleurs, être le sujet d'aucune description plus détaillée. C'est précisément cet objet que j'ai désigné comme un corps solide inconnu et que j'ai nommé le corps Alpha.

« Ici se pose à nous une nouvelle question : Ce corps est-il doué d'une existence réelle et concrète, analogue à l'existence de la Terre, du Soleil et des autres corps célestes ? A cette question, nous pourrions, me semble-t-il, répondre en ces termes : L'existence du corps Alpha peut faire l'objet d'une supposition aussi légitime, aussi certaine que l'hypothèse de l'existence de l'éther lumineux ou du fluide électrique. »

Alors même qu'ils souscriraient tous à cette formule de M. Carl Neumann, les physiciens ne seraient pas tous d'accord au sujet de la nature et du degré d'existence qu'il convient d'attribuer au corps Alpha ; tous ceux, en effet, qui font reposer l'Optique sur cette hypothèse : Il existe un éther lumineux, n'entendent pas dans le même sens la proposition qu'ils formulent cependant dans les mêmes termes.

Pour les uns, les hypothèses de la Physique consistent à supposer que certains corps existent effectivement ou possèdent effectivement telle ou telle propriété. Pour ces physiciens, formuler cette hypothèse · Il existe un éther lumineux, c'est supposer qu'il se trouve réellement dans le Monde un corps dont les qualités sont, au moins approximativement, celles que l'on attribue à l'éther ; si l'on pouvait démontrer qu'un tel corps n'a pas d'existence concrète, ces physiciens tiendraient pour fausse l'hypothèse de l'éther ; alors cette hypothèse devrait être abandonnée et l'Optique fondée sur d'autres suppositions.

Pour les physiciens qui attribuent une telle portée aux hypothèses de la Physique théorique, supposer que l'existence du corps Alpha est de même nature que l'existence de l'éther lumineux, c'est attribuer au corps Alpha une existence réelle et concrète, hors de notre entendement, dans l'Univers extérieur à nous.

Ces physiciens-là pourront se demander où est le corps Alpha et quelle en est la nature. De ce nombre, par exemple, sont ceux qui décrivent le corps Alpha comme un corps fixe, répandu dans tout l'espace et compénétré sans résistance par les corps mobiles qui tombent sous nos sens. Ces physiciens unissent, pour ainsi parler, la théorie du lieu proposée par Averroès à celle qu'ont soutenue Jean Philopon, Newton et Euler, et de cette synthèse ils composent une doctrine qui rappelle de très près celle de Proclus.

A côté des physiciens dont nous venons de parler, il en est qui, lorsqu'ils formulent une hypothèse physique, n'entendent nullement poser, dans le monde extérieur, une réalité concrète. Pour ceux-ci, une théorie physique n'est qu'un système de propositions abstraites destinées à résumer et à classer les lois expérimentales. Les hypothèses qu'ils énoncent ont seulement pour but de définir les notions qui serviront à construire un tel système. L'éther lumineux n'est pas, pour eux, un corps impalpable, inaccessible aux sens, mais existant vraiment dans le Monde extérieur ; c'est une pure conception de l'esprit, un agencement de notions mathématiques dont l'ensemble sert à relier entre elles, à ordonner harmonieusement les nombreuses lois de l'Optique.

Si un physicien de cette école déclare qu'il attribue au corps Alpha une existence de même nature qu'à l'éther lumineux, il n'en faudra pas conclure qu'il regarde le corps Alpha comme aussi réel, aussi objectif que le sont le Soleil, la Terre et la Lune. Il voudra dire seulement, en effet, que le corps Alpha est un concept mathématique, un solide géométriquement défini dont il a besoin pour construire en son esprit sa théorie mécanique. Pour lui, donc, le corps Alpha, le repère fixe auquel sont rapportés tous les mouvements absolus n'est pas, comme pour les Averroïstes, un corps doué d'existence réelle et objective ; c'est une simple conception abstraite ; et l'opinion de ce physicien vient rejoindre celle de Damascius et de Simplicius, celle aussi de Guillaume d'Occam, de Walter Burley, de Gaétan de Tiène, des Terminalistes parisiens du Moyen-Age.

Or, M. Carl Neumann appartient à cette École de physiciens pour lesquels les hypothèses de la Physique théorique ne posent pas dans le monde extérieur des réalités concrètes ; il l'a affirmé avec une grande netteté dans l'écrit que nous étudions ; il y a fait sienne la proposition célèbre mise par Osiander en tête de l'œuvre de Copernic : « *Neque enim necesse est* « *hypotheses esse veras, imo ne verisimiles quidem, sed sufficit* « *hoc unum si calculum observationibus congruentem exhi-* « *beant.* Les hypothèses de la Physique n'ont aucun besoin « d'être vraies, ni même vraisemblables ; il suffit que le calcul « en tire des conséquences qui s'accordent avec les observa- « tions (1). »

En assimilant donc l'existence du corps Alpha à celle de l'éther lumineux ou du fluide électrique, M. Carl Neumann n'entend nullement attribuer à ce corps une existence objective et concrète ; l'existence qu'il entend lui attribuer est purement conceptuelle ; il n'y voit rien d'autre qu'une notion abstraite nécessaire pour la construction d'une Mécanique rationnelle dont les corollaires devront s'accorder avec les lois des mouvements réellement observés.

M. Carl Neumann s'explique d'ailleurs à ce sujet avec la clarté et la précision qui lui sont habituelles :

« Lorsque, dit-il (2), une recherche de Mathématiques pures comporte la considération simultanée de plusieurs variables, et que l'on veut présenter à l'intuition les relations mutuelles de ces variables de telle sorte qu'elle en ait une vue d'ensemble, il est souvent commode et parfois nécessaire d'introduire une

---

(1) CARL NEUMANN, *loc. cit.*, p. 9.
(2) CARL NEUMANN, *loc. cit.*, p. 21.

variable auxiliaire, et de faire connaître la relation qui unit chacune des variables primitives à cette variable auxiliaire. Quelque chose d'analogue se manifeste dans les théories physiques. Afin d'acquérir une vue d'ensemble de la dépendance qui existe entre des phénomènes simultanés, il est souvent utile d'introduire un phénomène purement conçu, une substance purement idéale, qui joue, en quelque scrte, le rôle de principe auxiliaire ; c'est, pour ainsi dire, un point central, d'où l'on peut rayonner, en différentes directions, vers les divers phénomènes que l'on veut considérer. La liaison de ces phénomènes les uns avec les autres se trouve alors constituée par le lien qui unit chacun d'eux au point central. C'est un rôle de ce genre que jouent l'éther lumineux dans la théorie des phénomènes optiques et le fluide électrique dans la théorie des phénomènes de l'électricité ; c'est aussi un rôle analogue que joue le corps Alpha dans la théorie générale du mouvement. »

Selon cette manière de voir, il n'y a plus lieu de se demander de quelle nature est le corps Alpha, en quelle partie du Monde il se trouve logé, quelle en est la grandeur et la figure. Ce corps est un pur concept géométrique, un simple trièdre de référence. La Mécanique rationnelle, la Mécanique céleste ou physique développeront des théories où figureront des mouvements qu'elles nommeront absolus et qui seront les mouvements rapportés à ce trièdre ; mais seuls, les corollaires de ces théories qui ont trait aux mouvements relatifs des divers corps de l'Univers pourront être comparés aux faits observés et devront s'accorder avec eux. On peut donc, suivant la pensée de M. Carl Neumann, dire que le repère absolument fixe, que le corps Alpha est un trièdre de référence conçu de telle sorte que les conséquences déduites de la Mécanique de Galilée et de Newton s'accordent avec les mouvements relatifs observables, en toutes les circonstances où elles leur peuvent être comparées. On peut dire encore que ce trièdre est choisi de telle manière que les lois expérimentales du mouvement soient représentées par la Mécanique théorique le plus simplement et le plus exactement qu'il se peut faire. C'est bien la définition à laquelle se sont arrêtés plusieurs des mécaniciens modernes qui ont médité la théorie du mouvement absolu et du mouvement relatif.

Dès 1852, F. Reech écrivait (1) : « De fait, tous les mouvements qu'il nous est donné de connaître doivent être considérés comme n'étant que des mouvements relatifs, et il nous appartiendra seulement, par la suite, de choisir, parmi le nombre infini d'axes rectangulaires auxquels nous voudrons rapporter le mouvement d'un système, ceux de ces axes qui nous conduiront aux relations mécaniques les plus simples. »

En 1892, nous écrivions (2) :

« L'expérience nous permet de constater si deux parties de la matière se sont déplacées l'une par rapport à l'autre, en sorte que la notion de *mouvement relatif* est une notion expérimentale ; c'est de cette notion que traite la Cinématique.

« Mais cette notion est insuffisante pour l'objet que nous nous proposons de. traiter. Les hypothèses que nous aurons à énoncer, les lois que nous aurons à formuler, ne feront pas intervenir seulement les mouvements relatifs des différentes parties de la matière les unes par rapport aux autres. Elles feront intervenir les mouvements des différentes parties de la matière par rapport à un certain trièdre de référence idéal, que l'on suppose tracé quelque part. Il arrivera souvent que des propositions qui concernent les mouvements relatifs à ce trièdre de référence particulier, et que nous regardons comme exactes, deviendraient manifestement fausses si l'on y supposait les mouvements rapportés à un autre trièdre de référence, animé par rapport au premier d'un mouvement quelconque.

« Nous donnerons à ce trièdre particulier, auquel seront rapportés tous les mouvements dont nous parlerons, le nom de *trièdre absolument fixe ;* un mouvement rapporté à ce trièdre particulier prendra le nom de *mouvement absolu...* »

« Nous ne pouvons pas juger d'une manière indiscutable si un trièdre donné est ou n'est pas absolument fixe ; tout jugement à cet égard est subordonné à la croyance en la légitimité de quelque hypothèse. Si nous regardons comme exacte une cer-

---

(1) F. Reech, *Cours de Mécanique d'après la nature généralement flexible et élastique des corps*, Paris, Carilian-Gœury et V⁰ʳ Dalmont, 1852. Introduction, p. 5.

(2) P. Duhem, *Commentaire aux principes de la Thermodynamique ;* première partie : Le principe de la conservation de l'énergie (*Journal de Mathématiques pures et appliquées*, 4ᵉ série, t. VIII, pp. 270-271 ; 1892).

taine hypothèse où intervient la considération des mouvements absolus, et si cette hypothèse, appliquée aux mouvements relatifs à un certain trièdre, conduit à des résultats inexacts, nous déclarerons que ce trièdre n'est pas absolument fixe. Mais cette conclusion n'est forcée qu'autant que nous tenons à conserver l'hypothèse qui nous a servi de critérium ; nous serions en droit de regarder comme fixe le trièdre dont il s'agit, si nous consentions à rejeter l'hypothèse. »

En 1895, M. Paul Painlevé déclarait ceci (1) : « Nous convenons d'appeler *axes absolus* tout système d'axes qui satisfait aux conditions suivantes... » Il énonçait alors la loi de l'inertie et la loi de l'égalité entre l'action et la réaction, puis ajoutait : « Nous admettons comme démontrée par l'expérience l'existence d'axes absolus. »

Enfin, au sujet de ces axes coordonnés dont la Mécanique rationnelle suppose l'adoption, M. Jules Andrade s'est exprimé (2) à peu près dans les mêmes termes que M. Paul Painlevé.

Nous avons s'gnalé l'analogie qui existe entre la théorie du corps Alpha, proposée par M. Carl Neumann, et les théories du lieu exposées, à l'époque hellénique, par Damascius et par Simplicius, puis, en notre Moyen-Age occidental, par Occam et les Terminalistes. Il nous reste à comparer ces diverses théories à la doctrine de Kant.

Sous ce titre : *Premiers principes métaphysiques de la Science de la Nature (Metaphysische Anfangsgründe der Phänomenologie)*, Kant a publié, en 1786, un écrit consacré à l'examen des fondements de la Mécanique (3).

L'impression que l'on ressent à la lecture de cet écrit est étrange et pénible ; il semble que le Philosophe de Kœnigsberg entrevoie de belles et importantes vérités ; mais il les entrevoit au travers d'un épais brouillard qui ne lui en laisse apprécier

---

(1) P. Painlevé, *Leçons sur l'intégration des équations différentiellesde la Méca nique* (autogr.) ; Paris, 1895 ; pp. 1-2.

(2) Jules Andrade, *Leçons de Mécanique physique*, Paris, 1898, p. 95.

(3) *Premiers principes métaphysiques de la Science de la Nature*, par Emmanuel Kant, traduits pour la première fois en français, et accompagnés d'une introduction sur la Philosophie de la Nature dans Kant, par Ch. Andler et Éd. Chavannes, Paris, Alcan, 1891.

nettement ni la distance, ni les contours ; aussi ne parvient-il à les saisir qu'à l'aide de tâtonnements incertains et maladroits.

Nous allons essayer de définir ici ce qui nous paraît être la pensée maîtresse de Kant ; nous souhaitons que nos efforts pour la rendre claire ne lui aient pas fait subir de trop profondes et trop essentielles modifications.

Tout mouvement observable est essentiellement relatif ; Kant se prononce tout d'abord, en faveur de cette proposition, avec une assurance comparable à celle de Descartes ou de Gamaches :

« Tout mouvement, dit-il (1), en tant qu'il est l'objet d'une expérience possible, peut à volonté être considéré soit comme le mouvement d'un corps dans un espace en repos, soit au contraire comme un mouvement de l'espace dans le sens opposé et avec une égale vitesse, le corps étant en repos... Pour que le mouvement d'un corps devienne objet d'expérience, il faut que non seulement le corps, mais encore l'espace où il se meut, soient objets de l'expérience externe, c'est-à-dire matériels. Ainsi, un mouvement absolu, c'est-à-dire se rapportant à un espace non matériel, n'est point susceptible d'être soumis à l'expérience et, pour nous, est un néant (quand bien même on voudrait accorder que l'espace absolu est, en soi, quelque chose)... Lorsqu'il s'agit d'un espace empirique donné, quelque grand qu'il soit d'ailleurs, comme il est tout à fait impossible de décider s'il est en mouvement ou non par rapport à une capacité plus grande encore qui la contiendrait, il doit donc être entièrement indifférent à l'égard de l'expérience et de ses conséquences, que je veuille considérer un corps comme en mouvement, ou bien, au contraire, le corps comme en repos et l'espace comme mû avec une vitesse égale dans la direction opposée. Bien plus, comme l'espace absolu est un néant pour toute expérience possible, ce sont aussi des concepts identiques que de dire : un corps se meut par rapport à tel espace donné dans telle direction et avec telle vitesse — ou bien de penser le corps comme en repos, et d'attribuer à l'espace toutes ces qua-

---

(1) Kant, *Op. cit.*, chap. I ; trad. Andler et Chavannes, pp. 21-22.

lités, mais dans la direction opposée. Car tout concept dont la différence avec un autre concept ne peut être montrée par aucun exemple est identique à ce dernier ; il n'en diffère que par la liaison qu'il nous plaît de lui donner dans l'entendement.

« Aussi ne sommes-nous point en état d'assigner pour quelque expérience que ce soit un point fixe par rapport auquel on déterminerait ce qui devrait s'appeler mouvement et repos absolus ; en effet, tout ce qui nous est donné dans l'expérience est matériel et, dès lors, mobile, et peut être même (puisque nous ne connaissons dans l'espace aucune limite extrême de l'expérience possible) mû réellement, sans que nous puissions en aucune manière percevoir ce mouvement. Maintenant, dans ce mouvement d'un corps à travers l'espace empirique, je puis attribuer au corps une partie de la vitesse donnée, et l'autre partie à l'espace, mais dans la direction contraire ; toute expérience possible sera, en ce qui concerne les conséquences qui résulteront de la composition de ces deux mouvements, entièrement identique à une expérience où je penserais le corps animé de la vitesse totale comme étant seul en mouvement, ou bien à celle où je penserais le corps comme en repos, mais l'espace comme mû avec la même vitesse dans la direction opposée. »

Nous trouvons en ce fragment une condamnation rigoureuse de l'hypothèse d'un espace absolu, réel bien qu'immatériel, hypothèse formulée par Newton et par Euler ; nous y trouvons aussi une affirmation de la théorie cartésienne, selon laquelle tout mouvement concevable est un mouvement relatif, et cette affirmation est aussi catégorique, sinon aussi claire, que celle de Gamaches.

Mais nous n'avons pas ici l'expression complète de la pensée de Kant ; ce qu'il vient de formuler, il ne le regarde pas comme vrai absolument ; il le regarde seulement comme vrai au point de vue de cette partie de la Science qu'il nomme *Phoronomie*, que nous nommons aujourd'hui *Cinématique* et, qu'il définit (1) « non comme une théorie pure du mouvement, mais comme

(1) KANT, *loc. cit.*, p. 29.

une pure Mathématique du mouvement, dans laquelle la matière est conçue sans aucune autre propriété que la mobilité ».

Lors donc que Kant a déclaré que certains mouvements étaient indiscernables les uns des autres par quelque expérience que ce soit, il sous-entendait un qualificatif attribué à ce mot : expérience ; il voulait parler d'expérience purement phoronomique ; la proposition qu'il regardait alors comme vraie, il la tiendrait pour fausse, au contraire, si on la voulait entendre d'une expérience de Mécanique, où « l'on considère la force qu'a une matière en mouvement de communiquer ce mouvement à une autre matière (1) ».

Lorsqu'on se place au point de vue de la Mécanique, il n'est pas vrai de dire que l'on aboutira absolument aux mêmes conséquences expérimentales, soit que l'on regarde un corps comme mû au sein d'un espace immobile, soit que l'on regarde ce corps comme immobile et l'espace comme mû avec la même vitesse en sens contraire : « Pour le mouvement circulaire (2), il n'est pas de tous points indifférent de considérer le corps (par exemple la Terre dans sa révolution diurne) comme en mouvement, et l'espace environnant (c'est-à-dire le Ciel étoilé) comme immobile, ou de regarder l'espace comme mû et le corps comme immobile.

« Tout corps animé d'un mouvement circulaire (3) manifeste par son mouvement une force motrice. Or, le mouvement de l'espace diffère du mouvement du corps en ce qu'il est purement *phoronomique* et n'a point de force motrice. Par suite, le jugement par lequel on affirme que c'est le corps ou que c'est l'espace qui se meut dans une direction opposée est un jugement *disjonctif ;* un membre étant posé, à savoir le mouvement du corps, l'autre membre, à savoir le mouvement de l'espace, est exclu. Donc, le mouvement circulaire d'un corps se distingue du mouvement de l'espace en ce qu'il est mouvement *réel ;* par conséquent, le mouvement de l'espace... n'est qu'une pure apparence.

« ... D'ailleurs, on peut revoir à ce sujet la fin du scolie de

(1) KANT, *loc. cit.*, p. 69.
(2) KANT, *loc. cit.*, p. 22
(3) KANT, *loc. cit.*, pp. 88-89.

Newton sur des définitions qu'il a mises en tête de ses *Philosophiæ naturalis principia mathematica ;* il y est montré que le mouvement circulaire de deux corps autour d'un centre commun (par suite aussi la rotation de la Terre sur son axe) même dans l'espace vide, c'est-à-dire sans que l'expérience fournisse aucune comparaison possible *avec l'espace externe*, peut être néanmoins connu par l'expérience ; que, dès lors, un mouvement, qui est un changement de rapports externes dans l'espace, peut être donné empiriquement, quoique cet espace ne soit pas lui-même empiriquement donné et ne soit point objet d'expérience. Or, c'est là un paradoxe qui mérite d'être expliqué. »

L'explication est simple. L'expérience par laquelle on peut constater qu'un certain ensemble matériel est animé d'un réel mouvement de rotation, et cela sans avoir recours à aucun repère extérieur, consiste précisément à observer certains mouvements relatifs qui se produisent au sein de cet ensemble et qui ne s'y produiraient pas si son mouvement de rotation était seulement apparent. « Ce mouvement (1), bien qu'il ne soit pas un changement de rapport avec l'espace empirique, n'est pas un mouvement absolu. Il est un changement continu des relations des matières entre elles, mais représenté dans l'espace absolu ; il est donc en réalité un mouvement relatif, et c'est même pour cela qu'il est un mouvement vrai. »

Un mouvement vrai d'un corps ou d'un ensemble de corps est donc un mouvement qui se traduit par certaines relations entre les diverses parties du système, attractions ou répulsions mutuelles, pressions ou tractions des unes sur les autres, déplacements mutuels, etc. Un tel mouvement pourrait exister lors même qu'il n'existerait absolument aucun corps extérieur auquel on pût comparer ce système. On imaginerait un tel mouvement « si l'on voulait représenter l'Univers comme tournant autour de son axe (2) ; ce mouvement demeure donc toujours intelligible ; mais autant qu'on peut s'en rendre compte, on ne saurait concevoir l'avantage qu'il y aurait à l'admettre ».

(1) KANT, *loc. cit.*, p. 93.
(2) KANT, *loc. cit.*, p. 94.

Selon la Mécanique newtonienne, un mouvement de translation uniforme imposé à un système n'y engendre aucune relation dynamique qui n'y subsiste également si l'on regarde ce mouvement comme apparent ; un tel mouvement ne peut donc être observable que s'il existe en dehors du système certains corps étrangers capables de servir de termes de comparaison et par rapport auxquels ce mouvement se comporte comme un mouvement relatif ; si ces termes de comparaison n'existent pas, cas auquel le mouvement dont il s'agit serait vraiment absolu, ce mouvement se trouverait soustrait à toute constatation expérimentale concevable ; il serait inexistant.

« Ainsi il n'y aurait d'absolu (1) que le mouvement dont serait doué un corps qui n'aurait de relation avec aucune autre matière quelconque. Seul le mouvement rectiligne de l'*Univers entier*, c'est-à-dire du système de toute la matière, serait un mouvement de ce genre. Car si en dehors d'une matière il y en avait une autre encore, même séparée d'elle par l'espace vide, le mouvement serait déjà relatif. C'est pourquoi toute démonstration d'une loi du mouvement qui aboutit à dire que la proposition contraire aurait pour conséquence un mouvement rectiligne de l'Univers, est une démonstration apodictique de la vérité de cette loi, car il résulterait de la proposition contraire un mouvement absolu qui est tout à fait impossible. »

Les mouvements que nous disons vrais ne peuvent donc être constatés qu'en tant que causes de mouvements relatifs ; mais, d'autre part, nous ne pouvons les représenter à notre raison que sous la forme de mouvements absolus produits dans l'espace absolu. L'espace absolu s'offre donc comme le fondement nécessaire de notre théorie du mouvement.

« Mais comment arrivons-nous (2) à ce concept étrange et sur quoi repose la nécessité de l'employer ?

« Il ne peut pas être un objet d'expérience ; car l'espace sans matière n'est pas un objet de perception, et cependant il est un concept nécessaire de la raison. Il n'est donc rien de plus

---

(1) Kant, *loc. cit.*, p. 94.
(2) Kant, *loc. cit.*, pp. 90-91.

qu'une simple *idée*. Car pour que le mouvement puisse être
donné, ne fût-ce que comme phénomène, il faut une représentation empirique d'un espace à l'égard duquel le mobile puisse
changer son rapport. Mais un espace qui doit être perçu sera
nécessairement matériel et par suite mobile lui-même, conformément au concept d'une matière en général. Or, pour le concevoir comme en mouvement, il suffit de le concevoir comme contenu dans un espace de plus grande capacité et de considérer ce
dernier comme immobile. Mais on peut refaire cette opération
pour celui-ci, à l'aide d'un espace encore plus étendu, et aller ainsi
à l'infini sans arriver jamais par l'expérience à un espace immobile (ou immatériel), au point de vue duquel on pourrait
attribuer à une matière quelconque le repos ou le mouvement
absolu. Au contraire, la notion qu'on a de ces déterminations
devra être modifiée incessamment, suivant que l'on considérera
le mobile dans son rapport avec l'un ou avec l'autre de ces
espaces. Puis donc que la condition sous laquelle une chose
est regardée comme en repos ou en mouvement est soumise
elle-même à d'autres conditions à l'infini dans l'espace relatif,... il faut concevoir un espace dans lequel l'espace relatif
lui-même puisse être considéré comme en mouvement, mais
dont la détermination ne dépende elle-même d'aucun espace
empirique, et qui, par conséquent, ne soit pas derechef condi-
tionné ; il faut, en d'autres termes, un espace absolu, auquel
puissent être rapportés tous les mouvements relatifs ; tout ce qui
est empirique doit pouvoir s'y mouvoir, précisément afin qu'en
lui tout mouvement des choses matérielles passe pour relatif,
pour alternatif et réciproque entre ces choses, et sans jamais
passer pour un mouvement ou un repos absolu ; car un des corps
étant considéré comme en mouvement, celui par rapport auquel
il se meut est de toute façon représenté comme immobile. L'espace absolu est donc nécessaire non comme le concept d'un
objet réel, mais comme une idée qui doit servir de règle pour
considérer en lui tout mouvement comme simplement relatif ;
donc, tout mouvement et tout repos doivent être ramenés à
l'espace absolu, si l'on veut transformer leur phénomène en
un concept expérimental déterminé (qui unit tous les phénomènes). »

Sous la complication et l'enveloppement des formules, il semble que la pensée profonde de Kant au sujet de l'espace absolu se laisse cependant saisir ; le rôle que le Philosophe de Kœnigsberg attribue à cet espace absolu ne nous paraît guère différer de celui que M. Carl Neumann devait attribuer plus tard, mais en termes autrement clairs et précis, au corps Alpha; l'espace absolu de Kant, comme le corps Alpha de M. Neumann, est un pur concept, un terme de comparaison privé de toute réalité concrète, auquel sont rapportés tous les mouvements ; il est, au fond, identique au corps fixe purement imaginaire considéré par Simplicius, puis par Occam et par les Terminalistes.

La pensée de Kant présente d'ailleurs, avec celle des Terminalistes, une assez étroite analogie ; elle admet, en effet, qu'il y a des mouvements vrais, qui ne supposent aucun corps de comparaison hors du système en mouvement, et qui consistent en certains rapports, en certaines relations des parties du système les unes à l'égard des autres. N'est-ce pas l'opinion que nous avons lue dans les écrits de maître Albert de Saxe ?

Nous ne pouvons quitter la théorie de Kant sans dire un mot d'une doctrine qui paraît inspirée à la fois de cette théorie et de la théorie de M. Carl Neumann ; nous voulons parler de la doctrine exposée par M. Heinrich Streintz (1).

Le point de départ du système adopté par M. Streintz est la proposition sur laquelle Kant a si fortement insisté : Le mouvement de rotation est un mouvement vrai ; en effet, lorsqu'un corps est animé d'un mouvement de rotation, nous pouvons le constater expérimentalement, sans avoir besoin de recourir à la comparaison avec un terme, supposé fixe, extérieur à ce corps. Ce principe admis, supposons que nous ayons, par l'expérience, reconnu qu'un certain corps est exempt de tout mouvement de rotation ; nommons ce corps un *corps fondamental ;* à un système d'axes liés à ce corps, donnons le nom d'*axes de coordonnées fondamentaux ;* nous pourrons alors établir expérimentalement la loi suivante, qui sera la loi de l'iner-

(1) HEINRICH STREINTZ, *Die physikalischen Grundlagen der Mechanik ;* Leipzig, pp. 18-27.

tie : Par rapport à un système d'axes fondamentaux, un point matériel soustrait à toute action extérieure décrit un mouvement rectiligne et uniforme.

Par ce détour, il semble que l'on soit parvenu à construire la Mécanique de telle sorte que ses premiers principes soient des lois expérimentales généralisées par induction.

En acceptant cette conclusion, on se tromperait gravement, croyons-nous ; on parcourrait un cercle vicieux, en se laissant duper par le double sens que peuvent prendre ces mots : démontrer par l'expérience.

Qu'entend-on en disant que l'on peut prouver expérimentalement la vérité de cette proposition : Tel corps, considéré isolément, et abstraction faite de tout repère fixe auquel on puisse le rapporter, n'est animé d'aucun mouvement de rotation ? Veut-on parler de l'expérience telle que la peut pratiquer notre faculté de percevoir, à l'aide des cinq sens dont elle dispose, sans s'aider d'aucune théorie mécanique, en fonctionnant comme elle fonctionne chez un ignorant ? Dans ce cas, l'expérience ne saurait nous apprendre si le corps considéré tourne ou ne tourne pas. Pour que notre perception, simple et immédiate, puisse nous donner un tel renseignement, il lui faut absolument posséder un terme réputé fixe auquel elle puisse comparer le corps dont nous voulons savoir s'il tourne ou ne tourne pas.

Comment s'y prend-on pour décider par l'expérience si un corps tourne ou ne tourne pas, lorsqu'on ne dispose pas d'un repère immobile ? On calcule, par les méthodes de la Dynamique rationnelle, les effets mécaniques qui devraient se produire au sein de ce corps dans le cas où il serait animé d'un mouvement de rotation ; puis l'on constate expérimentalement que ces effets prévus se manifestent ou ne se manifestent pas.

Mais, dès lors, il apparaît que ce jugement : Tel corps isolé est exempt de tout mouvement de rotation, suppose l'établissement préalable de la Dynamique. Pour reconnaître donc qu'un certain corps est un corps fondamental propre à l'établissement de la loi de l'inertie, il faut connaître déjà la Mécanique rationnelle ; or, comment pourrait-on développer la Mécanique rationnelle sans formuler d'abord la loi de l'inertie ?

Nous l'avons dit : La méthode de M. Streintz nous met au
rouet.

APPENDICE

Nous étudions en cet appendice quelques textes, relatifs à la
théorie du lieu et du mouvement, qui sont venus à notre connaissance pendant l'impression du présent travail, trop tard
pour pouvoir être analysés à la place que l'ordre chronologique leur eût assignée ; les numéros *bis* assignés aux divers
paragraphes de cet appendice désignent les lieux qu'ils eussent
dû occuper dans l'ouvrage.

IV *bis*

GUILLAUME DE CONCHES

L'édition in-folio, donnée en 1612, des *Bedæ Venerabilis Opera*
attribue à Bède le Vénérable un écrit intitulé Περὶ διδαξέων *sive
IV libri de elementis Philosophiæ.*

Sous ce titre : *De Philosophia Mundi libri quatuor,* le même
écrit est attribué à Honoré d'Autun au tome XX (pp. 995 seqq.)
de la *Maxima Bibliotheca Patrum* éditée à Lyon.

Charles Jourdain (1) et Haureau (2) ont démontré que l'attribution de cet ouvrage soit à Bède le Vénérable, soit à Honoré
d'Autun, résultait d'une erreur manifeste et que cette œuvre
avait été très certainement composée par Guillaume de Conches.

Nous avons relevé une troisième attribution erronée de ce
même écrit.

En 1531, Henricpetri publia à Bâle, sous le nom de Guil-

____

(1) CHARLES JOURDAIN : *Dissertation sur l'état de la philosophie naturelle en Occident pendant la première moitié du XII° siècle,* Paris, 1838, p. 101.

(2) BARTHÉLEMY HAURÉAU, art. *Guillaume de Conches,* in *Nouvelle Biographie
générale* publiée par Firmin-Didot frères, coll. 667-673, Paris, 1859.

laume, abbé d'Hirschau (1), un opuscule intitulé *Institutiones philosophicæ et astronomicæ,* que tous les historiens et bibliographes ont continué d'attribuer à Guillaume d'Hirschau. Or, ces *Institutions philosophiques et astronomiques* sont identiques au traité qui a été publié sous les noms de Bède le Vénérable et d'Honoré d'Autun, et qu'il convient de restituer à Guillaume de Conches.

On sait que ce Guillaume de Conches, né à Conches, en Normandie, en 1080, mourut en 1150 selon Fabricius, et en 1154 suivant Albéric de Trois-Fontaines. Il avait enseigné à Paris avec grand éclat.

Un passage du traité de Guillaume de Conches mérite d'attirer notre attention. Ce passage, comme presque tout ce que le maître du xii° siècle a écrit sur l'Astronomie, révèle l'influence du *Commentaire au Songe de Scipion* composé par Macrobe.

Les étoiles qui, comme les cieux eux-mêmes, sont formées par l'élément igné, sont-elles en mouvement? Telle est la première question proprement astronomique qu'examine Guillaume de Conches (2) :

« Les uns prétendent qu'elles ne se meuvent pas, mais qu'elles sont entraînées d'orient en occident par le firmament au sein duquel elles sont fixées. D'autres disent qu'elles se meuvent d'un mouvement propre, car elles sont de nature ignée et rien ne saurait se soutenir sans mouvement au sein de l'éther ou du fluide céleste ; mais ils pensent qu'elles se meuvent sur place en tournant sur elles-mêmes. Les troisièmes assurent qu'elles se meuvent en passant d'un lieu à un autre, mais que nos yeux ne peuvent aucunement percevoir leur mouvement ; elles emploient, en effet, un tel laps de temps à parcourir leurs divers arcs que la vie humaine, qui est courte, ne suffit pas à saisir même une brève portion de cette si lente circulation. »

Cette allusion au mouvement lent des étoiles fixes est tex-

---

(1) *Philosophicarum et astronomicarum institutionum* Gulielmi Hirsaugiensis olim abbatis *libri tres. Opus vetus et nunc primum evulgatum et typis commissum.* Basileæ excudebat Henricus Petrus, mense Augusto, anno MDXXXI.

(2) *Patrologia latina* de Migne, t. XC (Bedæ Venerabilis *Operum* tomus I), coll. 1141-1142.

14

tuellement empruntée à Macrobe, mais la suite appartient en propre à Guillaume :

« Nous partageons cet avis que les étoiles se meuvent en passant d'un lieu dans un autre ; mais que leur mouvement ne soit pas perceptible, nous en proposons une autre raison, qui est telle : Tout mouvement se reconnaît au moyen d'un corps immobile ou moins rapidement mobile. Lorsque quelque chose se meut, si nous voyons en même temps quelque objet immobile, et si nous constatons que le premier objet s'approche du second ou le dépasse, nous percevons le mouvement. Mais lorsque quelque objet se meut sans que nous voyions aucun objet immobile ou moins mobile, le mouvement n'est point senti ; on peut le prouver par la considération du navire qui s'avance en pleine mer. Le mouvement des étoiles ne se peut donc reconnaître qu'à l'aide de quelque objet immobile ou moins mobile qui soit placé au-dessous des étoiles, jamais par ce qui se trouverait placé au dessus. Nous reconnaissons les mouvements des planètes au moyen des signes [du zodiaque], parce qu'une planète est vue tantôt sous un signe, tantôt sous un autre. Mais au-dessus des étoiles, il n'existe rien de visible ; il n'y a donc rien qui nous permette de discerner leur mouvement. Elles se meuvent donc, mais on les nomme fixes parce que leur mouvement ne peut être senti, en vertu de ladite raison. »

Assurément, Guillaume n'a pas compris la pensée que Macrobe exprimait d'ailleurs en termes trop concis pour être clairs ; il n'a pas compris comment les astronomes pouvaient, au-dessus de la sphère des étoiles fixes, concevoir une autre sphère, purement idéale, animée du seul mouvement diurne, et rapporter à cette sphère le mouvement lent des étoiles.

Mais, en dépit de cette erreur, les affirmations de Guillaume de Conches valaient la peine d'être rapportées. Elles formulent aussi nettement que l'allait faire Averroès, l'impossibilité de percevoir un mouvement lorsqu'il n'existe aucun terme fixe auquel le corps mobile puisse être comparé. Mais elles distinguent nettement entre la réalité d'un mouvement et la possibilité de le percevoir ; elles admettent qu'un corps peut se mouvoir alors même qu'aucun terme fixe ne permettrait de

reconnaître qu'il se meut. Cette dernière vérité a été méconnue
par Averroès.

VI *bis*

ROGER BACON

Dans les divers écrits de Roger Bacon qui ont été imprimés
jusqu'à ce jour, on ne trouve presque rien qui concerne la théorie du lieu ; il n'en est pas de même si l'on consulte le grand
ouvrage, demeuré manuscrit (1), que Bacon avait intitulé
Communia naturalium ; en ce traité, se rencontre une longue
étude sur le lieu (2).

Cette étude se distingue de toutes les théories du lieu que
les maîtres de la Scolastique ont données avant Bacon ou
qu'ils donneront après lui. Ces théories aspirent à comprendre
toutes les propriétés du lieu sous une définition unique d'où
ces diverses propriétés découlent logiquement. Bacon ne s'efforce nullement d'atteindre une semblable unité ; bien au contraire, il déclare que le mot lieu est susceptible de plusieurs
acceptions distinctes ; ces acceptions, il en compte cinq.

Parmi les cinq sens divers que le langage attribue au mot
lieu, il en est un qui est le sens propre (*secundum esse potissimum*) ; de ce sens propre, tous les autres dérivent par voie
d'équivoque ; on peut les classer dans un ordre tel que de chacun d'eux au suivant l'équivoque soit plus forte et la distance
au sens propre plus grande.

L'étude sur la notion de lieu que Roger Bacon développe selon
le plan que nous venons d'esquisser n'a donc rien d'une théorie métaphysique ; elle ressemble bien plutôt, et de très près,
à l'analyse que poursuit un grammairien lorsqu'il veut, en un
dictionnaire, classer méthodiquement les diverses significations

---

(1) *Incipit liber primus Communium naturalium* FRATRIS ROGERI BACON, *habens
4or partes principales* (Bibliothèque Mazarine, ms. nº 3576).

(2) FRATRIS ROGERI BACON *Communium naturalium* liber primus, partis tertiæ
dist. 2ª : De loco et vacuo, habens capitula octo ; Capitulum primum est de dis
tinctione modorum loci. Ms. cit., fol. 52, a, à fol. 54, a.

d'un même mot ; l'esprit du plus pur Nominalisme guide, en cette circonstance, le célèbre Franciscain.

Pour définir le sens propre du mot lieu, Bacon s'attache (1) à cette formule : l'extrémité du corps logeant, *ultimum locantis*.

Si l'extrémité du corps logeant est considérée en soi, en tant que terme du contenant, elle est une surface ; le nom de surface est celui qui lui convient vraiment et proprement.

Cette surface est apte à contenir un corps à son intérieur ; lorsque l'on porte son attention sur cette contenance potentielle, il convient de donner à la surface le nom de cavité (*concavum*).

Mais ce qui fait la cavité ne fait pas encore le lieu ; pour que la cavité commence à devenir lieu, il faut qu'elle contienne actuellement un corps.

Cette contenance actuelle, d'ailleurs, ne suffit pas à caractériser le lieu pris au sens propre ; ce sens propre (*secundum esse potissimum*) achève de se définir par la considération de deux relations.

La première de ces relations est le rapport qu'a la surface du contenant au volume qu'elle comprend et qu'occupe le corps contenu.

La seconde de ces relations est la situation de la surface du contenant relativement aux termes du Monde (*termini Mundi*). Bacon ne dit pas ce qu'il entend par cette expression ; mais, des diverses considérations qu'il développe au sujet du lieu, on peut inférer que les termes du Monde sont, pour lui, le centre et la surface ultime de l'Univers ; en outre, ce qu'il dit du centre de l'Univers n'a de sens que si l'on entend par ces mots un corps central de dimensions finies, et nullement un simple point géométrique.

Ce rapport aux termes du Monde est un des éléments essentiels qui définissent le lieu *secundum esse potissimum* ; « en effet, tant que le corps logé garde le même rapport aux termes du Monde, il garde le même lieu ; lorsque ce rapport change, le corps change de lieu ; ce rapport appartient donc à l'essence du lieu ».

----

(1) Roger Bacon, *loc. cit.*, fol. 52, a et b.

Cette notion du lieu *secundum esse potissimum,* telle que Bacon la définit ici, présente d'incontestables analogies avec la notion de lieu qu'a conçue saint Thomas d'Aquin, avec celle qu'a adoptée Gilles de Rome.

Le sens propre n'est pas la seule acception que reçoive le mot lieu ; que l'on supprime ou que l'on altère l'un ou l'autre des éléments qui servent à définir ce sens propre, et l'on obtiendra (1) un sens dérivé auquel le nom de lieu ne conviendra plus que par équivoque.

La définition précédente considère un corps contenant unique qui demeure inchangé.

Un corps peut être contenu par plusieurs matières différentes qui, d'ailleurs, ne changent pas d'un instant à l'autre ; il peut être plongé en partie dans l'eau et en partie dans l'air ; par une première équivoque, nous dirons que les extrémités de l'eau et de l'air sont le lieu de ce corps.

Un corps peut être, à chaque instant, enveloppé par une seule et même matière ; mais cette matière peut changer d'un instant à l'autre ; ainsi dit-on, par équivoque, d'une tour immobile qu'elle demeure au même lieu, bien que l'air au sein duquel elle se trouve soit constamment entraîné par le vent.

On peut réunir les deux équivoques précédentes ; un corps peut être, à chaque instant, contenu par plusieurs milieux différents, et l'un de ces milieux ou chacun d'eux peut s'écouler d'un instant à l'autre ; ainsi en est-il d'un pieu fiché dans le lit d'un fleuve et que baigne une eau sans cesse renouvelée.

A ces trois sens dérivés, le nom de lieu ne convient que par équivoque ; le sens propre du mot lieu concerne une surface unique et invariable dans le temps ; ici, nous avons considéré successivement plusieurs surfaces invariables, puis une surface variable, enfin plusieurs surfaces variables. Mais l'équivoque est autrement grande lorsque nous parlons du lieu du Ciel ultime (2).

Le ciel ultime a un lieu, car nous disons de ses parties qu'elles se meuvent de mouvement local, qu'elles changent de

----

(1) Roger Bacon, *loc. cit.*, fol. 53, a.
(2) Roger Bacon, *loc. cit.*, fol. 51, a et b.

lieu, que telle partie est à l'orient à tel moment, à l'occident à tel autre moment. Lors même que ce ciel serait immobile, il serait encore en un lieu, car ses diverses parties seraient en repos local.

Mais aucun corps n'entoure le ciel ultime, aucun corps ne le loge ; lors donc que nous parlons du lieu de ce ciel, nous ne rapportons ce lieu à aucune surface, simple ou multiple, invariable ou changeante Par ce lieu, nous entendons seulement désigner un certain rapport du ciel ultime aux termes et au centre du Monde.

« Je dis que ce lieu n'est point autre chose qu'un certain rapport au centre et aux termes du Monde. Lorsqu'une étoile est à l'extrémité d'une ligne menée de l'orient jusqu'au centre du Monde, on dit que le lieu de cette étoile est à l'orient ; si l'étoile est à l'extrémité d'une ligne menée de l'occident jusqu'au centre du Monde, on dit qu'elle est logée à l'occident ; lorsqu'elle est à l'extrémité d'une autre ligne issue du centre du Monde, on dit qu'elle est en un autre lieu, parce qu'elle a un autre rapport aux termes du Monde ; la proposition est donc démontrée. »

Le mot de lieu n'implique ici aucune relation de corps contenant à corps contenu, mais uniquement une relation à des termes du Monde bien déterminés.

Bacon n'hésite pas à affirmer qu'Aristote a pris le mot lieu en ce sens dérivé et équivoque lorsqu'il a dit que le lieu était immobile : « Car un lieu unique correspond à une relation unique aux termes du Monde, tandis que des lieux différents correspondent à des relations différentes. Au contraire, lorsqu'il dit que le lieu est *ultimum corporis continentis immobile,* Aristote prend le mot lieu *secundum esse potissimum.* »

Seul parmi les maîtres de la Scolastique, Bacon a clairement marqué que, pour entendre Aristote, il convenait de distinguer deux significations du mot lieu, le Philosophe ayant usé, selon les circonstances, tantôt de l'une de ces acceptions et tantôt de l'autre.

A ces considérations sur le lieu de l'orbe suprême, Bacon joint la critique des opinions, différentes de la sienne, qu'ont émises divers auteurs.

La première opinion qu'il réfute (1) est celle qu'Albert le
Grand, fort injustement d'ailleurs, attribue à Gilbert de la
Porrée :

« Il ne faut point dire, comme beaucoup l'ont fait, que la
surface continue qui termine le ciel suprême peut être considérée comme le lieu de ce ciel ; cette surface, en effet, n'est
point séparée du corps logé, elle en est un accident, tandis que
le lieu est un accident du corps contenant, puisqu'il est défini
comme l'extrémité du corps contenant. » D'ailleurs, cette surface convexe se meut exactement comme le ciel qu'elle termine ; il faudra donc qu'elle ait un lieu comme ce ciel en a un ;
« dès lors, si l'on ne peut obtenir de lieu sans supposer l'existence d'un corps contenant, il faudra que cette surface convexe ait un contenant ; partant, ou bien elle se contiendra
elle-même ou bien elle sera contenue par quelque autre surface ; mais ces deux alternatives sont également impossibles ».

« Quelques-uns, poursuit Bacon (2), veulent imposer l'opinion d'Averroès, selon laquelle le centre du Monde est le lieu
du ciel ; mais cette opinion ne me plaît pas. »

Sans doute, en effet, les parties du ciel sont en un lieu lorsqu'elles ont un certain rapport avec le centre du Monde ; lorsque ce rapport change, on dit qu'elles changent de lieu ; ce
rapport au centre du Monde constitue donc le lieu de ces parties ; mais ce rapport n'est pas le centre du Monde. Il est donc
vrai de dire que le lieu du ciel résulte de certaines relations
entre les parties de ce ciel et le centre du Monde ; mais il est
faux de prétendre que ce lieu soit le centre du Monde.

En dépit de cette divergence, de langage peut-être plus que
de pensée, entre Averroès et Bacon, il semble bien que ces
deux philosophes s'accordent en cette proposition : Pour que
l'orbe ultime soit en un lieu, partant, pour qu'il lui soit possible de se mouvoir de mouvement local ou d'être en un état de
repos qui le prive de tout mouvement local, il faut qu'il existe
au centre de l'Univers un corps concret immobile. Assurément,
cet axiome fondamental de la philosophie averroïste n'est

(1) Roger Bacon, *loc. cit.*, fol. 53, b.
2) Roger Bacon, *loc. cit.*, fol. 53, c.

énoncé nulle part en la théorie du lieu que Bacon a développée, mais il paraît être sous-entendu partout; si l'on niait que le célèbre Franciscain eût voulu désigner, sous le nom de *centrum mundi,* un tel corps fini, immobile et concret, on ôterait tout sens intelligible à bon nombre de ses propositions.

N'oublions pas de mentionner que Bacon a formulé quelque part (1) cette proposition : « Le Ciel lui-même s'arrêtera un jour ou, du moins, il est possible qu'il s'arrête. » Cette affirmation a-t-elle précédé ou suivi l'affirmation analogue portée en 1277 par les théologiens de Paris, nous ne saurions le dire, car nous ignorons à quelle date les *Communia naturalium* furent composés.

VII *bis*

RICHARD DE MIDDLETON

L'un des premiers théologiens en qui nous puissions noter l'influence de la condamnation portée en 1277, par Étienne Tempier, contre les *Articuli Parisienses,* est Richard de Middleton. Richard de Middleton est mort vers l'an 1300 ; il dut donc rédiger ses questions sur les *Livres des Sentences* alors que les décisions de la Sorbonne étaient encore toutes récentes.

Parmi les articles condamnés se trouvait celui-ci : « *Quod Deus non possit movere Cælum motu recto. Et ratio est quia tunc relinqueret vacuum.* » Aussi, Richard ne manque-t-il point d'examiner cette question (2) : « Dieu peut-il donner au ciel ultime un mouvement de translation ? » A l'appui des raisons qui justifient une réponse affirmative, il a soin de placer celle-

---

(1) FRATRIS ROGERI BACON *Communium naturalium* liber primus, partis tertiæ dist. 2ª, cap. 4ᵐ : De vacuo quantum ad ejus necessitatem propter locata et propter motum augmenti et nutrimenti, et propter motum localem. Ms. cit., fol., 59 d.

(2) *Clarissimi theologi Magistri* RICARDI DE MEDIA VILLA *Seraphici ord. min. convent. Super quatuor libros Sententiarum Petri Lombardi Quæstiones subtilissimæ.* Tomus secundus. Brixiæ, MDXCI. Lib. II, dist. XIV, art. III, quaest. III : Utrum Deus posset movere ultimum cœlum motu recto ; p. 186.

ci : « Cet article : Dieu ne pourrait mouvoir le ciel d'un mou‑
vement rectiligne, a été excommunié par Monseigneur Étienne,
évêque de Paris et docteur en sacrée Théologie. »

Dieu, dit Richard de Middleton, pourrait donner au Ciel en‑
tier un mouvement de translation. Sans doute, hors du ciel
ultime, il n'y a pas de lieu, pas d'espace, et aucune chose ne
saurait, par quelque puissance que ce soit, fût‑ce la puissance
divine, être mue d'un mouvement de translation s'il n'existe,
hors d'elle, quelque espace ; mais Dieu pourrait créer un espace
hors du Monde.

En outre, sans qu'il ait pour cela à créer aucun espace, Dieu
pourrait mouvoir de mouvement rectiligne une partie du Ciel,
faire descendre, par exemple, une partie du Ciel Empyrée jus‑
qu'à la Terre.

La pensée qu'un déplacement rectiligne du Monde entraîne‑
rait la production du vide n'effraye pas, d'ailleurs, notre Fran‑
ciscain. Dieu, dit‑il, peut produire le vide ; il pourrait anéan‑
tir tous les corps qui existent entre le Ciel et la Terre, sans
mouvoir ni le Ciel, ni la Terre ; cela fait, il n'y aurait plus
aucune distance entre le Ciel et la Terre, car la distance entre
deux corps est constituée par les créatures qui leur sont inter‑
posées ; mais le Ciel et la Terre ne seraient pas, non plus, con‑
joints l'un à l'autre, car sans les modifier aucunement, Dieu
pourrait, entre le Ciel et la Terre, créer des corps et, partant,
une distance ; ne pas être distants, ce n'est donc pas, pour
deux corps, la même chose qu'être conjoints ; il n'y a pas de
contradiction à affirmer qu'ils ne sont ni distants, ni conjoints
ou, en d'autres termes, que le vide existe entre eux.

D'ailleurs, Richard de Middleton remarque que l'on oppose‑
rait à tort l'impossibilité du vide à la possibilité d'un déplace‑
ment rectiligne du Monde ; le Ciel, en effet, n'est pas en un
lieu ; une translation du Ciel ne produirait pas de vide.

Richard de Middleton ne nous présente, au sujet de la ques‑
tion qui vient d'être examinée, rien qui puisse retenir bien
fortement l'attention du philosophe. Mais les passages que
nous avons analysés méritent d'être notés par l'historien de
la Philosophie. Nous y voyons les décrets portés par la Théo‑
logie catholique contraindre les physiciens à reprendre l'exa‑

men des propositions que leur avait léguées le Péripatétisme.
De cette critique sortira, en particulier, toute une théorie nouvelle du lieu et du mouvement, théorie que Duns Scot va
inaugurer.

IX [bis]

ANTONIO D'ANDRÈS

Antonio d'Andrès était contemporain de Jean le Chanoine et,
comme lui, disciple immédiat de Duns Scot. Parmi ses nombreux écrits se trouve un commentaire au livre des *Six Principes* de Gilbert de la Porrée (1).

Cet écrit d'Antonio d'Andrès intéresse presque exclusivement l'étude des catégories ; toutefois, une des questions con-
sacrées à l'étude du prédicament *ubi* traite du célèbre problème
qui a pour objet le lieu de l'orbe suprême.

Reproduisons ici ce qu'en cette courte question dit le fidèle
disciple du Docteur Subtil.

« Les divers philosophes et commentateurs ont tenu des
propos divers, car ils voulaient sauver cette proposition : Le
ciel ultime n'a pas de lieu propre, mais, cependant, il est en un
lieu d'une certaine manière. Certains auteurs, tel Averroès, ont
dit que le ciel ultime était en un lieu selon son centre ; d'autres, comme Thémistius, qu'il en était en un lieu par ses parties ; d'autres encore, qu'il était logé par sa surface terminale.
Cette question regarde plutôt le quatrième livre des *Physiques*.

---

(1) *Questiones* SCOTI *super Universalia Porphyrii. necnon Aristotelis predicamenta
ac Peryarmenias. Item super libros Elenchorum. Et* ANTONII ANDREE *super libro
Sex principiorum. Item questiones* JOANNIS ANGELICI (sic) *super questiones univer-
sales ejusdem Scoti.* Colophon : Expliciunt questiones Doctoris subtilis Joannis
Scoti super universalia Porphyrii : et Aristotelis predicamenta : et peryarmenias : ac elenchorum necnon discipuli ejus Antonii Andree super libro sex principiorum Gilberti porretani : studiosissime correcte per Reverendissimum patrem
magistrum Mauritium de portu Hibernicum archiepiscopum Tunnanensem ordinis minorum. Impresse Venetiis per Philippum pincium Mantuanum. Anno
domini 1512. die 9 Augusti.

(2) *Questiones clarissimi doctoris* ANTONII ANDREE *super sex principiis Gilberti
Porretani.* Quæstio VIII : Utrum ultimum cælum sit in loco ; éd. cit., fol. 60,
col. d.

« Quoi qu'il en soit des opinions de ces philosophes, je tiens pour certain qu'à proprement parler, le ciel ultime n'est en aucun lieu, et cela par la raison que donne l'Auteur des *Six Principes*. En effet, tout ce qui est en un lieu est entouré par quelque corps qui se trouve hors de l'objet logé, qui en est distinct et séparé, comme le montre le quatrième livre des *Physiques ;* mais il n'existe aucun corps hors du ciel ultime, sinon il ne serait plus le ciel ultime.

« Il faut remarquer ici que les corps de l'Univers sont ordonnés les uns par rapport aux autres de telle sorte qu'ils soient localement contenants et contenus ; la terre est contenue par l'eau, l'eau par l'air, l'air par le feu, le feu par l'orbe de la Lune, l'orbe de la Lune par un autre orbe, et ainsi de suite jusqu'à l'orbe suprême. De même donc que l'on peut, sans inconvénient, au sein de l'Univers, donner un corps, la terre, qui est contenu mais qui n'est le lieu d'aucun autre corps et ne contient rien, de même on peut, sans inconvénient, donner un corps qui joue le rôle de lieu contenant un autre corps, mais qui n'est en aucun lieu et n'est contenu par aucun corps ; tel est l'orbe suprême ou le ciel ultime, que ce ciel soit le premier mobile, comme le prétendent les philosophes, ou que ce soit le ciel Empyrée immobile, selon l'opinion des théologiens et selon la vérité ; en ce ciel Empyrée est le lieu des bienheureux ; au delà, il n'y a plus ni lieu, ni mouvement, ni temps, comme le dit Aristote au second livre *Du Ciel et du Monde.* »

Jean le Chanoine, lui aussi, refusait tout lieu à l'orbite suprême ; mais, fidèle interprète de la pensée de Duns Scot, il lui attribuait un *ubi ;* Antonio Andrès ne dit pas un mot de cet *ubi.* Il y a plus ; au cours des trois questions (1) que lui suggère ce que Gilbert de la Porrée a écrit au sujet du prédicament *Ubi,* Andrès répète fréquemment le mot lieu ; mais, pas une seule fois, il ne prononce le mot *ubi ;* il semble qu'à l'opposé du Docteur Subtil, son maître, il n'attribue à l'*ubi* aucune réalité.

Lorsqu'avec Jean le Chanoine, Antonio d'Andrès nie que la sphère suprême ait un lieu au sens propre du mot, il semble

____

(1) ANTONIO D'ANDRÈS, *Op. cit.,* quæstt. XII, XIII et XIV ; éd. cit., fol. 60.

subir l'influence de Roger Bacon, influence qui fut assurément
très puissante en l'École franciscaine du xiv⁰ siècle ; lorsqu'il
laisse entièrement de côté la notion d'*ubi* pour ne s'attacher
qu'à l'idée de lieu, il prépare la philosophie parisienne de Grégoire de Rimini, de Jean Buridan et d'Albert de Saxe.

En un prochain paragraphe, nous aurons occasion d'analyser
un autre écrit d'Antonio d'Andrès ; en cet écrit, nous le verrons faire allusion à l'*ubi ;* mais plus encore qu'en celui-ci,
nous le verrons s'éloigner de l'enseignement de Duns Scot et
de Jean le Chanoine.

En un troisième ouvrage (1), au contraire, Antonio d'Andrès
s'exprime, au sujet de l'immobilité du lieu, presque dans les
mêmes termes que Jean Marbres.

« Selon le Philosophe, dit Andrès (2), le lieu est la partie
ultime du contenant ; il est immobile et incorruptible. Certains
expliquent l'immobilité du lieu en disant que le lieu matériel
est, il est vrai, immobile ; mais le lieu formel, qui exprime
l'ordre aux divers parties de l'Univers, c'est-à-dire au centre et
à la circonférence du Monde, est immobile et incorruptible.

« Je déclare, en peu de mots, qu'un tel lieu [formel] est corruptible. » En faveur de cette proposition : Le lieu est incapable de mouvement local, mais il peut être engendré ou
détruit, notre auteur développe une argumentation toute semblable à celle de Jean le Chanoine. Puis il poursuit en ces
termes :

« Bien plus : Je dis que tout lieu, en tant qu'il exprime un
rapport, est corruptible ; mais en tant qu'il désigne la surface
ultime du corps contenant, il peut être incorruptible. Cela est
évident s'il s'agit des surfaces concaves des divers cieux, car
ces surfaces ne sont pas susceptibles de corruption ; et cependant, comme elles sont mobiles, le rapport que chacune d'elles
a au corps logé est corrompu par l'effet même du mouvement

---

(1) ANT. ANDREÆ. *Conventualis franciscani, ex Aragoniæ provincia ac Ioannis
Scoti doctoris subtilis discipuli celeberrimi, In quatuor Sententiarum Libros opus
longe absolutissimum :* Quod, cam diu latuerit : a F. Constantio A Sarnano ejusdem ordinis, è tenebris jam nunc vindicatum... ; felicio auspicio prodit... Venetiis, Apud Damianum Zenarum. MDLXXVIII. Lib. II, Dist. III, quæst. V : Utrum
angelus sit in loco ; fol. 53, col. b.

(2) ANTONIO D'ANDRÈS, *Loc. cit.*, fol. 51, coll. c et d.

de cette surface. Ici, je ne parle pas du ciel Empyrée qui est immobile, car Aristote n'a pas connu ce ciel.

« Je dis donc que le lieu est immobile, comme le voulait le Philosophe, en ce sens qu'il possède l'immobilité opposée au mouvement local ; en outre, il est incorruptible par équivalence... Il est clair qu'il est incorruptible par équivalence ; en effet, si le corps logé se meut, il y a tout aussitôt acquisition d'un rapport entre le lieu et le corps logé qui a été déplacé, tout semblable au rapport que présentait le lieu abandonné. »

Sous une forme trop concise et assez confuse, nous reconnaissons cette notion de lieu persistant *par équivalence,* engendrée par l'enseignement de Damascius et de Simplicius, et à laquelle l'École scotiste et l'École nominaliste ont attribué une égale importance.

IX *ter*

JEAN DE BASSOLS

Si l'influence de Roger Bacon se laisse parfois deviner dans les pensées d'Antonio d'Andrès, elle se trahit plus nettement encore dans l'œuvre de Jean de Bassols.

Le Franciscain écossais Jean de Bassols a été, comme Jean le Chanoine, comme Antonio d'Andrès, un disciple immédiat de Duns Scot ; il en a même été, dit-on, le disciple préféré ; le Docteur Subtil l'avait surnommé *l'Auditoire,* car, en ses leçons, c'est à lui qu'il adressait du regard ses habiles argumentations. En dépit de cette faveur du maître, Jean de Bassols semble être resté peu connu. Il mourut en 1347, laissant un commentaire aux *Livres des Sentences* qui ne paraît pas avoir été fort lu dans l'École. Au commencement du XVIᵉ siècle, Oronce Fine trouva un exemplaire manuscrit, taché et déchiré, de cet important ouvrage ; il en donna une édition, la seule, croyonsnous, qui ait été imprimée (1).

(1) *Opera* Joannis de Bassolis *Doctoris Subtilis Scoti (sua tempestate) fidelis Discipuli, Philosophi, ac Theologi profundissimi. In Quatuor Sententiarum Libros (credite) Aurea. Quæ nuperrime Impensis non minimis, Curaque, et emendatione*

Jean de Bassols combat souvent les opinions de saint Thomas d'Aquin ; les termes dont il use (1) pour désigner « *dictus doctor Thomas* » semblent indiquer que ses questions furent composées avant la canonisation du Docteur Angélique, c'est-à-dire avant l'an 1323.

Le disciple favori de Duns Scot semble fréquemment soumis, avons-nous dit, à l'influence de Roger Bacon ; les opinions que cette influence lui suggèrent paraissent, en plus d'une circonstance, préparer la voie aux théories nominalistes d'Occam. Ces remarques se peuvent faire en lisant ce que notre auteur a écrit de l'immobilité du lieu (2).

L'argumentation de Jean de Bassols est entièrement dirigée contre la théorie de Gilles de Rome ; il nie que la forme du lieu d'un corps soit la distance de ce lieu au centre et aux pôles du Monde et que ce lieu demeure immobile lorsque le corps logé ne se meut pas. Comme Jean le Chanoine, Jean de Bassols admet que cette distance est un attribut des corps intermédiaires entre le corps logé et le centre du Monde ou ses pôles; comme Jean le Chanoine, il admet que cette distance et, partant, le lieu dont elle est la forme, peuvent se corrompre par suite de la corruption des corps intermédiaires ; il admet, en outre, contrairement à l'opinion de Jean le Chanoine, que le mouvement local de ces corps entraîne comme conséquence le mouvement local du lieu. Seulement, autour d'un corps immobile, les lieux qui se succèdent les uns aux autres ont, les uns par rapport aux autres, une certaine relation d'équivalence (*æquipollentia*);

---

non mediocri. Ad debitæ integritatis sanitatem revocata, Decoramentisque marginalibus, ac Indicibus, adnotata : Opera denique et Arte Impressionis mirifica Dextris Syderibus elaborata fuere. Venundantur a Francisco Regnault : Et Joanne Frellon. Parisiis. — Le livre I⁺ fut publié en 1517. — Le livre II porte le titre suivant : *Profundissimi Sacre theologie professoris* F. JOANNIS DE BASSOLIS *minorite in secundum sententiarum Questiones ingeniosissime et sane quoque utiles...* Venundantur in vico Mathurinorum apud Joannem Frellon fidelissimum Bibliopolam sub signo Avicludii commorantem, Parhisius. Colophon : ...Impresse noviter in alma Parhisiorum lutecia..... Sumptibus honestorum bibliopolarum Francisci Regnault et Joannis Frellon. Arte vero et nitidissimis caracteribus Nicolai de Pratis Calcographi probatissimi. Anno ab orbe redempto millesimo quingentesimo decimosexto, die ultimo mensis Octobris. — Les deux derniers livres sont de 1516 et 1517.

(1) JOANNIS DE BASSOLIS *Op. cit.*, lib. II, dist. X, quæst. unica, art. III ; fol. LXI, col. a.

(2) JOANNIS DE BASSOLIS *Op. cit.*, lib. II, dist. II, quæst. III, art. IV.

« le lieu suivant équivaut au lieu précédent au point de vue du mouvement local ; on peut combiner chacun d'eux à un même troisième lieu et l'un fournira le même terme que l'autre au mouvement local dirigé vers ce troisième lieu ;... selon une même droite issue de l'un ou de l'autre de ces lieux et dirigée vers un même troisième lieu, le mouvement local est le même. »

Cette équivalence, par rapport à quoi l'appréciera-t-on ? Jean le Chanoine la fait consister en une disposition semblable par rapport au centre et aux pôles du Monde ; mais en son argumentation contre Gilles de Rome, il a nié l'immobilité de ce centre et de ces pôles, en sorte que sa théorie semble tourner en un cercle vicieux.

Jean de Bassols rompt ce cercle. Les pôles réels du Ciel, le centre réel du Monde sont des corps susceptibles de mouvement ; on ne peut, par rapport à ces repères mobiles, apprécier l'équivalence réelle de deux lieux ou, si l'on préfère, l'immobilité d'un lieu ; mais l'immobilité et l'équivalence dont on parle ici sont une immobilité, une équivalence purement fictives rapportées à un centre et à des pôles qui existent seulement en l'imagination du géomètre. « Le mathématicien, en effet, en vue de l'exposition de la Science, et sans prétendre qu'il en soit ainsi dans la réalité, imagine une ligne menée d'une partie du Ciel à une autre et passant par le centre du Monde, qui est lui-même un point imaginé ; cette ligne, terminée de part et d'autre au Ciel, reçoit le nom d'axe du Monde ; ses extrémités ou, en d'autres termes, les points qui la terminent sont nommés pôles, et ce sont simplement des points que l'on imagine dans le Ciel ; c'est par rapport à de tels pôles et à un tel centre que le lieu est dit immobile, d'une immobilité imaginaire et non point d'une immobilité réelle ; en réalité, ce lieu est corruptible et mobile, mais les lieux qui se succèdent gardent cependant entre eux une certaine équivalence. »

Lors donc qu'un corps demeure en repos, le lieu de ce corps se trouve, à partir de certains repères, à des distances dont la valeur demeure toujours la même ; ces repères n'ont aucune réalité et n'existent pas hors de l'imagination du géomètre ; telle est l'opinion de Jean de Bassols touchant l'immobilité du lieu ; telle est aussi, sur le même sujet, la proposition essentielle de la doctrine occamiste.

XII *bis*

Grégoire de Rimini.

Par une heureuse et trop rare circonstance, les commentaires aux deux premiers livres *Des Sentences* de Pierre Lombard, composés par Grégoire de Rimini, sont datés ; leur auteur les enseigna à Paris en l'an 1344 (1).

Cette œuvre, nettement nominaliste, se présente à nous, bien souvent, comme une très vive réaction contre les doctrines scotistes. Ce caractère se marque, en particulier, avec une extrême netteté, en ce que l'auteur dit du lieu et de l'*ubi*.

Selon les Scotistes, le lieu est une certaine entité intrinsèque au corps logeant ; les divers disciples du Docteur Subtil diffèrent d'opinion touchant la nature de cette entité, mais, sauf Antonio d'Andrès, ils s'accordent tous à en admettre l'existence ; à cette entité, attribut du corps logeant, correspond, au sein du corps logé, une autre entité, l'*ubi,* que Duns Scot et ses disciples définissent tous comme l'a fait Gilbert de la Porrée.

Cet *ubi,* attribut réel que le lieu engendre dans le corps logé, est le véritable terme du mouvement local ; c'est un certain *ubi,* et non point un certain lieu, qui est gagné par le mobile au cours d'un tel mouvement, tandis que le même mobile délaisse non pas un autre lieu, mais un autre *ubi.*

(1) Gregorius de Arimino *In secundo Sententiarum nuperrime impressus. Et quam diligentissime sue integritati restitutus. Per venerabilem sucre theologie bacalarium fratrem Paulum de Genezano.* Colophon : Explicit lectura secundi sententiarum Fratris Gregorii de Arimino : sacri ordinis Heremitarum Sancti Augustini : theologie professoris excellentissimi : Prioris generalis quondam prefati ordinis : qui legit Parisius anno domini 1344°. Per venerabilem sacre theologie bacalarium fratrem Paulum de Geneçano quamdiligentissime castigata et sue pristine integritati restituta. Après la table, second colophon : Venetiis sumptibus heredum quondam domini Octaviani Scoti Modoetiensis ac sociorum. 8 octobris 1518. — La première édition, donnée par Paul de Genezano est de 1502.

Grégoire de Rimini s'inscrit en faux contre cette doctrine, et sur tous les points (1).

« Je pose, dit-il, deux conclusions :

« Voici la première : Aucune chose, lorsqu'elle se meut, n'acquiert une réalité quelconque, du genre des réalités permanentes, distincte de cette chose, et qui soit formellement inhérente à cette chose lorsqu'elle se trouve en un lieu.

« Voici maintenant la seconde. L'*ubi* n'est point une réalité distincte du lieu et du corps logé. »

Que l'*ubi* ne soit pas autre chose que le lieu, Grégoire de Rimini l'établit par des considérations qui devaient sembler particulièrement fortes aux Nominalistes. « Toute question, dit-il, qui est faite au moyen de termes interrogatifs qui appartiennent au prédicament *ubi* est une question qui s'enquiert du lieu ; toute réponse à une semblable question, donnée au moyen de termes de cette même catégorie, répond au sujet du lieu. Ces interrogations, en effet, ont des sens équivalents : Où (*ubi*) est Socrate ? Et : En quel lieu est Socrate ?... De même, si quelqu'un demande, au sujet de Socrate : Où (*ubi*) est-il ? on lui fournit des réponses convenables en disant : Il est à l'église, il est à l'école » ; et ces réponses désignent le lieu où se trouve Socrate.

« De ces remarques il résulte évidemment que, selon l'intention de Boèce, l'*ubi* signifie le lieu ; selon sa véritable attribution, ce prédicament *ubi* ne désigne nullement une réalité inhérente au sujet, mais une réalité qui lui est extrinsèque, à savoir le lieu. »

Pour attribuer à l'*ubi* une réalité intrinsèque au corps logé, le Docteur Subtil et ses disciples s'étaient servis de la définition de ce prédicament donnée par Gilbert de la Porrée. Grégoire de Rimini n'hésite pas à récuser cette autorité.

« L'Auteur des *Six principes*, dit-il, parle, en ce petit livre, d'une manière figurée et fort impropre ; aussi, beaucoup d'auteurs, qui prennent ses paroles au sens propre, sont-ils déçus par elles. Gilbert n'entend nullement affirmer que l'*ubi* soit

______

(1) GREGORII DE ARIMINO *Lectura in secundo Sententiarum*, dist. VIᵃ, quæst. Iᵃ, art. 2.

une réalité, nommée circonscription, distincte du lieu et du corps logé, et existant en ce dernier... Il veut seulement, par ces paroles, indiquer à quoi est proprement attribué le prédicament *ubi*. »

Cet *ubi*, qui n'est pas une réalité distincte du lieu, ne saurait être ce qui s'acquiert dans le mouvement local. A l'appui de cette proposition comme à l'encontre des propositions qui la contredisent, Grégoire de Rimini accumule les arguments :

« Si tout mobile qui se meut d'une manière continue » acquérait constamment un nouvel *ubi* en perdant l'*ubi* précédent, comme le prétend Duns Scot, « il se mouvrait à la fois de deux mouvements distincts ; en effet, tout corps qui se meut de mouvement local, qui passe d'un lieu à un autre, acquiert graduellement un lieu nouveau et se meut selon le lieu ; si, en même temps, il acquérait continuellement un nouvel *ubi*, il se mouvrait également selon l'*ubi* ; il se mouvrait donc de deux mouvements distincts. »

Que le mouvement local ne puisse avoir pour objet l'acquisition graduelle d'un *ubi* nouveau, Grégoire de Rumini l'établit encore en invoquant l'autorité de Gilbert de la Porrée : « L'Auteur des *Six principes* dit que la sphère suprême n'a pas d'*ubi*, car aucun corps ne la circonscrit ; il n'est donc pas vrai que toute chose qui se meut de mouvement local acquière à chaque instant une réalité telle que serait l'*ubi*. »

C'est donc le lieu, et non pas l'*ubi*, qui est la réalité continuellement acquise et perdue au cours du mouvement local ; mais cette proposition se rattache à un débat d'une extrême ampleur et dont Grégoire de Rimini a été une des principales parties.

Pour faire aisément saisir l'objet et l'importance du procès, prenons pour exemple un certain mouvement, et choisissons d'abord un mouvement d'altération ; considérons un corps qui s'échauffe.

A chaque instant, ce corps est porté à un certain degré de chaleur. Si nous fixons notre attention sur cet instant, nous distinguons deux réalités sans lesquelles le mouvement d'échauffement ne se produirait pas ; la première de ces réalités, c'est le corps, *sujet* du mouvement ; la seconde est une qualité, la chaleur, portée à une certaine intensité.

Ces réalités sont, toutes deux, du genre des *réalités permanentes ;* et voici ce qu'il faut entendre par la : On pourrait concevoir, sans contradiction, que le corps demeurât pendant un
temps plus ou moins long tel qu'il est à l'instant considéré ; on
pourrait également concevoir que, pendant ce temps, ce corps
fût doué sans cesse de chaleur portée à l'intensité qu'elle atteint
à l'instant considéré.

D'ailleurs, il est clair que, dans le corps en mouvement, en
voie d'échauffement, la seconde de ces réalités, la qualité,
n'existe pas à l'état permanent ; à chaque instant, le sujet
quitte une certaine intensité de chaleur pour prendre une intensité de chaleur différente ; bien que cette qualité soit du genre
des réalités permanentes, le corps ne la possède que d'une
manière transitoire ou, comme disent les maîtres de l'École,
partibiliter.

Considérons de la même manière le mouvement local ; fixons
notre attention sur l'un des instants de la durée de ce mouvement : Deux réalités nous apparaissent : Le corps mobile,
qui est le *sujet* de ce mouvement, et le lieu de ce corps ou l'*ubi*
qui correspond à ce lieu. La première de ces réalités, le corps
mobile, est une réalité permanente ; la seconde est du genre
des réalités permanentes, car on peut concevoir que le corps
demeure un temps plus ou moins long au lieu considéré, que,
pendant tout ce temps, il garde le même *ubi.*

Bien que le lieu et l'*ubi* doivent être placés au nombre des
choses qui peuvent demeurer sans changement pendant un certain temps, au nombre des *réalités permanentes,* ce n'est pas
ainsi que les possède le mobile animé de mouvement local ; à
chaque instant, il délaisse un certain lieu, un certain *ubi,* pour
acquérir un nouveau lieu, un nouvel *ubi ;* il possède ce lieu,
cet *ubi,* d'une manière transitoire, *partibiliter.*

Selon cette analyse, donc, il y a en tout mouvement deux
réalités ; le corps qui est le *sujet* de ce mouvement, puis ce qui,
en ce mouvement, se perd et s'acquiert, ce qui en est l'*objet,* le
terme ; si la première réalité est permanente, la seconde ne se
trouvera dans le sujet que sous forme transitoire, *partibiliter ;*
mais elle n'en est pas moins du genre des réalités permanentes ; au lieu de concevoir que chacun de ses états, de ses *muta-
tatum esse,* soit aussitôt délaissé par le sujet et remplacé par un

autre état, on pourrait concevoir qu'elle demeurât un certain temps, au sein du sujet, en l'un quelconque de ces états.

Selon cette analyse, le mouvement nous apparaît comme un suite d'états ; chacun de ces états est formé par l'association de deux réalités, le sujet et la disposition que le sujet acquiert ou perd par le mouvement ; ces réalités sont toutes deux du genre des réalités permanentes.

Cette analyse nous révèle-t-elle ce qui constitue l'essence même du mouvement ? Certains philosophes le pensent ; d'autres, au contraire, prétendent que l'idée qu'elle met en notre raison n'est nullement l'expression de la réalité du mouvement.

Selon ces derniers, la réalité associée au sujet qui se meut n'est aucunement du genre des réalités permanentes ; il serait aburde d'admettre qu'elle peut demeurer un temps, si court soit-il, en un sujet dénué de mouvement ; elle est semblable au temps, dont on ne peut concevoir qu'il cesse de s'écouler ; elle est essentiellement une *réalité successive,* une *forma fluens.* Lorsque nous saisissons un des états que le mobile traverse au cours de son mouvement et que nous fixons cet état en une permanence d'une certaine durée, nous remplaçons cet état par un autre état qui lui est complètement hétérogène ; le premier est l'association du sujet avec une réalité purement successive ; en lui substituant le second, nous anéantissons cette réalité successive et nous lui substituons une réalité permanente. Le mouvement est une *succession ;* nous lui substituons une *série continue* d'états de repos ; entre cette *succession* et cette *continuité,* il y a hétérogénéité radicale, parce qu'il y a hétérogénéité radicale entre la marche vers une disposition, vers une qualité, vers un lieu, et la possession de cette disposition, de cette qualité, de ce lieu.

Entre ces deux doctrines, quelle est celle qu'il convient de choisir ?

Selon Averroès (1), Aristote s'est rangé tantôt à l'une des manières de voir, et tantôt à l'autre. En sa *Physique,* il consi-

---

(1) Aristotelis *De physico auditu libri octo, cum* Averrois Cordubensis *variis in eosdem commentariis.* Libri tertii summæ secundæ cap. I, comm. 3.

dère le mouvement comme une *suite continue* d'états, et chacun de ces états comme l'association du sujet avec une réalité du genre des réalités permanentes ; chaque espèce de mouvement est alors classée dans la même catégorie que la forme acquise en ce mouvement par le sujet. Au livre des *Catégories,* au contraire, le Stagirite regardait le mouvement comme une succession ; il ne le plaçait dans aucune des catégories où se rangent les diverses sortes de réalités permanentes ; il en faisait un prédicament spécial. « Cette dernière manière de considérer le mouvement, ajoutait le Commentateur, est plus habituelle ; mais la première est plus vraie. »

Cette opinion, qu'Averroès regarde comme plus voisine de la vérité et qu'Aristote a embrassée en sa *Physique,* saint Thomas d'Aquin l'adopte lorsqu'il commente cet ouvrage (1).

Au contraire d'Averroès, Avicenne enseignait que le mouvement n'est pas suite continue d'états, mais qu'il est essentiellement succession ; Alexandre de Halès (2) se rangeait à cet avis.

Jean de Duns Scot, à son tour, se range pleinement à l'avis qui considère le mouvement comme l'association du sujet et d'une réalité sucessive, d'une *forma fluens;* nous l'avons entendu, en particulier, insister sur cette proposition que le mouvement local pouvait se produire sans changement de lieu, sans acquisition d'un nouvel *ubi,* et cela parce qu'il avait sa raison d'être en une certaine forme successive intrinsèque au mobile.

Fidèle disciple du Docteur Subtil, Jean le Chanoine adopte sa doctrine sur la nature du mouvement (3). « Le mouvement, dit-il, se distingue essentiellement et réellement du terme auquel il tend... En effet, aucune entité formellement

---

(1) D. Thomas Aquinatis *In libros physicorum Aristotelis interpretatio et expasitio ;* in lib. III lect. I.

(2) Alexandri Alensis *Metaphysicæ* lib. V, ad comm. 18. — Nous empruntons ces deux renseignements sur Avicenne et sur Alexandre de Halès au *Commentarium* Collegii Conimbricensis e Societate Jesu *super octo libros Physicorum Aristotelis Stagiritæ*. Pars prima, Lib. III, Cap. II, Quæst. I ; Venetiis, MDCXVI, Apud Andream Baba, pp. 310 sqq.

(3) Joannis Canonici *Quæstiones super VIII Physicorum libros Aristotelis;* in lib. III quæst I, art. 1.

successive ne peut être identique à une entité formellement permanente ; or, le mouvement est une entité formellement successive et son terme est une entité formellement permanente... Le mouvement n'est pas la forme à l'acquisition de laquelle il tend, ni les diverses parties de cette forme, qui se succèdent les unes aux autres... Il n'est pas simplement l'écoulement de la forme *(fluxus formæ)*, car ce flux n'est autre chose que la série continue des divers états de cette forme rangés selon leur ordre de succession dans le temps... » Le mouvement ne peut donc être que la *forma fluens* considérée par Duns Scot.

A ces propositions, Jean le Chanoine en ajoute d'autres qui n'ont pas moins d'importance (1).

Nous venons de comparer deux définitions du mouvement ; l'une de ces définitions considère le mouvement comme une suite continue d'états dont chacun peut être considéré à part et distingué des autres ; l'autre définition le prend comme quelque chose qui s'écoule incessamment, où il est impossible de marquer des divisions, de saisir un état pour l'isoler.

Or, « le mouvement pris en son essence formelle, c'est-à-dire le mouvement qui se poursuit sans division *(quantum ad esse continuativum)*, comme l'indique la seconde définition, est étranger à notre esprit... Au contraire, le mouvement pris comme une suite d'états distincts *(quantum ad esse discretum)*, n'existe que par notre esprit ; nous voulons dire par là qu'il ne possède point ce mode d'existence que forme une suite d'états distincts, si ce n'est par notre esprit, qu'une opération de l'esprit le pose seule en cette manière d'être, bien que celle-ci ait un *substratum* en la réalité. »

Ainsi donc, selon Jean le Chanoine, le mouvement réel est constitué par une *forma fluens ;* mais cet *esse continuativum,* qui est l'essence même du mouvement, ne peut être saisi tel quel par notre raison ; pour comprendre le mouvement, notre raison est obligée d'en altérer l'essence ; à la *forma fluens* elle substitue une suite continue de réalités distinctes dont chacune est du genre des réalités permanentes ; à l'*esse continuativum*

____

(1) JEAN LE CHANOINE, *loc. cit.*, art. 3.

que possède le mouvement selon la nature des choses, elle substitue un *esse discretum* qui n'est rien hors de notre raison, qui correspond à l'*esse continuativum* véritable sans lui être identique.

Ajoutons que Jean le Chanoine applique (1) au temps une théorie toute semblable à celle qu'il vient d'appliquer au mouvement.

Toute la philosophie du mouvement et du temps si brillamment soutenue de nos jours par l'École bergsonienne n'est-elle point contenue en ces quelques lignes de Jean le Chanoine ?

Si Jean le Chanoine a pleinement admis et clairement exposé la théorie du mouvement que Duns Scot avait proposée, d'autres disciples du Docteur Subtil se sont refusés à suivre cette doctrine ; parmi ceux-ci, il nous faut ranger Antonio d'Andrès.

Antonio d'Andrès a composé un traité *Sur les trois principes* (2) dont la Métaphysique aristotélicienne compose toutes choses : La matière, la forme et la privation ; ce *Traité des trois principes* eut, au Moyen Age, une grande célébrité.

Au début de ce traité, Antonio d'Andrès examine « si la mobilité est le sujet de la Science physique » et l'examen de cette question le conduit à analyser la nature du mouvement.

Le mouvement local est, formellement, un rapport ; c'est, en effet, un mouvement vers l'*ubi*, et l'*ubi* lui-même est formellement un rapport. Les autres mouvements sont des formes absolues ; ces mouvements, en effet, tendent à l'acquisition de la substance, de la quantité ou de la qualité qui sont, formellement, quelques choses d'absolu. « Or, je tiens que le mouvement ne diffère pas réellement de la forme à laquelle il tend ; c'est ce que le Commentateur affirme explicitement, au troi-

----

(1) Joannis Canonici *Quæstiones super VIII libros Physicorum Aristotelis*, lib. IV, quæst. V, quantum ad secundum articulum.

(2) *Tria principia* clarissimi Doctoris Antonii Andree *secundum doctrinam doctoris subtilis Scoti. Nec non et expositio* Francisci Mayronis doctoris illuminati *super octo libros phisicorum valde utilis et brevis juxta Ari. propositiones et demonstrationes, et formalitates* ejusdem. Colophon : Impressum in inclita Civitate Ferrarie regnante Hercule Duce secundo per Magistrum Laurencium de rubeis de Valentia. Anno domini MCCCCLXXXXV. Idus Madii.

sième livre des Physiques, lorsqu'il dit : Il y a deux opinions touchant le mouvement ; l'une, qu'il est l'écoulement de la forme ; l'autre, qu'il est la forme même qui s'écoule ; la première est plus répandue, ajoute-t-il, mais la seconde est plus proche de la vérité (1). »

Par ces déclarations, qui refusent à l'*esse continuativum* du mouvement toute réalité distincte de l'*esse discretum*, Antonio d'Andrès rejette la doctrine scotiste et fraye la voie aux théories nominalistes.

Il est clair, en effet, que l'École nominaliste ne saurait admettre cet *esse continuativum* du mouvement, qui demeure inaccessible à notre entendement ; seul, l'*esse discretum* pourra subsister à ses yeux.

Contre les doctrines scotistes, les Nominalistes, nous l'avons vu, ont trouvé en Grégoire de Rimini un vigoureux défenseur.

« La première conclusion que nous ayons à prouver, dit Grégoire de Rimini (2), c'est que le mouvement n'est pas une entité distincte de toutes les entités permanentes.

« La seconde conclusion, c'est qu'il n'existe hors de l'intelligence aucune entité distincte de toutes les choses permanentes, et présentant les caractères que nos adversaires attribuent au changement.

« Lorsqu'un objet est en mouvement, il ne nous présente pas trois choses distinctes : En premier lieu, une chose qui se meut ; en second lieu, une chose qui est acquise ; en troisième lieu, une chose distincte de chacune des deux précédentes et distincte de leur ensemble, chose qui, selon l'opinion que nous avons exposée, serait le mouvement. Il y a une chose que le mobile acquiert sans cesse ; par rapport à cette chose, il est incomplètement en acte et il tend sans cesse à compléter cet acte ; c'est cette chose-là qui est le mouvement. »

Considérons, par exemple, le mouvement d'altération. Au

---

(1) On remarquera qu'Antonio d'Andrès emploie les termes *forma fluens* et *fluxus formæ* là précisément où Jean le Chanoine eût dit, inversement, *fluxus formæ* et *forma fluens* ; la plus grande confusion règne, dans les divers traités scolastiques, en ce qui concerne l'emploi de ces deux dénominations ; le contexte, heureusement, permet de dissiper l'incertitude qui en résulte.

(2) Gregorii de Arimino *Lectura in secundo Sententiarum* ; dist. I, quaest. IV, art. I.

sein du sujet de ce mouvement, « il y a une qualité qui se fait continuellement... ; c'est cette qualité qui est l'altération ; l'altération n'est donc nullement une semblable réalité successive, distincte de la qualité même qui se fait ».

Considérons de même le mouvement local. « Toutes les fois que les propositions suivantes seront vraies au sujet d'un certain corps : Ce corps peut être, à un certain instant, en un lieu dans lequel, immédiatement auparavant, il ne se trouvait pas ou dans lequel ses parties ne se trouvaient pas toutes ; immédiatement après cet instant, il ne sera plus en ce lieu, mais il sera en un lieu où il n'est pas à ce même instant ; ce corps pourvu de lieu sera vraiment en mouvement local. Mais pour que ces propositions puissent être formulées, il n'est pas nécessaire d'imaginer une chose qui ne soit pas comprise au nombre des réalités permanentes. »

« Tout ce qui se meut de mouvement local, dit encore Grégoire de Rimini, acquiert sans cesse, d'une manière transitoire (*partibiliter*) une certaine réalité permanente ; en effet, tout ce qui se meut ainsi se meut d'un lieu à un autre (et nous prenons ici le mot lieu au sens communément reçu) ; on voit donc que toute chose qui se meut d'un mouvement local est une chose permanente ; partant, on n'a nullement à poser une certaine réalité, distincte de toute réalité permanente, qui serait le mouvement local. »

Ainsi le mouvement d'altération, c'est la qualité même que le sujet acquiert graduellement ; le mouvement local, c'est le lieu dont le mobile s'empare d'une manière transitoire ; c'est encore, selon les expressions diverses dont use Grégoire de Rimini, le volume *(magnitudo)*, variable d'un instant à l'autre, que ce mobile vient successivement occuper, l'espace qu'il parcourt en son continuel changement de place ; il est illusoire d'attribuer ce mouvement local à une certaine *forma fluens* intrinsèque au mobile.

Devant la théorie qu'il développe, Grégoire de Rimini voit se dresser une objection ; cette objection est fournie par l'argument même que Duns Scot avait invoqué lorsqu'il avait voulu rattacher le mouvement local à une *forma fluens* intrinsèque au mobile : Un corps peut se mouvoir localement bien qu'il soit dépourvu de tout lieu. Voici comment Grégoire expose cette objection (1) :

« S'il n'y avait, s'il ne pouvait y avoir aucun mouvement local sans qu'un certain volume ou qu'un certain espace fût acquis par le mobile, il en résulterait qu'il serait impossible qu'un corps fût mû localement sans que ce corps acquît un certain espace. Or, cette conséquence est fausse. Il est certain, en effet, que Dieu pourrait anéantir tous les corps du Monde autres que l'orbe de la Lune ; qu'il pourrait, cependant, continuer d'exercer sur l'intelligence qui meut cet orbe une influence identique à celle qu'il exerce actuellement ; que cette intelligence pourrait continuer d'agir sur cet orbe, en vue de lui imprimer un mouvement de rotation exactement comme elle agit maintenant. Il est certain aussi que Dieu pourrait créer un ciel unique et plein, anéantir tout autre corps, et faire tourner ce Ciel comme il fait actuellement tourner le premier mobile. Cela posé, il est clair que l'orbe de la Lune ou que ce Ciel plein se mouvrait de mouvement local ; il n'existerait cependant ni volume, ni réalité permanente d'aucune sorte qu'il pût acquérir. »

Si l'on admet la réalité de tels mouvements locaux, il semble impossible de ne pas déclarer avec Duns Scot que le mouvement local consiste en une certaine *forma fluens* intrinsèque au mobile.

Aussi Grégoire de Rimini n'hésite-t-il pas à déclarer, tout aussi nettement que l'eût fait Averroès, que de tels mouvements sont impossibles : « Lors même que l'intelligence appliquerait sa vertu motrice au Ciel exactement comme elle la lui applique actuellement, elle ne mettrait pas le Ciel en mouvement local et le Ciel ne se mouvrait point ; il ne serait donc pas exact de dire que cette intelligence meut le Ciel ou que le Ciel se meut de mouvement local. Il serait étrange que quelqu'un pût concevoir le contraire. De même qu'un sujet ne peut éprouver un mouvement selon la qualité [mouvement d'altération] sans acquérir ni perdre aucune qualité, de même il est impossible qu'un corps se meuve selon le lieu sans acquérir aucun lieu,

____

(1) GRÉGOIRE DE RIMINI, *loc. cit.*, art. 2.

sans en perdre aucun, sans éprouver aucune sorte de change
ment relatif au lieu. Or, toute acquisition de lieu, tout chan
gement relatif au lieu serait impossible si le Ciel existait seul
dans la nature et qu'il n'existât aucun autre corps. »

La théorie du mouvement local développée par Grégoire de
Rimini ne contredit pas seulement à la théorie de Duns Scot
qui attribue ce mouvement à une réalité purement successive,
à une *forma fluens* intrinsèque au mobile ; elle contredit aussi
à la théorie tout opposée qu'a proposée Guillaume d'Occam.

Comme Grégoire de Rimini, Guillaume d'Occam nie formellement (1) que le mouvement soit une entité non comprise
parmi les réalités permanentes.

« Pour qu'un corps se meuve (2), il suffit que, sans inter-
ruption de temps ni de repos, continuellement et d'une manière
transitoire (*partibiliter*), le mobile acquière ou perde quelque
chose... Pour qu'un corps blanchisse, il suffit qu'il acquière
continuellement de nouvelles parties de blancheur ; pour qu'il
se meuve de mouvement local, il suffit que, continuellement et
sans repos, il acquière un lieu après un autre, que, sans trêve,
il se trouve successivement en des lieux différents... On dit donc
qu'un corps se meut d'une manière continue lorsqu'à chaque
instant, il est exact de dire que ce mobile est en un lieu où
il n'était pas auparavant, ou qu'il possède quelque chose qu'il
ne possédait pas auparavant, ou qu'il ne possède plus quelque chose qu'il possédait. Ces propositions admises et toute
autre proposition écartée, le mobile se meut vraiment ; et
cependant il n'intervient ici aucune réalité qui ne soit permanente, car le mobile est permanent et tout ce qui est acquis
par le mobile est permanent... Il n'y a donc là que des choses
permanentes ; mais comme ces choses permanentes ne sont
pas simultanées, qu'elles sont acquises l'une après l'autre,
le mobile se meut véritablement. »

« Le sens de cette proposition (3) : Le mouvement est succes-

---

(1) Venerabilis Inceptoris fratris Gulielmi de villa Hoccham Angliæ : Achademiæ
nominalium principis : *Summule in lib. Physicorum adsunt.* Colophon : Impressum
Venetiis per Lazarum de Soardis. Anno 1506, Die 17 Augusti. Partis tertiæ cap. V,
fol. 14, col. d, et fol. 15, col. a.
(2) Guillaume d'Occam, *Op. cit.*, pars III, cap. VI ; éd. cit., fol. 15, coll. a et b.
(3) Guillaume d'Occam, *Op. cit.*, pars III, cap, VII ; éd. cit., fol. 15, col. c.

sif, est celui-ci : Lorsqu'un corps se meut, ce qu'il acquiert ou perd, il ne l'acquiert pas simultanément, mais successivement. Par conséquent, il ne faut point s'imaginer que le mouvement soit quelque réalité successive, totalement distincte de toute chose permanente. »

En cette condamnation de la doctrine scotiste, Occam s'accorde pleinement avec Grégoire de Rimini ; il s'en sépare lorsqu'il expose sa propre théorie.

« Par le mouvement local, dit-il (1), le lieu seul est acquis et il n'est rien acquis d'autre ; c'est pourquoi on le nomme local. Lorsqu'un corps se trouve en un lieu, selon la doctrine du Philosophe, il ne faut pas s'imaginer, comme le font quelques-uns, qu'il y ait au sein du corps logé quelque chose qui soit distinct du lieu et que le lieu dépose en ce corps. Pour qu'un corps soit en un lieu, il suffit que le lieu soit, que le corps soit, et qu'il n'y ait rien d'intermédiaire entre le lieu et le corps. C'est donc en vain que l'on supposerait l'existence d'une telle chose déposée dans le lieu par le corps logé.

« D'après ce qui précède, il est évident que lorsqu'un corps se meut d'un mouvement rectiligne ou mêlé de rectiligne et de circulaire, un lieu est acquis à chaque instant, lieu distinct de celui que le mobile occupait auparavant.

« Lorsqu'un corps se meut d'un mouvement de rotation, il demeure constamment au même lieu ; mais, à chaque instant, une partie différente du lieu correspond à une même partie du mobile et inversement ; par conséquent, le mobile, pris en totalité, demeure toujours au même lieu, en sorte que ce mobile, pris en totalité, n'acquiert rien de nouveau ; mais chacune des parties acquiert constamment un lieu nouveau, différent du lieu qu'elle occupait auparavant.

« Quant au mobile suprême, il n'est contenu par aucun autre corps ; lors donc qu'il se meut, ni sa totalité ni ses diverses parties n'acquièrent rien de nouveau. Toutefois, il acquerrait quelque chose [de nouveau s'il existait un corps dont il fût entouré ; en outre, ses diverses parties regardent d'une manière qui change d'un instant à l'autre certains corps qui demeurent immobiles en leur lieu ; leur distance à ces corps augmente ou

(1) Guillaume d'Occam, *Op. cit.*, pars. III, cap. X ; éd. cit., fol. 17, coll. a et b.

diminue ; il se meut donc vraiment de mouvement local, et cela
non parce qu'il acquiert quelque chose de nouveau, mais parce
qu'entre ses diverses parties et d'autres corps immobiles, il y a
une distance qui change d'un instant à l'autre.

« A cela, on pourrait faire cette objection : En toute altération, il faut qu'une certaine qualité soit acquise ou perdue ; de
même, en tout mouvement local, il faut qu'un certain lieu soit
acquis ou perdu. Je répondrai qu'il n'y a pas similitude entre
ces deux cas. Rien, en effet, n'est altérable que ce qui peut
recevoir ou perdre une certaine qualité ; mais il existe un corps
qui est mobile, bien qu'il ne puisse être en un lieu, en prenant le mot lieu au sens propre ; ce corps peut seulement servir de lieu à d'autres corps et, d'instant en instant, ce lieu
regarde de manière différente les corps qu'il loge, en sorte
qu'il se meut vraiment de mouvement local. »

En ce dernier passage le *Venerabilis Inceptor* marque nettement l'opposition qui existe entre sa doctrine et celle de Grégoire de Rimini ; il la marque si nettement que l'on pourrait
prendre ce passage pour une riposte aux considérations développées par Grégoire ; il serait possible qu'il en fût ainsi ; les
lectures sur les deux premiers livres *des Sentences* de Grégoire
de Rimini ont été données à Paris en 1344, et Guillaume d'Occam n'est sûrement pas mort avant 1347 ; d'ailleurs, les *Summulæ in libros Physicorum* paraissent un ouvrage inachevé ;
elles traitent seulement des quatre premiers livres de la *Physique* d'Aristote; il se pourrait qu'elles fussent au nombre des
derniers écrits du *Venerabilis Inceptor*. Lors même que les
Summulae de Guillaume d'Occam seraient antérieures à 1344,
on pourrait penser que Grégoire de Rimini avait formulé sa
théorie du mouvement local avant de commenter en Sorbonne
les *Livres des Sentences*.

Selon la doctrine d'Occam, donc, le mobile qui se meut de
mouvement local n'acquiert d'instant en instant aucune réalité
nouvelle ; c'est, en la philosophie du célèbre nominaliste, un
principe essentiel auquel il fait allusion en plusieurs de ses
écrits, témoin le passage suivant que nous relevons en ses
Questions sur les livres des Sentences (1) :

(1) *Tabule ad diversa hujus operis* Magistri Guilhelmi de Ockam *super quatuor*

« Le mouvement local n'est ni un effet absolu nouveau, ni un effet relatif nouveau, et cela parce que nous nions la réalité de l'*ubi*. Ce mouvement consiste simplement en ceci que le mobile coexiste successivement avec des parties diverses de l'espace... »

Le mouvement local n'est pas distinct du mobile ; en d'autres termes, selon une forme de langage plus moderne, le mouvement local n'a aucune réalité ; dans la réalité, il existe seulement des corps qui se meuvent localement. Un corps qui se meut localement, c'est un corps qui, d'instant en instant, se comporte diversement par rapport à un corps fixe, réel ou simplement conçu, ou dont les parties se comportent différemment par rapport aux parties de ce terme de comparaison. Telle est, en résumé, la doctrine de Guillaume d'Occam au sujet du mouvement local ; cette doctrine forme une des parties essentielles de l'enseignement de l'École nominaliste.

En Jean Buridan cette théorie de Guillaume d'Occam va, aussi bien que la théorie de Grégoire de Rimini, trouver un ardent adversaire. Buridan va s'efforcer de remettre en faveur l'hypothèse scotiste de la *forma fluens*.

XII*ter*

JEAN BURIDAN

Jean Buridan était encore maître à l'Université de Paris en 1358 ; en cette année-là, un concordat fut signé (1) entre la Nation anglaise et la Nation picarde, afin de fixer la commune frontière des pays ressortissant à chacune d'elles ; Jean Buridan se trouvait au nombre des témoins qui représentaient la

----

libros sententiarum annotationes et ad centilogii theologici ejusdem conclusiones facile reperiendas apprime conducibiles. Colophon, à la fin des *Questions sur les livres des Sentences* : Impressum est autem hoc opus Lugduni per M. Johannem Trechsel Alemannum : virum hujus artis solertissimum. Anno domini nostri MCCCCXCV. Die vero decima mensis novembris *in* lib. II quæst. XXVI : Utrum potentiæ sensitivæ differant realiter ab ipsa anima sensitiva et inter se.

(1) Denifle et Chatelain, *Chartularium Universitatis Parisiensis*, tomus III, p. 56 ; n° 1240.

Nation picarde à la signature de ce traité. Buridan mourut vers 1360.

Parmi ses écrits, dont l'influence sur la Scolastique parisienne fut extrèmement profonde et durable, se trouvent des *Questions sur la Physique d'Aristote.* Ces questions ont été imprimées à Paris, en 1509, par les soins de Jean Dullaert de Gand (1). La Bibliothèque nationale en possède un exemplaire manuscrit (2) ; c'est d'après ce manuscrit qu'il nous a été donné de les étudier.

Les questions où Jean Buridan traite du lieu forment peutêtre, par leur ensemble, la théorie la plus étendue et la plus détaillée qu'aucun maître de la Scolastique ait composée touchant cette notion de lieu. Bien des influences se peuvent reconnaître à la lecture des discussions qui la forment ; celles qui méritent surtout d'être signalées sont celles de Roger Bacon, de Jean Duns Scot, de Guillaume d'Occam et de Walter Burley, soit que ces influences entraînent l'assentiment de Jean Buridan, soit qu'au contraire il lutte contre elles.

Jean Buridan adopte, pour définir le lieu proprement dit, cette formule classique : *Superficies ultima corporis continentis.* Cette formule, il la commente en fidèle disciple d'Occam. Par *superficies,* il entend (3), comme tous les Nominalistes, non pas une surface ayant seulement deux dimensions, mais une couche d'une certaine épaisseur. Il en résulte que le corps contenant a une infinité de surfaces ultimes. « Imaginons, en effet, que l'orbe de la Lune soit partagé, au moyen de surfaces concentriques, en deux moitiés, ou en trois tiers, ou en cent centièmes, et ainsi de suite ; toujours, parmi ces parties, il y en aura une qui sera la dernière de notre côté et qui touchera

---

(1) *Acutissimi philosophi reverendi magistri* Johannis Buridani *subtilissime questiones super octo Phisicorum libros* diligenter recognite et revise a magistro Joanne Dullaert de Gandavo antea nusquam impresse. Venum exponuntur in edibus Dionisii Roce, Parisiis, in vico divi Jacobi, sub divi Martini intersignio. — Colophon : Hic finem accipiunt questiones reverendi magistri Johannis Buridani super octo Phisicorum libros, impresse Parrhisiis opera ac industria magistri Petri Ledru, impensis... Dionisii Roce... anno millesimo quingentesimo nono, octavo calendas novembres.

(2) Bibliothèque nationale, fonds latin, ms. n° 14723 (ancien fonds Saint-Victor, n° 712).

(3) *Questiones totius libri phisicorum edite a* Magistro Johanne Buridam ; in lib. IV quæst. 1 : Utrum locus sit æqualis suo locato ; ms. cit., fol. 61, col. a.

notre monde inférieur en touchant la sphère du feu ; ce sera la dernière des deux moitiés, ou le dernier des dix dixièmes, ou le dernier des cent centièmes, et ainsi de suite indéfiniment ; chacune de ces parties est, de notre côté, la surface ultime de l'orbe de la Lune, et il n'y a aucune raison pour que l'une reçoive plutôt que l'autre cette appellation, en sorte que chacune d'entre elles est le lieu propre » du feu.

« Mais une difficulté subsiste (1) : Si toute surface est un corps, pourquoi disons-nous que le lieu est la surface du corps contenant, et non point que le lieu est le corps contenant ? »

Effectivement le lieu propre est un corps ; mais ce n'est pas sous le même rapport qu'il reçoit les noms de lieu et de corps, tandis que c'est sous le même rapport qu'on le nomme lieu et surface.

Une ligne est un corps, mais on donne à ce corps le nom de ligne lorsqu'on le considère comme divisible selon une seule dimension, la longueur, sans tenir aucun compte de sa divisibilité selon les deux autres dimensions, savoir : la largeur et la profondeur. De même, un corps prend le nom de surface lorsqu'on le conçoit comme divisible selon deux dimensions, la longueur et la largeur, sans considérer sa divisibilité selon la troisième dimension. On ne lui donne le nom de corps que lorsqu'il est conçu comme divisible selon trois dimensions, la longueur, la largeur et la profondeur.

Or, le contact entre le corps logeant et le corps logé n'est établi que suivant deux dimensions ; par suite de la mutuelle impénétrabilité de ces corps, la profondeur n'est nullement intéressée en ce contact, en sorte qu'il est légitime de dire qu'il a lieu selon la surface terminale du corps contenu et la surface terminale du corps contenant ; il est juste de dire en ce sens que le lieu proprement dit est constitué par cette dernière surface.

De ce qui précède, il résulte (2) que le terme *lieu* est au terme *surface* ce qu'une passion est au sujet qu'elle affecte. Le

---

(1) Jean Buridan, *Op. cit.*, in lib. IV quæst. II : Utrum locus sit terminus corporis continentis ; ms. cit. fol. 62, col. a.

(2) Jean Buridan, *Op. cit.*, in lib. IV quæst. IV : Utrum diffinitio loci sit bona, in qua dicitur : locus est ultimum corporis continentis immobile primum.

lieu est défini, comme toute passion doit l'être, par la définition du sujet et par les termes qui expliquent la *connotation* particulière de ce sujet affecté d'une telle passion.

Ces principes posés, Jean Buridan aborde la difficile question de l'immobilité du lieu (1). Que faut-il entendre lorsqu'on dit que le lieu est immobile ? Une première réponse a été donnée, celle de Gilles de Rome : Il y a dans le lieu deux éléments, un élément matériel et un élément formel ; la matière du lieu, c'est la surface du corps contenant ; la forme du lieu, « c'est la distance de cette surface au Ciel, à la Terre et aux diverses parties du Monde qui sont en repos ; le Ciel, en effet, exempt de tout mouvement rectiligne, peut être regardé comme étant en repos d'une certaine manière, car il peut servir de comparaison en vue de juger les mouvements rectilignes des autres corps. » Le lieu matériel est mobile ; mais le lieu formel est immobile, en ce sens qu'un corps en repos garde toujours le même lieu formel lors même que les substances ambiantes viendraient à changer.

Comme tous les Scotistes et tous les Nominalistes, Buridan rejette absolument cette théorie ; les arguments qu'il lui oppose sont ceux que Guillaume d'Occam et Walter Burley ont déjà fait valoir contre elle.

La distance entre deux corps n'est pas autre chose, pour les Nominalistes, que les divers corps qui sont interposés entre ces deux-là ; « la distance de cette pierre à la Terre ou au Ciel, ce n'est pas autre chose que cette pierre elle-même ou que les corps intermédiaires qui la séparent du Ciel ». La distance de deux corps change donc lorsque les substances interposées viennent à changer. Si l'on définit le lieu formel comme l'a fait Gilles de Rome, un tel lieu formel ne saurait être tenu pour immobile.

Il y a plus ; ce lieu formel peut être, en certains cas, plus mobile que le lieu matériel considéré par le même Gilles de Rome. Ce lieu matériel, surface ultime du corps contenant, n'est jamais mobile *par soi ;* il est seulement mobile *par accident* et par l'effet du mouvement du corps contenant. Au con-

<hr>

(1) Jean Buridan, *Op. cit.,* in lib. IV quæst. III : Utrum locus sit immobilis.

traire, la distance entre un corps et la Terre, qui est le lieu formel de ce premier corps, peut être réalisée en un corps interposé entier et unique ; ce dernier corps étant mobile par soi, il en est de même du lieu formel.

Il semble, d'ailleurs, que le langage dont use Gilles de Rome soit fort mal justifié ; avec plus de raison pourrait-on donner le nom de lieu formel à la surface du contenant et celui de lieu matériel à la distance entre cette surface et le Ciel ou la Terre ; cette distance, en effet, peut être un corps pris en sa totalité ; l'extrémité du contenant, au contraire, est forcément une partie d'un corps ; ne semble-t-il pas plus raisonnable de regarder cette partie du corps comme la forme du lieu que d'attribuer ce rôle à un corps qui est pris en son intégrité et qui a son existence propre ?

Il n'est donc pas possible d'accepter l'interprétation que Gilles de Rome avait proposée afin de rendre véritable cette affirmation : Le lieu est immobile.

D'ailleurs, quelle avait été l'intention d'Aristote en introduisant cette épithète : immobile, en la définition du lieu ? Selon Buridan, le Stagirite n'avait d'autre objet que de distinguer entre le lieu et le vase. C'est, en effet, le même corps, le corps contenant, qui joue à la fois, par rapport au contenu, le rôle de lieu et celui de vase ; seulement on le nomme vase ou lieu selon le point de vue d'où on le considère. On le nomme vase lorsque le contenu est susceptible de couler ou de se répandre ; le vase alors met obstacle à cette diffusion ; le mouvement du vase permet seul de transporter le contenu d'un lieu dans un autre ; ce nom de vase est donc attribué au corps contenant en raison d'une certaine mobilité que l'on considère en ce corps. Au contraire, le nom de lieu est donné au contenant en raison d'une certaine immobilité dont ce corps se montre affecté lorsqu'on le compare au corps contenu ; le contenu, en effet, du moins dans certains cas, peut se mouvoir bien que le contenant demeure immobile.

Jean Buridan, par cette analyse, a-t-il saisi ce qu'il y a d'essentiel dans la pensée du Stagirite ? Nous ne le pensons pas. Mais, au lieu d'épiloguer longuement sur cette question, il vaut assurément mieux demander au Maître parisien qu'il nous expose sa propre théorie sur l'immobilité du lieu.

Le lieu proprement dit, celui auquel s'applique la définition d'Aristote, est un corps ; comme tel, il est mobile ; il l'est aussi bien que le corps logé ; le lieu peut se mouvoir alors que le corps logé demeure en repos ; « l'air qui environne les tours de Notre-Dame peut se mouvoir et changer alors que ces tours demeurent en place » ; dans certains cas, aussi, le corps logé peut se mouvoir sans que le lieu se déplace aucunement.

On ne saurait donc prétendre sans erreur que le lieu *proprement dit* soit immobile ; cette affirmation ne se peut produire qu'au sujet d'un lieu *improprement dit*.

On peut, en effet, employer le mot *lieu* en bien des sens différents, comme il arrive, d'ailleurs, pour la plupart des noms ; pour le mot *lieu,* comme pour ces noms, il y a un sens premier auquel les autres se rattachent par voie d'attribution.

L'idée de distinguer, en la théorie du lieu, le sens propre et les sens dérivés d'u mot *lieu* paraît empruntée à Roger Bacon ; voici comment Jean Buridan use de cette idée :

Il nous est impossible de percevoir, *du moins par le sens,* qu'un corps se meut de mouvement local, si nous ne percevons que ce corps se comporte différemment, d'un instant à l'autre, par rapport à quelque autre corps, que ce changement consiste en une variation de distance ou en une variation de situation, que les deux corps changent en totalité l'un par rapport à l'au-tre ou que les parties de l'un se disposent autrement par rap-port aux parties de l'autre.

Cette affirmation, d'ailleurs, n'est pas une conclusion philo-sophique ; c'est un simple jugement de sens commun que tout le monde porte. En outre, de ces deux corps qui, d'un instant à l'instant suivant, se comportent d'une manière différente l'un par rapport à l'autre, il nous est impossible de juger avec certi-tude que celui-ci se meut si nous ne savons par ailleurs que cet autre est immobile ou, du moins, qu'il ne se meut pas de tel mouvement ou avec telle vitesse.

Cela posé, imaginons un corps logé et son lieu proprement dit, c'est-à-dire, selon la définition d'Aristote, la partie ultime du corps logeant ; supposons que ce dernier corps demeure immobile et que nous le sachions ; si, d'instant en instant, nous percevons que le corps logé se comporte différemment par rapport à son lieu, nous disons qu'il se meut de mouvement local ; si, au contraire, nous constatons que le corps logé garde toujours même relation avec le corps logeant, nous disons que le premier corps ne se meut pas localement, qu'il est en repos.

Par voie d'extension, nous disons qu'un objet est le lieu d'un corps ou bien qu'il joue le rôle de lieu par rapport à ce corps, lorsque cet objet sert de terme de comparaison pour apprécier le mouvement ou le repos de ce corps ; lorsque nous disons que ce corps est immobile ou qu'il est en mouvement selon que, d'un instant à l'autre, il se comporte relativement à cet objet de la même manière ou de manières différentes. Mais le lieu immobile ainsi défini est un *lieu improprement dit*.

Ces observations font évanouir les objections qui s'étaient auparavant présentées.

« C'est une pensée commune, en laquelle tous s'accordent, que les tours de Notre-Dame se trouvent aujourd'hui au lieu même où elles furent construites, bien que l'air qui les entoure se soit sans cesse renouvelé, bien que les corps intermédiaires qui constituent la distance entre ces tours et le Ciel aient fréquemment changé. Cela paraît difficile, mais c'est, en réalité, très facile ; en effet, les termes *le même* que nous appliquons au lieu de ces tours, ne doivent pas être pris en leur sens propre et essentiel ; on doit admettre que ces mots *le même* désignent ici l'égalité de distance soit à la Terre, soit au Ciel, soit au corps, quel qu'il soit, par rapport auquel nous jugeons du repos ou du mouvement des autres corps. »

Jean Buridan ne dit pas, comme l'ont dit Duns Scot, Jean le Chanoine, Guillaume d'Occam et Walter Burley, que les mots *le même lieu* désignent deux lieux équivalents entre lesquels il peut ne pas y avoir identité numérique ; mais s'il n'emploie pas ce langage dont ses prédécesseurs ont usé, la pensée qu'il exprime n'en est pas moins identique à la leur.

C'est en entendant le mot lieu non pas au sens propre, mais au sens impropre, que l'on pourra formuler cette proposition : La Terre est le lieu du Ciel. Nous l'allons voir en examinant cette question : La sphère suprême est-elle en un lieu (1)?

---

(1) Jean Buridan, *Op. cit.*, in lib. IV, quæst. VI : Utrum ultima sphæra seu suprema sit in loco.

« Cette question, dit Buridan, a passé pour très difficile ; cela tient, je crois, à ce qu'on n'a pas distingué l'équivoque que présente le mot lieu. Comme nous l'avons dit précédemment, le mot lieu peut être entendu au sens propre, comme signifiant ce qui contient le corps logé et le touche immédiatement, tout en s'en distinguant ; il peut aussi être entendu d'une manière moins propre ou tout à fait impropre ; il désigne alors l'objet au moyen duquel on juge qu'un certain corps se meut ;... si l'on donne et concède cette distinction, la question devient très facile. »

Au sens propre, la sphère ultime n'a pas de lieu, puisque aucun corps ne la contient ; à ce même sens propre, elle ne se meut pas de mouvement local, puisqu'elle n'a pas de lieu.

Mais si l'on prend le mot lieu au sens impropre, si l'on désigne par là le repère qui permet d'apprécier qu'un corps est en repos ou en mouvement, la sphère suprême a un lieu, et ce lieu peut être la Terre, ou un certain mur, ou une certaine pierre.

Jean Buridan souscrit alors à l'aphorisme d'Averroès : La sphère suprême n'est pas un lieu *per se,* mais elle est en un lieu *per accidens ;* toutefois, il y souscrit à cette condition, qu'Averroès n'eût sans doute pas acceptée : Le lieu *per se* est le lieu proprement dit ; le lieu *per accidens* est le lieu improprement dit.

Jean Buridan souscrit également à l'opinion d'Avicenne : La sphère suprême se meut non de mouvement local, mais de mouvement relatif à la situation, car si elle n'a pas de lieu proprement dit, elle a une situation qui change d'un instant à l'autre ; ses diverses parties, en effet, se trouvent à des distances variables des diverses parties de la Terre. Averroès et Saint Thomas d'Aquin ont repoussé cette doctrine d'Avicenne ; Buridan, à son tour, déclare mal fondées toutes les objections qu'ils ont formulées.

Bien que la sphère suprême n'ait pas de lieu proprement dit, elle se meut ; mais elle a un lieu improprement dit, la Terre immobile, terme de comparaison qui nous permet d'apprécier le mouvement de l'orbite ultime ; ce lieu improprement dit est-il indispensable au mouvement du dernier ciel ? Le mouvement de ce ciel pourrait-il se poursuivre lors même que ce lieu improprement dit n'existerait pas? Averroès le nierait; pour lui, l'existence d'une Terre immobile est la condition nécessaire du mouvement du Ciel.

Tel n'est pas l'avis de Buridan (1).

Imaginons que la puissance divine transforme le Monde en un tout homogène et continu ; pour un tel Monde, il n'y aurait plus aucun lieu, ni lieu proprement dit, ni lieu improprement dit; de même, il n'y aurait plus aucun lieu pour une pierre qui subsisterait seule alors que Dieu aurait anéanti tout le reste du Monde.

Cette sphère homogène et privée de toute espèce de lieu, Dieu pourrait-il encore lui communiquer le mouvement dont l'orbe suprême est actuellement animé? Averroès le nie ; Jean Duns Scot l'affirme ; Jean Buridan se range à l'avis de Duns Scot. « Je prouve, dit-il, que Dieu pourrait imprimer à ce monde une rotation d'ensemble, en faisant usage de l'un des articles condamnés à Paris. Cet article dit : C'est une erreur de prétendre que Dieu ne pourrait mouvoir le Monde de mouvement rectiligne. Il n'y a pas de raison pour qu'il puisse le mouvoir de mouvement rectiligne plutôt que de mouvement circulaire. De même qu'il imprime le mouvement diurne à toutes les sphères célestes en même temps qu'à l'orbe suprême, de même pourrait-il donner au Monde entier, y compris les corps sublunaires, une rotation d'ensemble alors que les diverses sphères demeureraient distinctes les unes des autres ; mais tout aussi bien pourrait-il mouvoir ce Monde après l'avoir transformé en un tout homogène et continu. Dieu pourrait donc mouvoir le Monde entier alors que ce Monde n'aurait plus de lieu. »

L'intention formelle de Buridan, en ce passage, est de réfuter la théorie du mouvement local proposée par Grégoire de Rimini ; le mouvement local ne saurait être formellement identique au lieu que le mobile acquiert à chaque instant.

Le mouvement local peut-il, comme le veut Guillaume d'Occam, n'être autre chose que le mobile lui-même qui, d'instant

---

(1) JEAN BURIDAN, *Op. cit.*, in lib III quæst. VII : Utrum motus localis est res distincta a loco et ab eo quod localiter movetur.

en instant, se comporte différemment par rapport à un repère fixe ? Buridan sait, et il nous l'a dit, qu'aucun mouvement local n'est perceptible au sens si le corps mobile ne change continuellement de position par rapport à un corps fix ; ou si les parties de ce mobile ne se disposent diversement par rapport aux parties de ce repère fixe. Mais il ne saurait accorder que le mouvement local se réduise, dans la réalité, à ce qui permet à nos sens d'en constater l'existence et d'en étudier les particularités.

« Si la sphère ultime se meut, ce n'est pas simplement parce qu'elle se comporte sans cesse de différente façon par rapport à la Terre ou à quelque autre corps. Je le prouve : Elle ne se mouvrait pas moins lors même que tous les autres corps tourneraient avec elle sans éprouver aucun mouvement différent du sien ; dans ce cas, cependant, il n'existerait aucun objet par rapport auquel elle se pût comporter différemment d'un instant à l'instant suivant. De même, pour qu'un corps se mût de mouvement rectiligne, il faudrait qu'il se comportât différemment d'un instant à l'autre par rapport à quelque objet, tout comme cela est nécessaire pour qu'il se meuve de mouvement curviligne ; et cependant, pour qu'il y ait mouvement rectiligne, il n'est pas nécessaire que le mobile se comporte différemment d'un instant à l'autre par rapport à quelque autre corps ; en effet, si Dieu mouvait le Monde entier d'un mouvement rectiligne, le Monde n'éprouverait pas de continuel changement de disposition par rapport à la Terre. »

Guillaume d'Occam, il est vrai, a prévu et examiné cette objection, et il a cherché à l'éviter ; un corps qui se meut, ce n'est pas simplement, selon lui, un corps qui, d'instant en instant, se comporte différemment par rapport à un corps immobile réellement existant, car il pourrait se faire qu'il ne se rencontrât aucun corps immobile ; à son avis, un corps qui se meut c'est, essentiellement, un corps qui, d'un instant à l'autre, se comporterait différemment par rapport à un objet immobile, s'il existait un tel objet.

Cette forme conditionnelle donnée à la définition du mouvement ne satisfait aucunement Buridan : « Cette échappatoire ne vaut rien, dit-il ; elle n'empêche pas ceci, que la sphère ultime se mouvrait en fait alors même qu'en fait il n'existerait aucun corps immobile ; dans ce cas donc cette sphère ne pourrait, en fait, se comporter diversement d'un instant à l'autre par rapport à quelque corps immobile ou à quelque objet extrinsèque. »

Dès lors, aucune hésitation n'est possible ; « il faut se décider à accorder la troisième théorie ; *ergo oportet concedere tertium modum* ». Ce qui change d'un instant à l'autre en un corps qui se meut de mouvement local, ce n'est pas une disposition par rapport à quelque objet immobile, à quelque chose d'extrinsèque ; ce qui change, c'est quelque chose qui est intrinsèque au corps qui se meut et qui, cependant, es. distinct de la substance de ce corps ; le mouvement local est une *réalité purement successive (res pure successiva)*.

En exposant la théorie du lieu, Buridan s'est rangé parmi les fidèles disciples d'Occam, parmi les purs Nominalistes ; mais lorsqu'il s'est agi de définir le mouvement local, il a nettement rompu avec les doctrines nominalistes de Grégoire de Rimini et d'Occam ; il a pleinement embrassé la doctrine réaliste de Duns Scot ; avec celui-ci, il a placé l'essence du mouvement local en une *forma fluens* qui affecte réellement la matière du mobile.

Mais Buridan ne suit l'enseignement de Duns Scot qu'en ce qui concerne le mouvement local. Sa Physique, en effet, se réclame du principe qui dirige celle de Guillaume d'Occam ; elle ne consent point à l'admission d'une entité nouvelle, à moins que d'irréfragables arguments ne l'aient contrainte à l'admettre. Jean Buridan a attribué le mouvement local à une réalité successive spéciale, à une *forma fluens*, parce que cette forme lui permettait seule de sauver certains mouvements dont le décret d'Étienne Tempier lui affirmait la possibilité. « Le mouvement d'altération requiert-il, lui aussi, un flux distinct du sujet altérable et de la qualité par rapport à laquelle se fait l'altération ? » La réponse que Buridan donne à cette question (1) diffère entièrement de celle qu'a reçue la question analogue dont le mouvement local avait fait l'objet. Il n'est aucun

---

(1) Johannis Buridani *Quæstiones in libros de physica auscultatione* ; in lib. III, quæst. II.

mouvement d'altération que l'on ne puisse expliquer sans invoquer l'existence d'une forme fluente, distincte de la qualité qu'acquiert ou perd le sujet altérable ; on n'introduira donc pas cette réalité inutile. « On ne supposerait l'existence d'un tel flux que pour sauver la succession ; mais cette succession peut être sauvée sans que l'on ait recours à cette réalité surajoutée... ; une telle forme additionnelle serait donc l'objet d'une supposition entièrement oiseuse ; on verra clairement que cette supposition est oiseuse en sauvant sans elle toutes les raisons qui semblent fournir des arguments en faveur d'un tel flux. »

Par une analyse qui s'efforce de ne contredire à aucune certitude, de ne rien supposer que d'indispensable, Buridan en vient à établir une différence extrême entre le mouvement local et les autres genres de mouvements considérés par Aristote. Pour ceux-ci, il se contente de la théorie posée par l'École nominaliste ; il les résout en deux réalités permanentes, le sujet qui se meut, et la qualité ou la grandeur que ce sujet acquiert ou perd. Pour le mouvement local, il donne, contre les Nominalistes, raison à Duns Scot ; il attribue ce mouvement à une réalité purement successive intrinsèque au mobile. Cette doctrine, qui assigne au mouvement local un caractère par lequel il se distingue de tous les autres mouvements, est assurément l'une des vues les plus profondes et, peut-on dire, les plus prophétiques du chef de l'École parisienne. Elle ne tarda pas à être abandonnée par ses disciples, qui, à l'exception d'Albert de Saxe, n'en comprirent pas l'importance.

XVI *bis*

L'ÉCOLE PARISIENNE AU DÉBUT DU XVI° SIÈCLE : JOHANNES MAJORIS. JEAN DULLAERT DE GAND. LOUIS CORONEL. JEAN DE CELAYA.

L'enseignement de Buridan eut, d'abord, à l'Université de Paris, une grande influence ; les maîtres de cette Université acceptèrent pleinement, semble-t-il, ce que cet enseignement leur disait du mouvement ; en particulier, ils admirent, selon l'opinion de Duns Scot, que le mouvement local était constitué par une certaine réalité purement successive intrinsèque au mobile ; cette opinion, ils y adhérèrent en vertu des arguments qu'avait invoqués Buridan. Puis, peu à peu, on vit diminuer la confiance accordée à cette doctrine scotiste par ceux qui suivaient les méthodes de la philosophie pr isienne ; graduellement, ils rendirent leur faveur à la doctrine d'Occam.

Parmi les disciples de Buridan, nul n'a, plus exactement qu'Albert de Saxe, suivi les doctrines que le maître avait professées touchant le lieu et le mouvement local ; au § XIII, nous avons exposé ce qu'Albert de Saxe pense de la nature et de l'immobilité du lieu ; l'analogie qui existe entre les pensées du maître saxon et celles du philosophe de Béthune apparaît à la première lecture.

L'opinion d'Albertutius n'est pas moins exactement conforme à celle de Buridan touchant l'essence même du mouvement local ; le disciple expose seulement avec plus de détails et d'ordre les arguments que le maître avait produits d'une manière quelque peu sommaire et confuse.

La première question qu'Albert examine est la suivante (1) : Le mouvement d'altération consiste-t-il en une qualité distincte de la qualité qui est acquise ou perdue, et du sujet qui acquiert ou perd cette qualité ?

« Le mouvement d'altération, répond Albert, ne requiert aucunement un *flux* distinct de la qualité qui est acquise ou perdue ;... or, c'est œuvre vaine d'expliquer un effet par un plus grand nombre de causes lorsqu'un nombre moindre de causes suffit à cet objet ;... il n'est donc point nécessaire d'imaginer qu'un tel flux soit surajouté à la qualité qui est acquise et au sujet altérable. »

Après avoir formulé cette conclusion au sujet du mouvement d'altération, Albert de Saxe aborde l'étude du mouvement local (2).

---

(1) Alberti de Saxonia *Quæstiones in libros de physica auscultatione ;* in lib. III quæst. V : Utrum motus alterationis sit res distincta a qualitate quæ acquiritur et a qualitate quæ deperditur, et ab alterabili cui talis qualitas acquiritur vel deperditur.

(2) Albert de Saxe, *Op. cit.*, in lib. III quæst. VI : Utrum secundum Aristotelem et ejus Commentatorem ad hoc quod aliquid moveatur localiter requiratur aliqua res quæ sit quidam fluxus distinctus a mobili et a loco.

Il rappelle, d'abord, que trois théories sont en présence :
« Au sujet de cette question, certains ont tenu... qu'un corps
ne pouvait se mouvoir localement sans un certain flux distinct
à la fois du mobile et du lieu ; certains, au contraire, tiennent
que ce mouvement peut exister sans un tel flux ; et parmi ceux-
ci, les uns prétendent qu'il suffit, pour qu'un corps se meuve,
qu'il se comporte diversement d'un instant à l'autre par rapport à quelque autre corps ; les autres déclarent que pour qu'un
corps se meuve localement, il faut et il suffit qu'à chaque instant le mobile se trouve en un lieu différent de celui qu'il
occupait auparavant. » Les trois théories visées par Albert de
Saxe sont, on le voit, celles de Duns Scot, de Guillaume d'Occam et de Grégoire de Rimini.

En ce débat, quel est le parti embrassé par Albert de Saxe ?
Le voici ;

Si l'on s'en tient au cas examiné par Aristote et par Averroès, c'est-à-dire au cas où le corps mobile dont on étudie le
mouvement local possède un lieu immobile, ces deux réalités
permanentes que l'on nomme le mobile et le lieu suffisent à la
constitution du mouvement local ; il est parfaitement inutile
d'y surajouter une réalité purement successive, un flux ; cette
forma fluens serait oiseuse ici comme elle le serait en l'explication du mouvement d'altération.

Il serait encore oiseux de recourir à une telle forme successive dans le cas où le mobile — telle la huitième sphère —
n'aurait pas de lieu immobile, mais où ses diverses parties en
posséderaient un.

Mais on peut imaginer des cas où un mouvement se produirait, bien que ni le corps mobile ni ses diverses parties ne fussent doués d'aucun lieu immobile. Ces cas, il est vrai, ne sont
point réalisés dans la nature, mais ils n'excèdent pas la toute-
puissance de Dieu ; tel est le cas visé par un article condamné
à Paris en 1277 ; tel est encore le cas imaginé par le Docteur
Subtil.

« On peut supposer que le Monde devienne un tout homogène et que, cela fait, Dieu fasse tourner ce Monde entier d'orient
en occident ; on peut encore supposer que Dieu imprime au
Monde entier un mouvement rectiligne. Dès lors, le Monde se
mouvrait, et ce ne pourrait être que de mouvement local. D'ail-

leurs, de quelque mouvement qu'il se meuve, il faudrait qu'il
se comportât diversement d'un instant à l'autre. Or, il ne pourrait se comporter d'une manière changeante par rapport à quelque objet extrinsèque ; cela va de soi, puisqu'un tel objet
n'existe pas. Il se comporterait donc d'une manière variable
d'instant en instant par rapport à quelque chose d'intrinsèque,
de manière à posséder à chaque instant quelque chose qu'il ne
possédait pas auparavant. Cette conséquence ne se pourrait sauver si nous ne supposions quelque flux inhérent au mobile,.
qui représente ce qu'il acquiert de nouveau, ce par quoi il se
comporte à chaque instant autrement qu'il ne se comportait à
l'instant précédent. »

Albert fait remarquer, en premier lieu, que ni Aristote ni
Averroès n'eussent admis la possibilité des mouvements qui
viennent d'être définis ; ils n'eussent pas admis que le Monde,
transformé en un tout homogène, pût continuer à tourner
d'orient en occident ; ils n'eussent pas admis que l'on pût
imprimer au Monde un mouvement rectiligne. On peut donc
formuler cette proposition : Si l'on se borne à considérer les
cas qu'eussent admis Aristote et le Commentateur, le mouvement local ne requiert aucune réalité purement successive.

Mais il y a plus ; « lors même que l'on admettrait la possibilité de tels cas, on ne serait pas tenu par là d'accorder qu'en
ces cas le Monde se meut de mouvement local ; car, pour que
le Monde se mût de mouvement local, il faudrait qu'il changeât
de lieu, qu'il fût tantôt dans un lieu et tantôt dans un autre ;
or le Monde, pris en son ensemble, est dénué de tout lieu, car
aucun corps n'existe hors de lui ; pris en son ensemble, donc,
il ne peut se mouvoir de mouvement local ; en ces cas dont
nous admettons la possibilité, nous sommes tenus d'accorder
que le Monde se meut, mais non pas qu'il se meuve de mouvement local. » Puisque nous excluons ces mouvements-là du
nombre des mouvements locaux, il nous est loisible de déclarer
qu'aucun mouvement local ne requiert l'admission d'une *forma
fluens*, d'une réalité purement successive distincte du mobile
et du lieu.

Mais il n'en est plus de même du mouvement du Monde en

ces « cas divins » qu'Aristote et le Commentateur eussent repoussés et dont nous admettons la possibilité (1).

En ces « cas divins », le mouvement du Monde n'est ni un mouvement local, ni un quelconque des mouvements qu'Aristote a considérés ; c'est un mouvement d'une nouvelle sorte : il est seulement de même espèce que le mouvement local.

Or, ce mouvement nouveau ne saurait être s'il n'existait une certaine réalité successive, inhérente au mobile, distincte à la fois de ce mobile, qui est une réalité permanente, et du lieu qui, ici, n'existe pas. Nous avons donc établi la nécessité de ce *fluxus formæ*. Et que l'on n'aille pas éluder notre démonstration en disant : Sans doute, en ces cas, le Monde ne se comporte pas d'une manière variable par rapport à un objet extérieur qui n'existait pas ; mais il se comporterait d'une manière variable par rapport à un tel objet s'il en existait un. En effet, se mouvoir c'est, de l'avis de tout le monde, se comporter diversement d'un instant à l'autre ; se mouvoir *d'une manière actuelle*, c'est se comporter ainsi, d'une manière variable et *actuelle* ; une simple variation *conditionnelle* ne suffirait pas à ce mouvement *en acte*.

Le mouvement de nouvelle catégorie qui correspond aux « cas divins » requiert donc l'intervention d'une certaine réalité purement successive. Devons-nous admettre également l'existence d'un tel *fluxus formæ* dans le mouvement local proprement dit, qui est de même espèce que le mouvement précédent et pour lequel, jusqu'ici, cette existence nous avait semblé n'être point requise ? Assurément oui. « Dieu, en effet, pourrait anéantir tous les corps, sauf un certain mobile, et il pourrait mouvoir ce mobile d'un mouvement tout semblable comme espèce au mouvement qu'il possédait auparavant, sans produire aucune réalité qui ne préexistât pas ou qui ne fût pas semblable à une réalité préexistant au sein du mobile. Or, cela serait impossible si, après anéantissement de tous les autres corps, ce mobile se mouvait par suite de l'intervention d'un certain flux, tandis qu'auparavant il se mouvait sans que ce flux existât. »

---

(1) Albert de Saxe, *Op. cit.*, in lib. III quæst. VII : Utrum admittentes casus divinos oporteat concedere quod motus localis sit alia res a mobili et loco.

Toute cette théorie d'Albert de Saxe n'est, on le voit, que l'argumentation de Buridan, mise en pleine clarté.

En ses *Abrégés du livre des Physiques,* Marsile d'Inghen donne un exposé (1) sommaire et très clair de la théorie qu'Albert de Saxe nous a présentée ; cet exposé est si fidèle qu'il serait oiseux de l'analyser ici.

Plus tard, en ses *Questions* sur la *Physique* d'Aristote, le célèbre docteur parisien est revenu à la doctrine d'Occam et des Nominalistes, en rejetant complètement la théorie scotiste qu'avaient soutenue Jean de Buridan et Albert de Saxe (2).

« Le mouvement local, dit-il, n'est pas l'espace qui est acquis par ce mouvement...

« Le mouvement local n'est pas un flux, une disposition, une réalité successive inhérente au mobile et distincte de toute réalité permanente...

« Le mouvement local est le mobile lui-même qui se meut localement. »

Marsile n'ignore pas l'argumentation par laquelle Buridan et Albert de Saxe ont tenté, à l'aide des « cas divins », de réfuter cette dernière opinion et d'assurer celle que Duns Scot avait émise ; il en reproduit fidèlement les traits essentiels. D'ailleurs, il ne se refuse aucunement à admettre la possibilité de ces « cas » : « ce corps continu formé par tous les corps du Monde, dit-il, Dieu pourrait lui imposer un mouvement rectiligne, ou un mouvement circulaire, ou tel mouvement qu'il voudrait ; et, donné que cela lui soit impossible, ces mouvements seraient cependant imaginables, car il ne répugne pas à un tel corps qu'il se meuve. » Il faut donc que le Docteur parisien réfute cet argument ; voici en quels termes il le fait :

« Il suffit, pour le mouvement de ce corps, que cette proposition soit vraie : Ce corps se comporterait d'une manière changeante par rapport à un corps immobile s'il en existait un.

---

(1) *Incipiunt subtiles doctrinaque plene abbreviationes libri phisicorum edite a prestantissimo philosopho* Marsilio Inguen doctore parisiensi, 17ᵉ fol. imprimé, col. d, et 18ᵉ fol., coll. a et b.

(2) *Questiones subtilissime* Johannis Marcilii Inguen *super octo libros Physicorum secundum nominalium viam.* Colophon : Impresse Lugduni per honestum virum Johannem Marion, anno Domini MCCCCCXVIII, die vero XVI mensis Julii. — In lib. III quæst. VII : Utrum motus localis sit res distincta a mobili.

Certains disent autrement ; en raison même de ces mouvements, ils admettent que le lieu est identique à l'espace séparé ; ils supposent qu'il existe au-delà du Ciel un lieu ou un espace infini ; dès lors, si Dieu mouvait le Monde entier d'un mouvement rectiligne ou d'un mouvement circulaire, le Monde se comporterait d'une manière sans cesse variable par rapport au lieu ou à l'espace séparé au sein duquel il se trouve... ; mais la première solution est meilleure. »

Cette solution, cependant, Marsile l'avait rejetée en son *Abrégé ;* l'argument qu'il lui avait opposé était celui-là même que Jean Buridan, qu'Albert de Saxe avaient employé à cet objet ; de cet argument, les *Questions* rédigées *secundum Nominalium viam* ne font plus mention.

Tandis que Marsile d'Inghen a rejeté, après les avoir admises, les concessions que Jean Buridan et Albert de Saxe avaient accordées à la théorie scotiste du mouvement, Paul de Venise reprend cette théorie scotiste en son intégrité, sans accepter les restrictions que Buridan et Albertutius lui avaient imposées.

Paul Nicoletti commence par l'étude du mouvement local ; il se demande (1) « si le mouvement local diffère du mobile, du lieu et de l'espace. Remarquez », ajoute-t-il, « que ce doute est introduit ici à cause de l'opinion d'Occam, selon laquelle le mouvement local ne sé distingue pas du mobile, et de l'opinion de Grégoire de Rimini, selon laquelle le mouvement local ne se distingue pas de l'espace ou du lieu.

« Contre ces opinions, et surtout contre l'opinion d'Occam, on peut formuler de multiples arguments, et, en premier lieu, celui-ci :

« Supposons que Dieu anéantisse tous les corps sauf la sphère ultime, celle-ci continuant à être mue comme elle l'est

(1) *Expositio* PAULI VENETI *super octo libros phisicorum Aristotelis necnon super comento Averois cum dubiis ejusdem.* Colophon : Impressum Venetiis per providum virum dominum Gregorium de Gregoriis. Anno nativitatis domini MCCCCXCIX die XXIII mensis Aprilis. Physicorum lib. III, tract. I, cap. III ; fol. signé p, coll. b, c, d, secundum dubium. — Ces considérations sur le mouvement local sont reproduites, avec des variantes insignifiantes, dans : PAULI VENETI *Summa totius philosophiæ,* Pars VI^a et ultima, Metaphysica, cap. XXVII : De quidditate motus.

actuellement ; cette sphère se comporterait intrinsèquement d'une manière variable avec le temps ; mais elle ne s'acquerrait point elle-même et n'acquerrait aucune partie nouvelle ; elle acquerrait donc continuellement un mouvement distinct d'elle-même, par lequel il serait permis de dire qu'elle se comporte différemment d'un instant à l'autre ; or, elle se meut maintenant comme elle se mouvait auparavant ; auparavant donc elle acquérait déjà un mouvement local distinct d'elle-même.

« Voici un second argument qui confirme le précédent : Dieu pourrait anéantir toutes choses sauf la matière première douée de mouvement et la sphère suprême ; il pourrait mouvoir cette matière première vers la sphère suprême ; si ce mouvement était identique à la matière première, comme ce mouvement est acte..., la matière première serait acte, contrairement à ce que le Philosophe et le Commentateur professent au premier livre des Physiques. »

Le premier de ces deux arguments porte la marque de Jean Buridan et d'Albert de Saxe ; mais les deux raisonnements manifestent également le peu d'intelligence que Paul de Venise avait acquise de la théorie de Guillaume d'Occam ; jamais celui-ci n'avait soutenu que le mouvement local fût identique au mobile ; il avait simplement nié que le mouvement local fût dû à l'existence réelle, au sein du mobile, de quelque forme distincte, permanente ou successive.

Quoi qu'il en soit, avec les Scotistes, avec Jean Buridan, avec Albert de Saxe, Paul Nicoletti conclut que « le mouvement local est un accident successif qui s'écoule au sein du sujet ; c'est une forme mobile, et non pas une forme substantielle ».

Paul de Venise, ayant fixé par cette conclusion l'essence du mouvement local, aborde les autres mouvements définis par Aristote (1) ; il se demande « si les mouvements d'altération, de dilatation, de contraction sont distincts de la qualité ou de

---

(1) *Expositio* PAULI VENETI *super octo libros phisicorum :* lib. III, tract. I, cap. III, fol. signé p, col. d, fol. signé p. 2, et fol. signé p. 3, coll. a et b ; dubium tertium. — Les mêmes considérations sont reproduites, avec de légères variantes, dans : PAULI VENETI *Summa totius philosophiæ,* pars VI, Metaphysica, Cap. XXVIII : De motu alterationis, augmentationis et diminutionis.

la grandeur qui est acquise ou perdue ». « Ce doute est ici touché, ajoute-t-il, à cause de l'opinion d'Occam, de Grégoire et de Jean Buridan, opinion selon laquelle le mouvement d'altération n'est autre chose que la qualité qui s'acquiert ou se perd, selon laquelle le mouvement de dilatation, le mouvement de contraction ne se distinguent pas de la grandeur qui est conquise, de la grandeur qui est perdue par le sujet. »

Contre les auteurs qu'il vient de citer, et conformément à la doctrine scotiste, Paul de Venise déclare que « la dilatation, la contraction, l'altération, sont des accidents absolus et non point des accidents relatifs ; cela est évident, car le mouvement local est un accident absolu, comme nous l'avons vu ; pour la même raison, les mouvements que nous venons de nommer sont des accidents absolus... L'altération, la dilatation, la contraction, sont des accidents qui s'écoulent au sein du sujet..., car ce ne sont ni des substances, ni des accidents permanents... Tout mouvement est donc une forme fluente successive, et non pas une forme permanente qui s'écoule... »

Paul Nicoletti remarque, à ce sujet, qu'Averroès distingue un mouvement matériel, défini par l'écoulement d'une forme permanente, et un mouvement formel, défini par une forme fluente successive.

Cette distinction est admise à titre de conclusion au moins probable par Gaétan de Tiène (1) ; celui-ci, d'ailleurs, néglige entièrement, dans la partie de son écrit auquel nous faisons ici allusion, l'argumentation par laquelle Jean Buridan et Albert de Saxe s'étaient efforcés de justifier la définition scotiste du mouvement local ; nous avons vu, au § XVI, qu'il reprenait brièvement cette argumentation au moment où il commentait le quatrième livre des *Physiques*.

Les maîtres padouans dont l'œuvre porte le plus nettement la trace de l'influence exercée par l'École de Paris acceptent donc, plus complètement encore que ne l'avaient fait Jean Buridan et Albert de Saxe, l'enseignement scotiste ; ils s'écartent

(1 *Recollecte* GAIETANI *super octo libros physicorum cum annotationibus textuum.* Colophon : Impressum est hoc opus Venetiis per Bonetum Locatellum jussu et expensis nobilis viri Octaviani Scoti Modoetiensis. Anno salutis 1496. Nonis sextilibus. In lib. III quaest. I, fol. 25, col. c.

cependant en un point essentiel de cet enseignement tel qu'il nous est donné par Jean le Chanoine. Selon une doctrine qu'ils attribuent, quelque peu arbitrairement, à Averroès, et qu'ils regardent au moins comme probable, ils distinguent dans le mouvement un élément matériel et un élément formel ; l'élément matériel est constitué par l'*esse discretum*, l'élément formel par l'*esse continuum;* l'essence du mouvement résulte de la synthèse des deux éléments matériel et formel.

Pour Jean le Chanoine, l'*esse continuum* constitue à lui seul toute l'essence du mouvement, tel qu'il est dans les choses ; l'*esse discretum* n'a de réalité qu'en notre esprit ; en revêtant sa pensée du langage kantien, on pourrait dire que, selon lui, l'*esse continuum* est l'essence du *mouvement objectif,* tandis que l'*esse discretum* est l'essence du *mouvement subjectif.*

Le fidèle disciple de Scot n'eût assurément pas admis la doctrine que Paul de Venise et Gaétan de Tiène attribuent au Commentateur ; nous pouvons même connaître les termes en lesquels il l'eût réfutée. Un de ses contemporains, en effet, François Bleth, soutenait (1), au sujet du temps, une théorie fort analogue à celle que Gaétan de Tiène proposait au sujet du mouvement, encore que l'une de ces deux théories fût, en quelque sorte, l'inverse de l'autre; François Bleth pensait, en effet, que l'*esse continuum* constitue le temps matériel, tandis que l'*esse discretum* serait le temps formel; il admettait, d'ailleurs, que le premier ne tenait pas son existence de l'esprit, tandis que le second n'avait de réalité que par l'esprit ; de ces deux éléments, l'un matériel et l'autre formel, se constituait en son entier l'entité du temps. Cela n'est point, répondait Jean le Chanoine, « car deux différences du même genre ne peuve ' constituer une même chose » ; il eût réfuté de même la théorie du mouvement qui séduisait Gaétan de Tiène.

Si nous ne retrouvons pas dans les écrits de Paul de Venise et de Gaétan de Tiène la théorie du mouvement objectif et du mouvement subjectif telle que la formulait Jean le Chanoine, nous la reconnaîtrions dans les écrits d'un philosophe illustre

---

1. JOANNIS CANONICI *Quæstiones in VIII libros Physicorum Aristotelis,* lib. IV. quaest. V, quantum ad secundum articulum.

qui étudia à Padoue au moment où Paul de Venise vivait encore, et qui fut le contemporain de Gaëtan de Tiène ; nous voulons parler de Nicolas de Cues. Il serait trop long d'exposer ici la théorie du mouvement et du temps que Nicolas de Cues a exposée dans ses divers ouvrages ; nous renverrons le lecteur à ce que nous en avons dit ailleurs (1).

Tandis que la théorie scotiste du mouvement conquérait d'illustres adeptes aux universités de Bologne et de Padoue, elle perdait du terrain à l'Université de Paris et dans les Écoles qui en dépendaient. Toutefois, quelques disciples du Docteur Subtil en gardaient les principales propositions ; ainsi faisait Pierre Tataret.

Que le mouvement local, distinct à la fois du mobile et du lieu, soit une réalité purement successive, Pierre Tataret l'établit par une argumentation qu'il emprunte (2), en la résumant, à Jean Buridan et à Albert de Saxe. Quant au mouvement d'altération, consiste-t-il en une *forma fluens* successive, ou bien en une suite d'états d'une forme permanente ? Tataret expose (3) les deux théories ; il semble ne point trouver de raisons assez fortes pour déterminer son choix en un sens ou en l'autre.

Toutefois, notre auteur termine toute son étude du mouvement par cette *Conclusio responsalis :* « Le mouvement est une entité successive qui existe subjectivement dans le mobile et qui est réellement distincte du mobile et de la forme selon laquelle se fait le mouvement. Cette conclusion », ajoute-t-il, « demeure prouvée par l'article second » ; Tataret l'étend donc, par voie d'analogie, du mouvement local à toute autre espèce de mouvement.

Le xviᵉ siècle amena, à l'Université de Paris, une renaissance du Nominaliste occamiste.

(1) *Nicolas de Cues et Léonard de Vinci*, V (*Études sur Léonard de Vinci,* 2ᵉ série, XI, pp. 157-160).

(2) *Commentarii* MAGISTRI PETRI TATARETI *in libros Philosophiæ naturalis et Metaphysicæ Aristotelis :* Physicorum lib. III ; tract. I : De motu ; dubium 2ᵐ : Utrum motus localis sit res distincta a mobili et a loco.

(3) PIERRE TATARET. *Loc. cit..* Dubium 1ᵐ : Utrum præter subjectum alterabile et qualitatem secundum quam est alteratio requiratur motus seu fluxus distinctus ab illo subjecto alterabili.

Au début de ce siècle, le collège de Montaigu comptait un régent particulièrement actif et influent en la personne de l'Écossais Johannes Majoris (1478-1540), né à Glegorgn, près Hadington. En ses *Commentaires aux livres des Sentences*, ce logicien reprend (1), au sujet du mouvement local, la formule en laquelle l'École condensait la doctrine d'Occam : « *Motus localis est mobile quod movetur.* »

Cette théorie occamiste séduisait, en même temps que Johannes Majoris, les disciples de ce maître ; nous en avons l'assurance par les écrits de Jean Dullaert de Gand et de Louis Coronel.

En ses commentaires, d'une logique si compliquée et si minutieusement chicanière, aux *Livres de Physique* d'Aristote, Jean Dullaert de Gand expose en ces termes (2) le sujet du débat :

« Il y a, à ce sujet, diverses opinions. Si nous commençons par le mouvement local, à cette question : qu'est-ce que le mouvement local, sont faites des réponses variées. Certains Réalistes disent que le mouvement local est un accident réellement inhérent au corps mobile ; ceux-là mêmes se partagent en deux catégories : les uns disent que c'est un accident relatif, et c'est l'opinion que suit Burley ; les autres disent que c'est un accident absolu, et c'est l'opinion que suit Paul de Venise. Les autres, tels les Nominalistes, nient que le mouvement local soit un tel accident successif, et ceux-ci se partagent également en deux catégories ; les uns, comme Grégoire de Rimini, disent que le mouvement local n'est autre chose que l'espace parcouru par le mobile ; d'autres disent que le mouvement local est le mobile même. »

Ces divers avis, Jean Dullaert les expose et les discute tous

(1 Joannes Major in primum Sententiarum ex recognitione Jo. Badii. Venundantur apud eunden Badium. Au verso du titre, Epistola : Joannes Major Georgio Hepburnensi... datée : Ex Monte Acuto, 7 kal. Junii 1509 : impressit autem Jo. Badius, anno MDXIX. Dist. XX. quæst. unica ; fol LXXXIII, col. a.

2. Johannis Dullaert de Gandavo *Questiones in libros physicorum Aristotelis.* Colophon : Hic finem accipiunt questiones phisicales Magistri Johannis Dullaert de Gandavo quas edidit in cursu artium regentando parisius in collegio montis-acuti impensis honesti viri Oliverii senant solertia vero ac caracteribus Nicolai depratis viri hujus artis impressorié solertissimi prout caracteres indicant anno domini millesimo quingentesimo sexto vigesima tertia martii. In lib. III quæst. I.

trois en une fatigante suite de propositions, d'arguments, de réponses, d'instances et de répliques.

Il fait connaître l'argument par lequel Buridan, fort de l'autorité de l'une des condamnations portées en 1277 par les théologiens, avait prétendu démontrer que le mouvement local requérait une entité successive inhérente au mobile. Mais il fait connaître aussi, et non moins soigneusement, les réponses que les partisans d'Occam ou de Grégoire de Rimini ont adressées à cet argument ; que Dieu puisse mouvoir une pierre alors que tous les corps seraient anéantis, cela ne saurait suffire à établir la thèse scotiste.

« De ce que cette pierre se meut réellement, on ne saurait tirer rigoureusement cette conclusion : Donc, d'un instant à l'autre, elle se comporte diversement, et ce changement n'est relatif ni à un autre objet, ni à quelqu'une de ses parties. Lorsque je suppose qu'il n'existe rien fors Dieu et cette pierre, cette pierre, d'un instant à l'autre, se comporte diversement par rapport à quelque objet qui est doué non pas d'une existence véritable, mais d'une existence imaginaire ; par rapport à cet objet, sa disposition variable est non pas réelle, mais seulement imaginaire.

« Grégoire de Rimini répond d'autre façon : Si le ciel ultime existait seul, si l'intelligence qui préside à ce ciel lui appliquait sa puissance motrice comme elle l'applique maintenant, elle ne saurait toutefois mouvoir localement le ciel, et le ciel ne se mouvrait point. Grégoire ajoute qu'il serait étonnant que quelqu'un pût concevoir le contraire ; de même, en effet, qu'un sujet ne saurait ép   ver un mouvement d'altération sans perdre ou gagner quelque qualité, de même un corps ne peut se mouvoir de mouvement local sans perdre ou gagner un lieu ou sans éprouver quelque changement relatif au lieu.

« Cette théorie permet de répondre facilement à l'article de Paris ; on accordera que Dieu peut mouvoir le Ciel ou le Monde entier d'un mouvement rectiligne, mais que cela serait impossible s'il ne produisait en même temps un certain espace.

« Georges de Bruxelles observe, à propos de cet argument, que l'on ne donne pas une bonne définition du mouvement local en disant qu'il consiste à se comporter différemment d'un moment à l'autre, car un corps qui éprouve une altération se comporte différemment d'un instant à l'autre, et, cependant, il ne se meut pas de mouvement local. Mais c'est là ne rien dire ; on n'avait pas l'intention, en effet, de définir le mouvement local, mais de rechercher ce que c'est que se mouvoir en général. »

A sa longue et fatigante discussion, où la théorie scotiste, la théorie de Grégoire de Rimini et la théorie occamiste ont été successivement passées en revue, Dullaert donne la conclusion que voici :

« La première est la plus subtile et celle qui se conforme le mieux aux dires du Philosophe ; la seconde est la moins usitée ; de notre temps, la troisième est réputée véritable ; elle est la plus communément acceptée. »

Luiz Nunez Coronel de Ségovie était, comme Jean Dullaert, un des élèves préférés de Johannes Majoris ; sous le titre de *Physicæ perscrutationes* (1), il fit imprimer, en 1511, un traité de Physique dont l'ordre général reste celui qu'Aristote avait choisi.

Luiz Coronel commence (2) par définir en ces termes les diverses opinions qui ont cours au sujet du mouvement local :

« La première opinion tient le mouvement local pour une certaine entité successive, distincte du mobile, inhérente à ce même mobile pendant toute la durée du mouvement ; c'est la position qu'a prise toute la troupe de ceux que l'on nomme les Réalistes.

« La seconde opinion est celle qu'embrasse Grégoire de Rimini ; il prétend que le mouvement local est identique à l'espace parcouru durant le mouvement.

« La troisième opinion est celle qu'adoptent ceux que l'on nomme les Nominalistes ; elle affirme que le mouvement local, c'est le mobile lui-même qui se meut localement. »

---

(1) *Physicæ perscrutationes magistri* LUDOVICI CORONEL HISPANI SEGOVIENSIS. Prostant in edibus Joannis Barbier librarii jurati Parrhisiensis academie sub signo ensis in via regia ad divum Jacobum. Au fol. qui suit le titre, une lettre de Simon Agobert de Bourges à son frère Jean Agobert porte cette date : Parrhisiis, MDXI. Simon Agobert nous y apprend que Luiz Coronel enseignait la philosophie au Collège de Montaigu.

(2) LUDOVICI CORONEL *Op. cit.*, lib. III, pars I : De motu locali, fol. XLV, col. d et fol. XLVI, col. a.

Ces trois théories, Luiz Coronel, comme Dullaert, les expose minutieusement et les discute longuement. Au cours de l'examen auquel il soumet la doctrine occamiste, se rencontrent les passages suivants :

« Tout ce que l'on dit habituellement du mouvement se sauve aisément en cette position. Il est bien vrai que les manières de s'exprimer qui sont communément employées semblent cadrer avec la première supposition ; mais il suffit à la troi· sième que ces manières de s'exprimer souffrent une explication conforme à cette dernière théorie.

« Toutefois, vous pourrez dire ceci : Se comporter autrement d'un moment à l'autre est un caractère que l'on attribue au mouvement ; or, si l'on tient que le mouvement ne se distingue pas du mobile, ce caractère ne se peut sauver. Supposons, en effet, qu'il n'existe rien, hors Dieu et une pierre ; et que Dieu traîne cette pierre à travers le vide ; cette pierre se mouvrait ; cependant, elle ne se comporterait d'une manière variable ni par rapport à Dieu, ni par rapport à un lieu, ni par rapport à quoi que ce soit d'extrinsèque...

« En son troisième livre des Physiques, Buridan a accordé tant d'importance à cet argument qu'il en a conclu la distinction du mouvement et du mobile. Paul de Venise, en sa Métaphysique, au chapitre du mouvement, a également attribué un grand poids à cet argument. Pour y répondre, Georges de Bruxelles déclare qu'on donne une mauvaise définition du mouvement local en disant qu'il consiste à se comporter différemment d'un instant à l'autre, car cette définition convient également au mouvement d'altération ; mais cette réponse ne saurait nous satisfaire...

« Il faut donc dire, avec Grégoire de Rimini, qu'en ce cas la pierre ne se meut pas ; accordons que Dieu puisse tirer cette pierre à travers le vide, ou nions-le ; nous ne pourrons en aucun cas accorder qu'un corps puisse se mouvoir de mouvement local sans perdre ni gagner aucun lieu ; toute autre affirmation est inintelligible...

« Mais, direz-vous, en admettant que le mouvement est une réalité distincte, on peut sauver cette proposition : Cette pierre se comporte différemment d'un instant au suivant ; en effet, elle acquiert successivement cette entité qui est requise pour qu'elle se meuve. Cette remarque est sans valeur. Du moment qu'en ce cas nous déclarons que cette pierre ne se meut point, nous n'avons nul besoin de poser une semblable entité. »

Luiz Coronel ne donne à son exposition aucune conclusion formelle ; mais l'ordre même selon lequel il développe cette exposition, non moins que la vivacité avec laquelle il réfute l'argument de Buridan, nous renseigne assez sur ses préférences intimes ; il est clair qu'elles vont, comme celles de son maître Jean Majoris, comme celles de son condisciple Jean Dullaert, à la doctrine occamiste.

Au début du xvi⁰ siècle, donc, avec Jean Majoris et ses disciples, la théorie occamiste du mouvement local était en faveur au Collège de Montaigu ; elle n'était pas moins bien reçue au Collège de Sainte-Barbe, où enseignait un Espagnol, né à Valence, Juan de Celaya.

En l'étude du mouvement, Jean de Celaya procède dans le même ordre, et presque dans les mêmes termes que Jean Dullaert et que Luiz Coronel.

Il examine d'abord (1) « l'opinion de Scot et des autres Réalistes » dont il emprunte en grande partie l'exposé à Paul de Venise, ainsi qu'il a soin de nous en avertir. Cette opinion des Réalistes, il la soumet à une très longue et très minutieuse discussion. Il examine ensuite (2), beaucoup plus brièvement, la théorie de Grégoire de Rimini et passe enfin (3) à l' « opinion des autres Nominalistes ».

Jean de Celaya mentionne l'argument que Buridan a opposé

---

(1) *Expositio* Magistri Joannis de Celaya Valentini *in octo libros physicorum Aristotelis : cum questionibus ejusdem, secundum triplicem viam beati Thome,* Venundantur Parrhisiis ab Hemundo le Feure in vico sancti Jacobi prope edem sancti Benedicti sub intersignio crescentis lune commorantis. Colophon : Explicit in libros phisicorum Aristotelis expositio a magistro Joanne de Celaya Hyspano de regno Valentie edita : dum regeret Parisius in famatissimo dive Barbare gymnasio pro cursu secundo anno a virgineo partu decimoseptimo supra millesimum et quingentesimum VII idus Decembris. diligenter impressa arte Johannis de prato et Jacobi le messier in vico puretarum prope collegium cluniacense commorantium : Sumptibus vero honesti viri Hemundi le feure in vico sancti Jacobi prope edem sancti Benedicti Sub intersignio crescentis lune moram trahentis. Laus deo. — Physicorum. lib. III, cap. III, fol. LX seqq.

(2) Joannes de Celaya, *loc. cit.,* fol. LXII, col. d, foll. LXIII, coll. a et b.

(3) Joannes de Celaya, *loc. cit.,* fol. LXIII, coll. b, c et d.

à la théorie nomi....iste ; il mentionne aussi la fin de non-recevoir que Grégoire de Rimini opposait aux arguments de ce genre ; puis il ajoute :

« En sa première question sur le premier livre *Du Ciel et du Monde,* Albert de Saxe concède que la sphère suprème se meut de mouvement local ou d'un mouvement de même espèce que le mouvement local ; il n'est pas nécessaire, en effet, selon le même auteur, qu'un tel mouvement soit un changement de lieu ; il suffit qu'il soit tel que le mobile animé de ce mouvement éprouverait un changement de lieu s'il était en un lieu qui l'entourât. Toutefois, en la VI° question sur le troisième livre *Des physiques,* il tient que ceux qui admettent de semblables cas divins sont forcés d'admettre la réalité d'un mouvement distinct du mobile. Mais, en vérité, aussi aisément qu'il soutient la possibilité du mouvement de la huitième sphère, on peut défendre la possibilité du mouvement pour le corps isolé que l'on considère en ces cas ; pour que ce corps se meuve, ceci suffit : ce corps serait, d'un instant à l'autre, en un lieu différent, s'il existait un lieu qui l'entourât ; c'est ce qu'Albert de Saxe concède pour la sphère ultime. Il ne faut donc pas, à cause de ces cas, abandonner la lucide sentence des Nominalistes. »

NOTE

Sur une *Somme de Logique* attribuée a Saint Thomas d'Aquin.

Nous avons analysé divers textes en lesquels Saint Thomas d'Aquin avait exposé ses opinions sur la nature et l'immobilité du lieu ; mais un texte nous avait échappé dont nous voulons ici dire un mot.

On attribue à saint Thomas un traité de Logique, très clair et très concis, qui est intitulé : *Somme de Logique aristotélicienne* (1). Cette Somme traite successivement des *Prédicables*

(1) Divi Thomæ Aquinatis, *ordinis Prædicatorum. Totius Logicæ Aristotelis summa* D. Thomæ Aquinatis *Opuscula;* opusc. XLVIII). — Cf. Carl Prantl, *Geschichte der Logik im Abendlande.* Leipzig. 1867 ; pp. 250-257.

ou *Universaux*, des *Prédicaments* ou *Catégories*, de l'*Énoncia-tion*, du *Syllogisme*, enfin de la *Démonstration*. C'est en la seconde partie, consacrée à l'étude des dix prédicaments, que se trouvent les passages sur lesquels va se porter son atten-tion.

En cette partie (1), l'auteur, traitant du lieu, en rappelle la définition péripatéticienne : *Locus est superficies corporis conti-nentis immobilis;* mais, en dépit de cette définition, le lieu ne se range pas dans le même genre que la simple surface ; le lieu est une surface, il est vrai, mais une surface à laquelle est sura-joutée une différence spécifique qui ne lui convient pas sim-plement en tant que surface : cette différence est marquée, en la définition précédente, par l'épithète : *Immobilis.*

Si l'on excepte la sphère suprême, tout corps est entouré par un autre corps dont la surface ultime est contiguë à la sienne. Si cette surface enveloppante prend le nom de lieu, ce n'est pas simplement parce qu'elle entoure le corps logé : s'il en était ainsi, l'eau d'un fleuve où un navire est à l'ancre serait le lieu de ce navire, et alors ce navire, tout en demeu-rant immobile, changerait incessamment de lieu par suite de l'écoulement de l'eau du fleuve. La raison d'être du lieu (*ratio loci*) (2) n'est donc pas la même que la raison d'être de la sur-face. « La raison d'être du lieu consiste en ceci qu'il est immo-bile, cette immobilité se rapportant à la situation de l'Univers. Si le Monde était vide, et que le Ciel subsistât seul, entourant ce vide, une pierre placée au centre du Monde ne se trouverait plus entourée par la surface d'aucun corps contenant ; cette pierre, cependant, serait en un lieu, car elle se trouverait en une région de l'espace qui demeurerait immobile par rapport à la situation de l'Univers ou du Ciel. »

Cette doctrine est proche parente de celle que nous avons lue au *Commentaire à la Physique d'Aristote* composé par Saint Thomas et en l'opuscule, peut-être apocryphe, *De natura loci.*

---

(1) D. Thomæ Aquinatis *Totius logicæ Aristotelis summa*, pars IIᵃ, De prædica-mentis; Tractatus de prædicamento quantitatis ; cap. VI : De loco qui est species quantitatis continuæ.

(2) Dans le texte, nous avons parfois traduit *ratio loci* par *lieu rationnel :* cette traduction est évidemment défectueuse.

Ces deux derniers écrits distinguaient deux éléments en la notion de lieu, un élément mobile, la surface du corps ambiant, et un élément immobile, la *ratio loci,* qui est la situation par rapport à l'ensemble du Monde. Ces deux éléments apparaissaient comme également essentiels à la constitution du lieu ; si Saint Thomas ne disait pas, comme Gilles de Rome allait le faire, que le premier de ces deux éléments était la matière du lieu et que le second en était la forme, du moins l'insinuait-il assez clairement. C'est le défaut du premier de ces éléments qui rendait si étrangement embarrassante la définition du lieu de l'orbe suprême.

Or, au chapitre que nous venons d'analyser, le premier de ces deux éléments est regardé comme tout à fait accessoire en la constitution de la notion de lieu ; le lieu peut subsister lors même que cet élément viendrait à manquer ; le lieu peut être réduit à la *ratio loci,* à la situation par rapport à l'Univers, non pas de la surface du corps logeant, puisque celui-ci pourrait ne pas exister, mais de la surface du corps logé.

La *ratio loci,* telle que l'entendaient le *Commentaire à la Physique* ou l'opuscule *De natura loci,* offrait une certaine analogie avec la θέσις qui, pour Simplicius, constitue essentiellement le lieu ; le texte que nous venons d'analyser transforme cette analogie en identité, car elle fait de la *ratio loci* ce qu'était la θέσις, un attribut du contenu, et non point du contenant. La doctrine de l'opuscule attribué à Saint Thomas semble se confondre avec celle que soutenait le franciscain Pierre Aurioli.

L'auteur de la *Somme de Logique* rappelle (1) la définition du prédicament donnée par Gilbert de la Porrée ; cette définition, il cherche à l'éclairer par les considérations suivantes :

« La surface du corps logeant peut être considérée de deux manières différentes. On peut, en premier lieu, la considérer telle qu'elle est dans le corps auquel elle appartient ; elle sert alors à le dénommer. On peut, en second lieu, la considérer en tant qu'elle sert à dénommer le corps logé, et, dans ce cas, elle engendre le prédicament *ubi* ; celui-ci n'est donc pas autre

---

(1) D. Thomæ Aquinatis *Totius logicæ Aristotelis summa :* pars IIᵃ : De prædicamentis ; De prædicamento ubi. Cap. I. Quid sit formaliter et in quo sit subjective.

chose que le lieu, en tant que ce lieu sert à dénommer le corps logé, à lui donner une dénomination extrinsèque ; ainsi le citoyen reçoit-il ce nom de la cité, ainsi l'habitant de Prague tire-t-il cette désignation de la ville de Prague. Selon une autre opinion, le prédicament *ubi* est le rapport du corps ambiant au corps logé... C'est un rapport extrinsèque qui a son fondement dans le corps logeant et son terme dans le corps logé. »

« En tout corps terminé (1), il y a donc un *ubi* propre qui y est à titre de dénomination, selon la première opinion, ou qui y trouve son terme, selon la seconde opinion. »

Entre ces deux opinions, dont la première est franchement nominaliste, tandis que la seconde semble réaliste, l'auteur demeure en une indécision qui surprend de la part du Docteur Angélique ; cette indécision se comprendrait plutôt chez quelque contemporain de Jean le Chanoine, étourdi, comme l'a été ce dernier, par le bruit des discussions auxquelles le prédicament *ubi* a donné lieu au sein de l'École Scotiste. — Non moins étonnante est, sous la plume de Thomas d'Aquin, cette allusion à la ville de Prague ; on se fût attendu à lui entendre citer un lieu dont le nom lui fût plus familier. Au fur et à mesure que notre lecture se poursuit, nous percevons plus nettement le relent d'écrit apocryphe que dégage la *Summa totius logicæ Aristotelis*.

« Il résulte évidemment de ce qui précède, dit notre auteur (2), que le mouvement local ne se produit pas dans le lieu comme tel, mais qu'il est relatif au prédicament *ubi ;* tout mouvement, en effet, a pour sujet le corps qui se meut, le mobile ; le genre du mouvement est déterminé par le genre de la forme qui se trouve acquise par le mouvement et qui en est le terme. Or, le lieu ne se meut pas, puisqu'il est la surface immobile du contenant ; c'est le corps logé qui se meut. Le lieu, comme tel, n'est pas la forme qui est acquise par ce corps logé ; c'est une forme du corps logeant. Rien donc n'est acquis

----

(1) Saint Thomas d'Aquin, *loc. cit.* Cap. II : Quia ubi non suscipit magis nec minus, nec habet contrarietatem, et quod est in omni corpore terminato superficie.

(2) Saint Thomas d'Aquin, *loc. cit.*, cap. I.

par le corps mobile, si ce n'est l'*ubi* ; cet *ubi,* en effet, est un rapport du lieu au corps logé, rapport en vertu duquel le lieu circonscrit le corps logé ; ou bien, selon la première opinion, c'est une dénomination qui présuppose ce rapport ; ce rapport a son terme en l'objet logé lui-même... ; c'est lui qui est acquis en cet objet qui se meut sans cesse d'un *ubi* à un autre jusqu'à ce que le mouvement atteigne son terme.

« Par là, on voit évidemment que, dans les autres espèces de mouvements, une forme intrinsèque se trouve acquise. Dans le mouvement d'altération par lequel un corps passe du froid au chaud, de la chaleur se trouve acquise, qui est une forme intrinsèque adhérente au corps même qui a été échauffé... Mais, dans le mouvement local, ce qui est acquis, c'est l'*ubi,* qui dénomme extrinsèquement le corps mû ou qui, selon la seconde opinion, est un rapport extrinsèque au corps logé, un rapport qui a son terme en ce corps et son fondement dans le corps logeant. »

A la rigueur, tout cela eût pu être écrit par saint Thomas ; celui-ci aurait pu admettre que l'*ubi,* et non pas le lieu, est le terme du mouvement local ; lorsqu'il parle de ce mouvement, au cours de son commentaire à la Physique d'Aristote (1), il lui arrive de le nommer *motus in ubi* ; toutefois, en tous ses écrits, il assigne le lieu comme terme au mouvement local, et non point l'*ubi*. Mais les développements que nous venons de lire se comprennent bien mieux si on les attribue à quelque auteur postérieur à Duns Scot ; il semble, en effet, qu'ils aient pour objet de réfuter une opinion du Docteur Subtil ; celui-ci veut que le mouvement local soit une *forma fluens* intrinsèque au mobile, et cela se peut, car il fait de l'*ubi* un attribut intrinsèque au corps logé ; ne semble-t-il pas que les passages précédemment cités émanent de quelque Thomiste désireux de réfuter cette doctrine scotiste ? Ne semble-t-il pas, en outre, que ce Thomiste subit l'influence de Grégoire de Rimini ou, tout au moins, d'Antonio d'Andrès ?

La *Somme de Logique* consacre plusieurs chapitres à l'étude

(1) SANCTI THOMÆ AQUINATIS *In libros physicorum Aristotelis expositio :* in lib. V lect. IV.

du prédicament que le latin nomme *situs* ou *positio,* et que le français peut désigner par le mot *disposition;* ce qu'elle en dit ne renferme rien qui ne s'accorde aisément avec les doctrines que saint Thomas développe lorsqu'il commente la *Physique* d'Aristote (1) ; il ne contient rien non plus qui porte d'une manière indéniable la marque du Docteur Angélique. En outre, nous retrouvons en ces chapitres, à l'égard de certaines discussions, une attitude flottante et indécise qui semble bien étrange si on l'attribue à Thomas d'Aquin. Après avoir fait de la *disposition* un rapport ou une dénomination qui tire son origine des diverses parties du lieu et est attribué aux diverses parties du corps logé, l'auteur de la *Somme de Logique* rappelle (2) que certains philosophes, au contraire, veulent que la *disposition* tire son origine des parties du corps logé et soit un attribut des parties du lieu. Cette opinion est contraire à celle qui est émise au traité *Des catégories ;* « Mais... ce traité des prédicaments n'a pas été composé par Aristote ; celui qui l'a composé n'avait pas autant d'autorité que le Philosophe; ce livre n'a été commenté par aucun auteur de quelque autorité ; aussi chacun des auteurs modernes dit-il, au sujet de ces prédicaments, ce qui lui semble juste... Je laisse donc au jugement du lecteur le soin de décider quelle est la plus probable de ces deux opinions. »

Bien d'autres considérations conduisent à penser que la *Somme de Logique,* tout en émanant d'un Thomiste, n'a été composée ni par Thomas d'Aquin ni par aucun de ses contemporains ; en voici une qui nous paraît particulièrement digne de remarque :

L'auteur de la *Somme de Logique* étudie (3) les formes substantielles qui sont susceptibles de diverses intensités ; il soutient que les divers degrés d'une même forme ne dérivent pas les uns des autres par voie d'addition, mais que chacun de

<hr>

(1) Sancti Thomæ Aquinatis *In libros physicorum Aristotelis expositio :* in lib. IV lect. VII.

(2) D. Thomæ Aquinatis *Totius logicæ Aristotelis Summa:* part. IIᵃ : De prædicamentis ; De prædicamento situ ; Cap. II : Quod positio est denominatio seu respectus sumptus a partibus loci ratione partium locati.

(3) D. Thomæ Aquinatis *Totius logicæ Aristotelis Summa:* pars IIᵃ, de prædicamentis ; Cap. IV : Quod substantia non suscipit contrarietatem, nec magis, nec minus, licet sit subjectum utriusque per sui mutationem.

ces degrés est constitué par une forme unique distincte de toute forme de degré moindre et plus parfaite que celle-ci.

Cette doctrine est parfaitement conforme à celle que saint Thomas a très soigneusement exposée en un écrit (1) dont l'authenticité n'est point contestée. Mais le langage de l'auteur de la *Somme de Logique* diffère en un point essentiel du langage du Docteur Angélique ; comme synonyme de l'expression *intensio formæ*, l'auteur de la *Somme de Logique* emploie fréquemment l'expression *latitudo formæ* ; jamais, croyons-nous, cette dénomination ne se rencontre dans les écrits de saint Thomas ni de ses contemporains ; elle apparaît en la Scolastique, semble-t-il, vers le milieu du xiv° siècle ; en la seconde moitié de ce siècle, elle devient d'usage courant.

Cette remarque conduisait à faire descendre jusqu'après l'an 1350 l'époque où fut rédigée la *Somme de Logique*. On pourrait alors expliquer l'allusion à la ville de Prague, si étrange sous la plume de Thomas d'Aquin, en attribuant la composition de la *Somme de Logique* à quelque maître Thomiste de l'Université de Prague ; cette Université, en effet, fut fondée en 1348 par Charles IV.

Il est vrai que cette allusion à la ville de Prague est, elle-même, sujette à caution. Au lieu de *Praga, Pragensis*, peut-être devrait-on lire *Braga, Bragensis* ; il s'agirait alors non de Prague, mais de la ville de Braga en Portugal.

Un passage de la *Somme de Logique* recommande cette explication ; voici ce passage (2) :

« Sciendum quod verba infinitivi modi aliquando ponuntur ex parte subjecti, ut cum dicimus : Currere est moveri. Et hoc est quia habent vim nominis. Unde græci addunt eis articulos, sicut nominibus. Hoc idem facimus nos in logica vulgari,

---

(1) D. Thomæ Aquinatis *De pluralitate formarum* Opusc. XLV. — Prantl (*Geschichte der Logik im Abendlande*, Bd. III, p. 245) regarde cet écrit comme apocryphe sans donner les raisons de son opinion. Saint Thomas d'Aquin, d'ailleurs, a repris en deux autres écrits la question traitée au *De pluralitate formarum* et il l'a résolue exactement de la même manière (D. Thomæ *Summa theologica*, secunda secundæ, quæst. 24. — D. Thomæ *In primum Sententiarum*, dist. XVII).

(2) D. Thomæ Aquinatis *Totius logicæ Aristotelis Summa* : De interpretatione seu enonciatione ; Cap. II : De verbo quid sit formaliter secundum descriptionem logicam.

nam dicimus : *Ei corere mio,* ubi verbum *mio* (1) est articu-
lus. » *Ei corere mio* n'est ni de l'Espagnol, ni du Portu-
gais (2), mais ce peut être la corruption d'une phrase espagnole
ou portugaise. Ce passage, en tout cas, suffirait à nous prouver
que la *Somme de Logique* n'est pas l'œuvre de Saint Thomas
d'Aquin.

CONCLUSION

Nous avons terminé cette longue enquête sur la théorie du
lieu et du mouvement ; après l'avoir conduite au travers de
l'Antiquité, du Moyen-Age et des temps modernes, efforçons-
nous de lui donner une conclusion et de condenser ici ce que
l'on peut, à ce sujet, dire de plus clair et de plus certain.

En premier lieu, nous sommes assurés que les seuls mouvements qui soient perceptibles, que les seuls, par conséquent,
qui puissent être objets d'expérience directe, sont les mouvements
relatifs. Nos sens peuvent constater qu'un corps concret reste
toujours dans la même situation par rapport à un autre corps
concret, ou bien encore que la situation du premier corps par
rapport au second change d'un instant à l'autre suivant une
certaine loi. Mais si nous disions qu'un corps concret garde toujours la même position, ou bien encore que sa position change
d'instant en instant, sans désigner un autre corps auquel cette
position soit rapportée, nous formulerions des propositions
inaccessibles à toute expérience ; notre perception ne nous fournirait aucun moyen de dire si ces propositions sont vraies ou
fausses. Ces premiers principes ne sont contestés par personne ;
ils ont été nettement formulés par Aristote et par Averroès
aussi bien que par Descartes et par Kant.

La Géométrie ne raisonne pas sur des corps concrets, mais bien
sur des figures qui sont de purs concepts ; toutefois, ces concepts ont été formés par voie d'abstraction à partir des corps

(1) Au lieu de : *mio,* il faudrait évidemment : *ei.*
(2) Prantl (*Geschichte der Logik im Abendlande,* Bd. III, p. 250) paraît considérer cette phrase comme de l'Espagnol.

concrets que nous fait connaître la perception externe ; aussi certaines des lois de la perception externe s'imposent-elles également à la Géométrie. La Géométrie peut raisonner sur l'immobilité ou sur le mouvement d'une figure par rapport à une autre figure ; mais si l'on parlait simplement d'immobilité ou de mouvement d'une figure sans désigner aucune autre figure de référence à laquelle se rapporte cette immobilité ou ce mouvement, on prononcerait des mots que la Géométrie ne pourrait incorporer en aucun de ses raisonnements, des mots qui, pour elle, seraient dénués de tout sens. Comme la perception externe, la déduction géométrique ne connaît que du mouvement relatif ; c'est un second principe aussi incontestable que le premier.

Une théorie physique est un ensemble de concepts mathématiques au sujet desquels on a formulé certains postulats, choisis de telle sorte que les conséquences de ces postulats fournissent une représentation des lois que l'expérience a révélées au sujet des corps concrets.

Dans l'ensemble mathématique qui sert à composer une telle théorie, se rencontrent certaines figures géométriques auxquelles sont attachées certaines grandeurs qui ont pour objet de représenter des propriétés inconnues à la Géométrie, telles que la densité, l'état électrique, l'état magnétique, etc. Ces figures-là sont destinées à représenter les corps concrets sur lesquels porte l'expérience ; on peut leur donner le nom de *corps théoriques.*

L'ensemble mathématique qui constitue une théorie physique peut aussi comporter certaines figures auxquelles on n'attribue aucune propriété étrangère à celles que la Géométrie leur confère. Ces figures ne correspondent à aucun corps concret.

Les raisonnements qui ont pour objet de développer les conséquences de la théorie physique ne sauraient porter, bien entendu, que sur des mouvements relatifs ; mais ces mouvements peuvent être ou bien des mouvements de corps théoriques les uns par rapport aux autres, ou bien des mouvements de corps théoriques par rapport à certaines figures géométriques, ou bien enfin des mouvements de figures géométriques les unes par rapport aux autres. Pour qu'une conséquence de la théorie soit directement comparable à l'expérience, il faudra que les seuls mouvements dont elle fait mention soient des mouvements de corps théoriques les uns par rapport aux autres. Les mouvements de corps théoriques par rapport à des figures géométriques, ou les mouvements relatifs de figures géométriques ne peuvent jouer que le rôle d'intermédiaires ; ils peuvent servir, en effet, à déterminer les mouvements des corps théoriques les uns par rapport aux autres ; mais directement, et pris en eux-mêmes, ils ne signifient rien qui se puisse confronter avec les enseignements de l'expérience.

Conformément à cette remarque, on fera choix, pour construire la théorie physique, d'une certaine figure purement géométrique, d'un certain trièdre de référence fondamental ; c'est à ce trièdre que l'on rapportera tous les mouvements dont on aura à traiter ; les mouvements des corps théoriques les uns par rapport aux autres seront déduits des mouvements de ces corps théoriques par rapport au trièdre fondamental.

Un certain trièdre fondamental étant choisi, on a pu constituer une théorie physique qui présente ces deux caractères :

Premièrement, les mouvements des corps théoriques les uns par rapport aux autres, tels que cette théorie les prévoit, représentent avec une exactitude suffisante les mouvements relatifs des corps concrets, tels que l'expérience les fait connaître.

Secondement, les postulats qui servent de principes aux déductions de cette théorie ont une forme simple et qui satisfait l'esprit ; par exemple, selon cette théorie, un corps théorique de dimensions infiniment petites, qui existerait seul en présence du trièdre de référence, se mouvrait, par rapport à ce trièdre, en ligne droite et avec une vitesse constante.

Une fois en possession de cette théorie satisfaisante, on peut aborder le problème suivant, dont une Géométrie très simple donne la solution complète : Au trièdre de référence primitivement adopté, on substitue un second trièdre mû, par rapport au premier, d'un mouvement donné ; tous les mouvements étant maintenant rapportés à ce second trièdre, on se propose de construire une nouvelle théorie physique de telle sorte que les mouvements relatifs des corps théoriques prévus par cette nouvelle théorie soient identiques à ceux que prévoyait la première.

Il est immédiatement évident que la seconde théorie donnera, des faits observables, une représentation approchée qui aura exactement même degré d'approximation que la représentation fournie par la première théorie. Mais à cette théorie nouvelle, on sera contraint de donner pour principes des postulats qui seront, en général, très compliqués et très peu satisfaisants pour l'esprit; par exemple, un corps théorique infiniment petit, qui se trouverait seul en présence du nouveau trièdre de référence, ne serait plus animé, par rapport à ce trièdre, d'un mouvement rectiligne et uniforme ; il décrirait une trajectoire curviligne avec une vitesse variable.

Il existe donc une certaine manière de choisir le trièdre de référence, de telle sorte que la théorie physique ait son maximum de simplicité et d'élégance. Ce trièdre privilégié est-il déterminé sans ambiguïté ? Existe-t-il d'autres trièdres de référence que l'on puisse lui substituer sans altérer la simplicité de la théorie ?

Il est évident, tout d'abord, qu'à un premier trièdre de référence on peut, sans changer aucunement la forme de la théorie, en substituer un autre qui soit fixément lié au premier ; un tel changement laisse immobile, dans le second système de mouvements, tout corps qui était immobile dans le premier système.

Mais le trièdre privilégié est-il susceptible d'une indétermination plus grande que celle-là ?

Tant que la théorie physique s'est bornée à représenter les phénomènes que l'on nomme mécaniques, il a été possible de formuler la proposition suivante : Si à un premier trièdre de référence privilégié, on substitue un second trièdre qui soit animé par rapport au premier d'un simple mouvement de translation uniforme, on substitue à la première théorie physique une seconde théorie ; et les postulats sur lesquels repose celle-ci ont exactement même forme que les postulats sur lesquels repose celle-là ; en sorte que le second trièdre est, comme le premier, un trièdre privilégié.

Mais depuis que la théorie physique s'est proposé de représenter non seulement les phénomènes mécaniques, mais encore beaucoup d'autres phénomènes et, en particulier, les phénomènes électriques, il semble bien que la proposition précédente ne puisse plus être gardée ; il faudrait alors lui substituer cette autre proposition : Un trièdre de référence privilégié étant donné, tout autre trièdre privilégié est invariablement lié au premier.

De cette proposition se conclurait alors celle-ci : Un corps théorique qui est immobile par rapport à un trièdre privilégié est aussi immobile par rapport à tous les trièdres privilégiés.

Quoi qu'il en soit de ce degré d'indétermination du trièdre privilégié, voici une nouvelle proposition qui n'est point douteuse : Il n'est pas nécessaire qu'il existe aucun corps théorique qui demeure immobile par rapport au trièdre privilégié. Cette proposition peut encore s'énoncer de la manière suivante : Il n'est pas nécessaire qu'il existe en l'Univers aucun corps concret que la théorie physique, amenée à la forme la plus satisfaisante et la plus simple, figure approximativement au moyen d'un corps théorique immobile.

Le choix du trièdre de référence est une des hypothèses sur lesquelles repose la construction de la théorie physique ; ce choix présente donc les caractères que présentent, d'une manière générale, toutes les hypothèses qui supportent cette théorie.

En premier lieu, ce trièdre n'est déterminé que d'une manière approchée ; ou, pour parler plus exactement, la situation par rapport à ce trièdre des divers corps théoriques destinés à représenter les corps concrets n'est déterminée que d'une manière approchée ; si, sans changer aucunement la forme des postulats qui servent de principes à la théorie, on altère d'une petite quantité la disposition, par rapport au trièdre de référence, des corps théoriques auxquels on applique ces postulats, on obtient une nouvelle théorie qui représente les lois expérimentales avec la même approximation que la théorie construite tout d'abord.

En second lieu, la détermination du trièdre de référence est subordonnée à l'acceptation de toutes les autres propositions sur lesquelles repose la théorie. La théorie que nous regardons aujourd'hui comme la plus simple et la plus satisfaisante suppose l'emploi d'un trièdre de référence par rapport auquel les corps théoriques sont distribués d'une certaine manière ; elle suppose, en outre, l'adoption d'un certain nombre de postulats.

En distribuant les corps théoriques d'une autre manière par rapport au trièdre de référence et en adoptant d'autres postulats, nous pouvons construire une seconde théorie qui représente les lois expérimentales tout aussi exactement que la première; mais nous jugeons cette seconde théorie moins simple et moins satisfaisante que la première. C'est ce jugement, conseillé par des motifs d'ordre esthétique, et non pas imposé par des raisons de nécessité logique, qui détermine notre choix ; c'est lui qui nous conduit à préférer la première façon de disposer le trièdre de référence par rapport aux divers corps théoriques.

Or, ce jugement n'a rien de définitif, parce que la théorie physique n'est pas une doctrine à jamais immuable ; les progrès incessants des procédés expérimentaux imposent à la théorie physique de continuels développements et de continuelles retouches ; dès lors, il peut se faire que la position grâce à laquelle le trièdre de référence assure à la théorie physique sa forme la plus simple et la plus satisfaisante ne soit pas toujours la même ; à une certaine époque, il pourra être utile, en vue de la perfection de la théorie, de substituer au trièdre de référence admis jusque-là un nouveau trièdre par rapport auquel les corps théoriques se meuvent d'une manière différente.

Ainsi, comme toutes les hypothèses sur lesquelles repose la théorie physique, la détermination du trièdre de référence est toujours *approchée* et toujours *provisoire*.

Les considérations que nous venons d'exposer sont tout ce que le physicien est en droit d'affirmer au sujet du problème qui nous occupe ; l'usage de la théorie physique ne requiert rien de plus et n'enseigne rien de plus. Mais une irrésistible tendance nous presse d'aller plus loin, d'outrepasser notre rôle de physicien et, par conséquent, de faire de la Métaphysique.

La théorie physique a pour objet de fournir une figuration mathématique des faits observables ; à ce point de vue, il semblerait que les mouvements relatifs des corps théoriques fussent seuls intéressants à considérer puisque, seuls, ils sont susceptibles de représenter les mouvements relatifs des corps concrets qui sont, eux-mêmes, les seuls mouvements que l'observation puisse saisir.

Or, il advient ceci : Si nous voulions que les postulats de la théorie portassent exclusivement et directement sur ces mouvements relatifs des corps théoriques, nous serions conduits à construire une théorie extrêmement compliquée et peu satisfaisante. Pour amener la théorie physique au plus haut degré de simplicité, nous sommes contraints de faire porter nos postulats sur les mouvements des corps concrets par rapport à un trièdre de référence privilégié, qui est une pure figure géométrique et qui ne représente aucun corps concret.

Le *mouvement privilégié* de chaque corps théorique, c'est-à-dire le mouvement rapporté au trièdre privilégié, nous apparaît alors comme l'élément essentiel et premier de la construction théorique ; le mouvement relatif des divers corps théoriques, bien qu'il soit l'objet en vue duquel la théorie est construite, se présente seulement maintenant comme une conséquence, comme le résultat des mouvements privilégiés de ces mêmes corps théoriques.

Dès lors, de même que l'on est conduit à regarder les mouvements relatifs des divers corps théoriques comme n'étant point, *en la théorie physique,* quelque chose de premier et d'irréductible, mais comme étant un effet secondaire, un résultat du mouvement privilégié de. chacun de ces corps, de même on est poussé à admettre que les mouvements relatifs des corps concrets ne sont pas, *en la réalité,* quelque chose de primordial, qu'ils représentent quelque chose de dérivé et qu'ils sont la conséquence du *mouvement absolu* de chacun des corps concrets.

Le mouvement absolu d'un corps concret, dont l'existence réelle se trouve ainsi postulée, n'est pas un certain mouvement relatif de ce corps par rapport à un autre corps concret ; il ne saurait donc être constaté par aucune expérience concevable. Il ne saurait non plus être géométriquement représenté par les procédés de la Cinématique ; en sorte que le mouvement privilégié d'un corps théorique ne doit pas être regardé comme la représentation géométrique du mouvement absolu du corps concret auquel correspond ce corps théorique. Tout au plus est-il légitime d'admettre que le mouvement privilégié du corps théorique est un *indice* du mouvement absolu du corps concret, de telle sorte qu'à deux mouvements privilégiés identiques correspondent deux mouvements absolus identiques, qu'à deux mouvements privilégiés différents correspondent deux mouvements absolus différents.

L'expérience et la théorie nous pressent donc d'affirmer l'existence de mouvements absolus : elles nous fournissent un moyen sensé de dire si deux mouvements absolus sont ou non différents ; mais leur pouvoir s'arrête là ; le mouvement absolu est quelque chose d'également insaisissable à l'expérience et à la figuration géométrique ; le physicien ne peut aucunement spéculer sur la nature de ce mouvement ; il doit, à ce sujet, s'en remettre au métaphysicien ; celui seul pourra essayer de scruter l'essence de cette *forma fluens* qui déconcerte aussi bien l'observateur que le géomètre, et passe leurs moyens de connaître.

Ces quelques remarques nous paraissent être le résumé et comme l'aboutissant de ce que les penseurs modernes et, en particulier, Kant et M. Carl Neumann, ont écrit au sujet du lieu et du mouvement. Parmi les conclusions qui viennent d'être formulées, il en est deux qui nous semblent particulièrement dignes d'attention.

La première est celle-ci : Le trièdre de référence auquel la théorie physique rapporte tous les mouvements dont elle traite, trièdre qui est identique à l'espace absolu de Kant ou au corps Alpha de M. Carl Neumann, est un pur concept, une pure figure géométrique ; ni exactement, ni approximativement, il n'est requis que ce trièdre trouve sa représentation dans la nature concrète.

La seconde conclusion essentielle est celle-ci : La théorie physique nous conduit jusqu'au seuil d'une affirmation métaphysique qu'il nous est presque impossible de ne pas formuler : Les mouvements relatifs, seuls constatables expérimentalement en la nature concrète, seuls accessibles aux représentations de la Cinématique, ne sont pas choses premières et irréductibles ; ils sont les résultats, les conséquences de mouvements absolus, transcendants à toute observation et à toute représentation géométrique.

Or, ces deux propositions, que tant d'Écoles philosophiques ont méconnues, nous les avons déjà rencontrées, aux derniers siècles de la pensée hellénique, en la doctrine de Damascius et de Simplicius ; plus tard, en notre xiv° siècle occidental, elles ont été retrouvées par Jean de Duns Scot, par Guillaume d'Occam, par Jean Buridan, par Albert de Saxe et par leurs disciples.

Les problèmes philosophiques, on l'a bien souvent remarqué, demeurent éternellement posés ; les solutions que l'esprit humain propose en vue de résoudre un de ces problèmes appartiennent, en général, à un petit nombre de types, et ces diverses solutions sont, à tour de rôle, remises en faveur pour être de nouveau délaissées, comme si un flux et un reflux périodiques rapprochaient, puis éloignaient chacune d'elles de l'entendement humain.

Cette loi générale qui préside au développement de la Philosophie, se manifeste avec une particulière netteté lorsqu'on suit l'histoire des théories relatives au lieu et au mouvement local. Ces théories se laissent ramener à un petit nombre de doctrines vraiment distinctes. Le génie grec les avait déjà toutes formulées. Le Moyen Age islamique ou chrétien les a retrouvées. La science moderne les a exposées et discutées une troisième fois.

Mais lorsqu'une théorie philosophique, jadis en vogue, est reprise après des siècles de délaissement, la forme sous laquelle elle émerge n'est pas absolument identique à celle dont elle était revêtue au moment où l'oubli l'avait engloutie ; elle reparaît plus claire, plus précise, plus riche de contenu, en un mot plus parfaite.

En effet, tandis que l'esprit humain se désintéressait de cette théorie, il travaillait inconsciemment à la perfectionner, et cela par les progrès mêmes qu'il accomplissait en d'autres directions. Le développement de doctrines en apparence toutes différentes de celle-là a fait découvrir des faits jusqu'alors inconnus, a dissipé des préjugés, a montré l'obscurité de fausses évidences, a dévoilé des points de vue insoupçonnés. Lorsque la théorie inaugure sa seconde période de vie, elle se trouve au sein d'un milieu intellectuel qu'elle n'avait pas connu en sa première phase, elle en tire des aliments propres à une nouvelle croissance, à un plus ample développement.

Lorsque la théorie de Damascius et de Simplicius reparaît

dans les écrits de Duns Scot, de Jean Buridan et de leurs disciples, le système astronomique de Ptolémée, en triomphant du système des sphères homocentriques, a ruiné certaines affirmations essentielles d'Aristote et des Péripatéticiens ; d'autres affirmations, formulées par le Stagirite ou son Commentateur, se sont trouvées contredites par l'orthodoxie chrétienne et ont été condamnées par les docteurs de Sorbonne ; les discussions des astronomes comme les condamnations portées par Étienne Tempier ont contribué, pour une grande part, à préciser et à affermir la théorie du lieu et du mouvement.

Cette théorie, soutenue par les Scotistes et les Terminalistes, surgit une troisième fois, grâce aux méditations de Kant et des mécaniciens modernes. Les siècles pendant lesquels elle a sommeillé ont travaillé à son progrès, car ils ont constitué une nouvelle Dynamique, une nouvelle Astronomie ; aussi les pensées jadis conçues par le Docteur Subtil ou par le *Venerabilis inceptor* de l'École terminaliste se dessinent-elles maintenant avec une précision extrême que leur assure l'emploi de la langue mathématique, en même temps que la théorie physique, enfin constituée, découvre toute la richesse de leur contenu.

L'histoire de la théorie du lieu met donc une fois de plus en évidence la loi qui a présidé si souvent au mouvement des doctrines. Il semble que ce mouvement résulte de deux autres mouvements plus simples. Le premier et le plus apparent consiste en une série indéfinie d'oscillations par lesquelles la Philosophie semble perpétuellement ballottée entre des solutions opposées, sans pouvoir s'attacher fermement à aucune d'entre elles. Le second, moins aisément reconnaissable, se révèle seulement à une observation attentive et prolongée ; celui-ci est une marche très lente, mais qui se poursuit toujours dans le même sens ; en dépit des alternatives par lesquelles chaque système semble périodiquement s'élever, puis s'abaisser, pour se relever encore et retomber de nouveau, cette marche assure le continuel progrès de la sagesse humaine.

TABLE DES MATIÈRES

APPENDICE

La Chapelle-Montligeon (Orne). — Imp. de Montligeon. — 6-09.

9 782016 204818